Anton Zeilinger

Einsteins Schleier

Anton Zeilinger

Einsteins Schleier

Die neue Welt der Quantenphysik

Verlag C. H. Beck

Mit 22 Abbildungen im Text
1. Auflage 2003
2. Auflage 2003
3. Auflage 2003
4. Auflage 2003
5. Auflage 2003

Sechste Auflage 2003

Satz: Fotosatz Janß, Pfungstadt
Druck und Bindung: Ebner & Spiegel, Ulm
Gedruckt auf säurefreiem, alterungsbeständigem Papier
(hergestellt aus chlorfrei gebleichtem Zellstoff)
Printed in Germany
ISBN 3 406 50281 4

www.beck.de

Inhalt

Vorwort

«Einstein sagte, die Welt kann nicht so verrückt sein.
Heute wissen wir, die Welt ist so verrückt.»
Daniel M. Greenberger

Als ich 1963 an der Universität Wien mein Physikstudium begann, gab es nur einen minimalen Lehrplan. Dies bedeutete, dass es fast keine vorgeschriebenen Lehrveranstaltungen gab. In der Folge habe ich in meinem ganzen Studium keine einzige Stunde eine Vorlesung zur Quantenphysik besucht. Um dieses Defizit auszugleichen, habe ich freiwillig als eines meiner Hauptprüfungsgebiete bei Herbert Pietschmann die Quantenmechanik gewählt. Mein Wissen musste ich daher aus Büchern gewinnen, und ich war vom ersten Moment an von der Quantenphysik begeistert. Es war dann im wesentlichen das Motto meines gesamten beruflichen Lebens als Physiker, die erstaunlichen Vorhersagen der Quantenphysik für das Verhalten einfacher Teilchen, einzelner Systeme, möglichst direkt und unmittelbar im Experiment zu beobachten. Allfällige Anwendungen sind dabei nur – natürlich sehr willkommene – Nebenprodukte.

Der Zweck dieses Buchs ist es, meine Faszination an der Quantenphysik mit möglichst vielen Menschen zu teilen. Es ist meine Überzeugung, dass es jedermann möglich ist, zu erkennen, warum wir Physiker von der Quantenphysik so fasziniert sind. Ganz wesentlich dabei sind die Grenzen einer realistischen Weltanschauung, die uns durch die Quantenphysik aufgezeigt werden. Kurz gesagt, viele der Dinge, die wir als vernünftig annehmen, oder wie sich die Welt eben vernünftigerweise verhalten sollte, werden durch die Quantenphysik außer Kraft gesetzt. Es sind gerade die damit zusammenhängenden Punkte, die wohl zu den weitreichendsten und interessantesten Konsequenzen der Quantenphysik führen werden. Es ist für mich ganz offenkundig, dass dies eine Änderung unseres uns liebgewordenen Weltbildes bedeutet.

Dieses Buch kommt auch einem sehr oft geäußerten Wunsch nach. Es haben mich viele Menschen gebeten, ein Buch zu schreiben, in dem ich auf allgemein verständliche Weise einige der wichtigsten Grundtatsachen der Quantenphysik und ihre Konsequenzen darstelle. Ich hoffe sehr, dass mir dies, wenigstens im Ansatz, gelungen ist. Auch bitte ich um Verständnis dafür, dass es im Rahmen dieses Buches nicht möglich ist, alle angeschnittenen Themen erschöpfend zu behandeln.

Dieses Buch wäre nicht zustande gekommen ohne die ständige Ermutigung durch viele Menschen, insbesondere durch meine Frau Elisabeth und meine Familie. Besonders danken möchte ich auch Dr. Stephan Meyer vom Beck Verlag, der mich letztlich so weit motivierte, durch unermüdliches, aber geduldiges Drängen, dass ich dieses Buch überhaupt begann und auch fertigstellte.

Mehrere Male im Zuge des Schreibens des Manuskripts hatte ich den Eindruck, eine nicht enden wollende Aufgabe vor mir zu haben. Ich danke hier deshalb auch Mag. Andrea Aglibut, die, durch das Schreiben des Manuskripts mit seinen einzelnen Bausteinen sehr vertraut, mir immer wieder vor Augen führte, dass ich schon weiter war, als ich dachte.

Für die Ausführung der Abbildungen danke ich Aimée Blaskovic, für die Layout-Mithilfe auch Mag. Julia Petschinka.

Die in diesem Buch diskutierten Experimente und die damit zusammenhängenden fundamentalen Überlegungen wären nicht möglich gewesen ohne die ständige Zusammenarbeit mit vielen, vor allem jungen Kolleginnen und Kollegen in Wien, in Innsbruck und an anderen Orten.

Die Grundlagen der Quantenphysik haben immer schon zu intensivsten Diskussionen und Auseinandersetzungen geführt. Es werden daher sicher nicht alle die in diesem Buch präsentierten Ideen und Konzepte akzeptieren können. Ich hoffe aber, dass sie zumindest als interessant und diskussionswürdig angesehen werden. In diesem Sinne sei der Leserin und dem Leser ein interessantes Lesevergnügen gewünscht.

Wien, Jänner 2003 *Anton Zeilinger*

Wie alles begann ... I

«Heute habe ich eine Entdeckung gemacht,
die ebenso wichtig ist wie die Entdeckung Newtons.»
Max Planck

1. Das ideale Licht

In der letzten Zeit liest man immer wieder von neuen, bahnbrechenden Experimenten in der Quantenphysik. Es fallen da Schlagworte wie Quantenteleportation, Quantencomputer oder auch Quantenphilosophie. Man erinnert sich an frühere Schlagworte, die man zum Teil in der Schule gelernt hatte. Da waren doch die Heisenbergsche Unschärfebeziehung und, nicht zu vergessen, der Quantensprung, der gerade von Politikern und Wirtschaftsgurus immer wieder gerne in den Mund genommen wird. Aber was bedeutet das Ganze überhaupt? Was steckt hinter dem Wort «Quanten»? Seit wann und warum müssen wir uns überhaupt damit herumschlagen?

Anfangs wirft man sehr schnell die Flinte ins Korn, wenn man versucht, diese Dinge näher verstehen zu wollen. Man sagt sich, das sei doch zwecklos, dazu müsse man jahrelang Physik studieren, sich mit kompliziertester Mathematik herumschlagen. Ein gewöhnlicher Mensch habe ja doch keine Chance, überhaupt nur eine Ahnung davon zu bekommen, was da vor sich gehe.

Oder hat man vielleicht doch eine Chance? Irgendwas ganz Spannendes muss ja doch dahinterstecken! Warum gibt es ernsthafte Leute und berühmte Physiker, wie zum Beispiel Albert Einstein, die die Frage diskutierten, ob der Mond überhaupt da sei, wenn niemand hinsieht? Wie kann man nur so verrückt sein, dies überhaupt in Frage zu stellen! Ist es dem Mond nicht völlig gleichgültig, ob wir hinsehen oder nicht? Und doch, da gibt es Leute, die behaupten, dass es Dinge gäbe, deren Eigenschaften und deren Existenz davon abhängt, ob wir hinsehen und wie wir hinsehen. Zugegeben, diese Dinge sind sehr, sehr klein, aber immerhin …

Was sind Quanten überhaupt, und seit wann müssen wir uns mit diesem Begriff auseinandersetzen? Dazu ein kleiner Blick in die Geschichte:

Gegen Ende des 19. Jahrhunderts tobte in den Industriestaaten ein Kampf zwischen zwei Technologien, die beide grundsätzlich geeignet waren, für die Beleuchtung der Städte zu sorgen. Wäre es besser, dafür Gas zu nehmen oder die damals dem Gas gegenüber jüngere Elektrizität? Abgesehen von allen anderen Fragen, wie etwa Sicherheit oder Störungsanfälligkeit, war zu klären, welche Beleuchtungsform bei gleichem Aufwand mehr Licht liefert. Wenn man daher das Gaslicht und das elektrische Licht miteinander vergleichen wollte, müsste man sehr genaue physikalische Messungen durchführen. Denn es reicht eben nicht, sich auf den eigenen subjektiven Eindruck zu verlassen. Dieser subjektive Eindruck kann ja für verschiedene Menschen sehr unterschiedlich ausfallen, und außerdem kann sich dieser eigene, persönliche Eindruck auch situationsbedingt ändern. Solche physikalischen Messungen müssen natürlich in Laboratorien durchgeführt werden, doch in Deutschland gab es zum Ende des 19. Jahrhunderts kein dafür geeignetes Labor. Ähnliche Probleme gab es in der Notwendigkeit, elektrische Größen in einer einheitlichen Weise zu messen. Dies rief den Industriellen Werner von Siemens auf den Plan, ein entsprechendes Institut zu gründen. Dieses Institut sollte unter der Hoheit des Staates stehen, um unabhängige Messungen, die nicht von den Interessen der Industrie beeinflusst sind, zu ermöglichen. Es wurde daher im Jahre 1887 in Berlin die Physikalisch-Technische Reichsanstalt gegründet, deren Aufgabe genau dies war: präzise technische Vergleiche durchzuführen, unter anderem zwischen den verschiedenen Möglichkeiten der Lichterzeugung.

Nun, wie geht man vor, wenn man wissen möchte, welche Lichtquelle besser ist? Es gibt hier zuerst einmal die einfache Möglichkeit, die beiden direkt miteinander zu vergleichen. Hierbei gerät man jedoch bald in sehr große Schwierigkeiten, da das ausgesandte Licht von sehr vielen Umständen abhängt. Beim elektrischen Licht sind dies zum Beispiel die Beschaffenheit des Glühfadens und seine

Form, die Strommenge, die durchgesandt wird, das Gas, mit dem der Glaskolben gefüllt ist, und so weiter. Ähnlich ist es beim Gasglühlicht. Es ist also besser, statt die beiden Lichtquellen direkt miteinander zu vergleichen, den Vergleich mit einer idealen Lichtquelle zu suchen, deren Eigenschaften nicht von solchen Parametern abhängen, die also ein «ideales Licht» erzeugt. Interessanterweise hatten Physiker damals gerade eine solche Lichtquelle entdeckt. Es handelt sich um einen Hohlraum. Durch sehr tiefsinnige Überlegungen erkannte man nämlich, dass das Licht innerhalb eines Hohlraums nur von der Temperatur seiner Wände abhängt und nicht von seiner materiellen Beschaffenheit. Wir wissen alle, dass ein glühender Körper Licht aussendet. Wenn wir etwa einen Eisenhaken in ein Kaminfeuer halten, so wird er am Anfang schwarz sein, dann später ganz dunkelrot glühen, und je heißer er wird, umso heller. Dabei ändert sich nicht nur die Intensität des ausgesandten Lichts, sondern auch seine Farbe. Es geht von einem sehr dunklen Dunkelrot über Gelb, im Extremfall bis zu weißem Licht.

Wovon hängen nun sowohl die Lichtintensität als auch die Farbe ab? Es ist klar, dass hier die Temperatur eine Rolle spielt, jedoch auch die Beschaffenheit der Oberfläche des Körpers. Stellen wir uns nun in diesem Eisenhaken einen kleinen Hohlraum vor, beispielsweise eine Blase, die beim Schmieden des Hakens zufällig entstanden ist. Auch in diesem Hohlraum wird Licht auftreten, da ja auch seine Wände glühen. Es stellt sich nun heraus, dass sowohl die Intensität als auch die Farbe des Lichts in einem geschlossenen Hohlraum ausschließlich von der Temperatur seiner Wände abhängen und nicht davon, woraus sie bestehen (sei es Eisen, Stein oder anderes Material), solange alle Wände dieselbe Temperatur haben.

Dieses etwas überraschende Resultat lässt sich im Prinzip sehr einfach verstehen. Wenn die Wände des Hohlraums glühen, so senden sie Licht aus. Andererseits können die Wände auch Licht absorbieren, also aufnehmen. Genau wie jede Oberfläche – etwa auch die Seiten des Buchs vor uns – einen Teil des Lichts, das auf sie fällt, aufnimmt und auch einen Teil des Lichts zurückwirft – sodass wir das Objekt sehen können –, genauso verhalten sich auch die Wände des Hohlraums. Also wird die Menge an Licht, die sich im Hohlraum befindet, durch das Licht zunehmen, das von den Wänden ausgesandt wird, und durch die Menge Licht abnehmen, die von den Wänden absorbiert wird. Dadurch wird sich automatisch ein Gleichgewicht einstellen. Es kann sich ja die Menge des Lichts im Hohlraum nicht zu beliebig hohen Intensitäten aufschaukeln. Dieses Gleichgewicht ist dann erreicht, wenn genauso viel Licht von den Wänden ausgesandt wird, wie von ihnen absorbiert wird. Die Menge des Lichts, die sich im Gleichgewicht im Hohlraum befindet, wird selbstverständlich von der Temperatur abhängen. Je heißer die umgebenden Wände sind, desto mehr Licht wird darin sein. Die Lichtmenge wird jedoch unabhängig von der Beschaffenheit der Wände sein, da das Verhältnis der bei einer bestimmten Temperatur von einer Oberfläche ausgesandten Lichtmenge zur absorbierten Lichtmenge für alle Körper gleich ist, wenn sich jener erwähnte Gleichgewichtszustand eingestellt hat. Es handelt sich also beim Hohlraum um eine ideale Lichtquelle, da das ausgesandte Licht nicht von Eigenschaften der Lichtquelle abhängt. Das ist dann das gesuchte, ideale Licht, mit dem wir alle anderen Lichtquellen vergleichen können.

Wie kann man dies aber in der Praxis nützen? Ein Hohlraum ist ja in sich geschlossen. Die Lösung ist nun eine ganz einfache. Man nimmt einen sehr großen Hohlraum und macht in diesen Hohlraum ein ganz kleines Loch. Durch dieses Loch wird bei jeder Temperatur Licht austreten. Man macht jedoch das Loch so klein, dass die Menge des Lichts, die austritt, verschwindend gering ist im Vergleich zu dem Licht im Hohlraum. Dies wird auf die Natur des Lichts im Hohlraum praktisch keinen Einfluss haben. Diese austretende Strahlung nennt man *Hohlraumstrahlung*. Es handelt sich hierbei eben um das besagte «ideale Licht», das schließlich als Vergleichsquelle für Gaslicht oder elektrisches Licht dienen kann.

Der Streit zwischen Gaslicht und elektrischem Licht ist heute eindeutig entschieden. Es waren letztendlich die Kräfte des Marktes, die diese Entscheidung herbeiführten. Jedoch hatten die Experimente an diesem idealen Licht, die an der Physikalisch-Technischen Reichsanstalt in Berlin durchgeführt wurden, schließlich eine Konsequenz, die von niemandem erwartet worden war. Während es von grundsätzlichen Überlegungen her klar war, dass die Farbe des Lichts eines Hohlraums nur von der Temperatur abhängt, war es den Physikern lange Zeit nicht möglich, das Licht auch theoretisch zu erklären. Ein sehr unbefriedigender Zustand, wenn man bedenkt, dass es das Ziel der Physik ist, alle Naturphänomene so einfach wie möglich zu erklären. Es geht ihr hierbei nicht nur um das Veranschaulichen, sondern darum, quantitativ exakt zu berechnen. Wenn wir also vom idealen Licht sprechen, so möchten wir eine genaue mathematische Aussage darüber haben, wieviel Licht von welcher Farbe von dem Hohlraum ausgesandt wird. Was bedeutet Farbe aber physikalisch?

Licht ist zuerst einmal ein Wellenphänomen. Anders gesagt: Es breitet sich als eine Welle aus, als eine Welle von elektrischen und magnetischen Feldern. Ein zugegebenermaßen sehr abstraktes Konzept, jedoch alles, worauf es uns jetzt ankommt, ist die Tatsache, dass es, wie bei jeder Welle, auch hier eine Wellenlänge und eine Frequenz gibt. Wenn wir uns kurz Wasserwellen vorstellen, so sehen wir große und kleine Wellen. Die Wellenlänge ist einfach der Abstand zwischen zwei Wellenbergen, den wir auf einem Schnappschuss leicht sehen könnten. Die Frequenz gibt dagegen einfach an, wie oft eine bestimmte Stelle an der Wasseroberfläche in der Sekunde auf und ab schwingt. In genau der gleichen Weise hat auch Licht eine Wellenlänge und eine Frequenz, nur sind diese sehr weit weg von unserer Alltagserfahrung. Die Wellenlänge des sichtbaren Lichts ist sehr klein. Sie beträgt zwischen 0,4 und 0,7 eines Tausendstels eines Millimeters, ist also etwa hundertmal kleiner als die Dicke eines menschlichen Haares. Seine Frequenz ist sehr, sehr hoch. Es schwingt in einer Sekunde etwa 500 Billionen Mal hin und her, das ist eine 5 mit 14 Nullen – 500 000 000 000 000. Die Farbe des Lichts ist nun durch seine Wellenlänge gegeben. Die größte Wellenlänge des sichtbaren Lichts ist rot; wenn die Wellenlänge kürzer wird, ändert sich die Farbe über gelb und grün zu blau. Die kürzesten Wellenlängen, die man sehen kann, sind violett. Wenn Licht aus mehreren Wellenlängen besteht, dann sehen wir nach wie vor nur eine Farbe. Dies ist dann eben eine Mischfarbe, die unser Gehirn aus den Sinneseindrücken konstruiert. So kann zum Beispiel die Farbe Grün entweder Licht nur einer einzigen Wellenlänge sein oder zusammengesetzt aus Gelb und Blau.

Eine glühende Lichtquelle sendet eben nicht nur eine einzige Farbe aus, also nicht nur Licht einer einzigen Wellenlänge, sondern eine ganze Menge verschiedener Wellenlängen. Dies nennt man das Spektrum. Das Spektrum von Licht, das aus einem Hohlraum kommt, ist dann ausschließlich eine Frage der Temperatur. Der deutsche Physiker Gustav Kirchhoff hatte schon 1859 erkannt, wie interessant die Tatsache ist, dass dieses Spektrum nur von einem einzigen Parameter, also nur von der Temperatur, abhängt. Er vermutete, dass ein ganz interessantes Gesetz dahinterstecken muss. Und Friedrich Paschen meinte, dieses Gesetz sei so wichtig, dass es sich auszahlt, dafür eine Berufung als Professor an eine deutsche Universität auszuschlagen. Eine Berufung auf eine Professur war damals wie heute zwar ein schöner Karrieresprung, ist jedoch oft mit einem sehr hohen Preis verbunden, denn mit der Stelle eines Professors gehen Verwaltungs- und Organisationsaufgaben einher, die oft dazu führen, dass der neue Professor praktisch nicht mehr dazu kommt, selbst Physik zu machen. Es war also Paschen klar gewesen, wieviel Arbeit man hineinstecken müsste, um das Rätsel der Hohlraumstrahlung zu lösen. Seine Vermutung hierzu war jedoch nicht richtig. Die Lösung des Rätsels kam später durch einen deutschen Professor.

Es war also aus grundsätzlichen Überlegungen offenbar schon längere Zeit klar, dass das Spektrum der Hohlraumstrahlung ausschließlich von der Temperatur abhängt und daher im Prinzip nur eine sehr einfache Form haben kann. Wie diese Form aussieht, war jedoch unbekannt und musste durch Experimente bestimmt werden. Es waren gerade dies die Experimente, die an der Physikalisch-Technischen Reichsanstalt durchgeführt wurden. Anfangs sahen die Resultate sehr unübersichtlich aus, wie so oft in der Experimentalphysik. Erst wenn man das Experiment immer wieder verbessert, genauer und genauer macht, kommt man der Natur wirklich auf die Schliche und kann messen, was tatsächlich vorliegt. Diese Serie von Experimenten wurde vor allem von den Physikern Heinrich Rubens und Ferdinand Kurlbaum durchgeführt. Als es aber gelungen war, die genaue Form des Spektrums zu bestimmen, stand man vor einem Rätsel, das sich niemand mittels der damaligen Physik erklären konnte.

Des Rätsels Lösung erfolgte im Jahre 1900 durch den damals für einen theoretischen Physiker mit 42 Jahren schon relativ alten Max Planck, damals Professor an der Humboldt-Universität zu Berlin. Er war übrigens bei seiner Berufung als Professor die zweite Wahl dieser Universität gewesen! Damals wie heute wird bei der Berufung eines neuen Professors von der Universität eine Liste mit meistens drei Namen aufgestellt. Berlin setzte auf den ersten Platz der Liste Heinrich Hertz, der kurz vorher durch seine Entdeckung der elektromagnetischen Wellen Aufsehen erregt hatte und dadurch einer der führenden Experimentalphysiker weltweit geworden war. Heinrich Hertz nahm jedoch einen Ruf nach Bonn an, und dadurch kam Max Planck in Berlin zum Zug.

Als Planck noch nicht recht wusste, ob er Physik studieren sollte oder nicht, wandte er sich an den Münchner Physikprofessor Philipp von Jolly. Dieser teilte ihm mit, dass in der Physik alles Wesentliche bereits erforscht sei und es nur noch darum ginge, einige wenige Details zu klären. Max Planck sei viel zu begabt, um Physik zu studieren. Heute kann man über eine solche Aussage nur lächeln. Man sollte sie jedoch durchaus auch als Warnungstafel sehen. Es gibt ja auch heute wieder Physiker, die behaupten, wir stünden kurz davor, im wesentlichen alles erklären zu können. Damals wie heute wird durch eine solche Haltung nichts anderes dokumentiert als die Tatsache, wie eng und kurzsichtig die menschliche Phantasie oft sein kann.

Die Berufung Max Plancks nach Berlin sollte sich als ein außerordentlicher Glücksfall herausstellen. Bereits 1894 hatte Planck zum Problem der Erklärung der Hohlraumstrahlung bemerkt: «Diese ... stellt also etwas Absolutes dar, und da die Suche nach dem Absoluten mir stets als die schönste Forschungsaufgabe erschien, so machte ich mich mit Eifer an ihre Bearbeitung.» Die Berufung nach Berlin war insofern ein Glücksfall, da er dort ständigen persönlichen Kontakt mit den Experimentalphysikern, insbesondere mit Rubens, hatte. Er war also ganz genau, bis ins Detail, vertraut mit den exakten Messergebnissen der Hohlraumstrahlung und konnte seine verschiedenen Versuche, diese theoretisch zu erklären, immer wieder direkt mit dem Experiment vergleichen.

Hier gab es auch oft intensive Diskussionen bei Einladungen im Familienkreis, oft sehr zum Leidwesen der anderen Familienmitglieder. Das mathematisch richtige Gesetz erhielt Max Planck durch Ausprobieren, etwa Mitte Oktober 1900, und teilte dies am 19. Oktober der Physikalischen Gesellschaft zu Berlin mit. Max Planck selbst schreibt: «Am Morgen des nächsten Tages suchte mich der Kollege Rubens auf und erzählte, dass er nach dem Schluss der Sitzung noch in der nämlichen Nacht meine Formel mit seinen Messungsdaten genau verglichen und überall eine befriedigende Übereinstimmung gefunden habe.» Diese unmittelbar sofortige Überprüfung eines neuen theoretischen Ansatzes und ihre Bestätigung noch in derselben Nacht ist etwas in der Physik außerordentlich Ungewöhnliches. Dadurch ermutigt, versuchte Max Planck, seinen bis dahin nur mathematischen Ansatz auch theoretisch und physikalisch zu erklären, was ihm auch gelang. Die diesbezüglichen Gedanken trug er am 14. Dezember 1900 in der wohl historischsten Sitzung der Physikalischen Gesellschaft zu Berlin vor. Dies gilt allgemein als die Geburtsstunde der Quantenphysik.

Zur Erklärung der Hohlraumstrahlung hatte Max Planck lange mit der gängigen Theorie herumgespielt, nach der Licht aus Wellen besteht, und konnte so dem Problem der Erklärung der Hohlraumstrahlung in keiner Weise näherkommen. Auf die Lösung kam er erst, nachdem er sich, wie er selbst sagte, zu einem «Akt der Verzweiflung» zwang. Er musste in seiner Quantenhypothese einfach annehmen, dass das Licht nicht als Welle von den Wänden des Hohlraums ausgesandt wird, sondern in einzelnen, nicht teilbaren Stücken, den sogenannten *Quanten*. Diese Quanten des Lichts, auch *Photonen* genannt, besitzen eine fixe Energie, die ausschließlich durch die Frequenz des Lichts, also die Farbe des Lichts, und durch eine völlig neue physikalische Größe festgelegt ist – das *Plancksche Wirkungsquantum*. Hier gilt die berühmte Beziehung $E = hf$. Dies ist der mathematische Ausdruck dafür, dass die Energie E eines Lichtquants gleich ist dem Produkt aus dem Planckschen Wirkungsquantum h und der Frequenz f des Lichts.

Heute wissen wir, dass das Plancksche Wirkungsquantum h eine universelle Naturkonstante ist. Das heißt, es hat einen festen Wert, der unabhängig ist von den äußeren Umständen. Es hat die gleiche Größe sowohl bei uns wie in fernen Galaxien und ändert sich auch nicht mit der Zeit. Es war also vor vier Milliarden Jahren genauso groß wie heute. Solche universellen Naturkonstanten sind von großer Bedeutung in unserer physikalischen Beschreibung der Welt. Eine andere solche Naturkonstante ist die Lichtgeschwindigkeit c. Die Tatsache, dass sich die Naturkonstanten nicht mit der Zeit ändern und dass sie sehr weit weg von uns genauso groß sind wie bei uns auf der Erde, wissen wir aus genauen experimentellen Beobachtungen, vor allem aus genauen Messungen des Spektrums des Lichts, das von fernen Sternen und Galaxien zu uns kommt.

Es erhebt sich nun die Frage, warum diese Tatsache, dass Licht aus diesen unteilbaren Quanten besteht, nicht schon früher bemerkt wurde. Der Grund ist der, dass dieses Plancksche Wirkungsquantum extrem klein ist. Wie klein das Plancksche Wirkungsquantum tatsächlich ist, kann man etwa daran sehen, dass eine durchschnittliche Glühlampe pro Sekunde etwa 3×10^{20} = 300 000 000 000 000 000 000 Photonen (Lichtquanten) aussendet.

Plancks Vorschlag wurde von seinen Zeitgenossen im wesentlichen ignoriert und von einigen wenigen bekämpft. Auch er selbst suchte für lange Zeit nach einer Erklärung der Hohlraumstrahlung, die ohne das Wirkungsquantum auskommt. Diesem Versuch war natürlich kein Erfolg vergönnt. Der Einzige, der die Quanten wirklich ernst nahm, war im Jahre 1905 Albert Einstein. Damals ging es um ein interessantes physikalisches Phänomen. Es war seit einiger Zeit bekannt, vor allem durch Experimente von Hermann von Helmholtz, dass Licht aus Metallplatten Elektronen, kleine, geladene Teilchen, herauslösen kann. Man versuchte nun zu verstehen, wie dies zustande kommt. Nach der damals gängigen Wellentheorie des Lichtes wäre es notwendig, dass eine einfallende Lichtwelle die Elektronen im Metall immer mehr aufschaukelt, bis sie sich schließlich von der Metalloberfläche wegreißen können. Das würde aber einige Zeit dauern, so wie es bei einer Kinderschaukel einige Zeit dauert, bis sie so stark schwingt, dass man sich nicht mehr auf ihr aufhalten kann. Albert Einstein konnte das Problem lösen, indem er, entsprechend der Idee von Max Planck, annahm, dass das Licht aus Quanten besteht und diese einzelnen Quanten einfach direkt die Elektronen aus dem Metall herausstoßen können. Damit konnte Einstein auf einen Schlag nicht nur erklären, dass Elektronen sofort aus einer Metallplatte herauskommen, wenn man sie mit Licht beleuchtet, und nicht erst nach einiger Zeit, wie es die Wellentheorie verlangen würde. Er konnte auch genau erklären, mit welcher Energie die Elektronen austreten, wenn man die Metallplatte mit Licht einer bestimmten Frequenz beleuchtet. Es ist interessant, dass Albert Einstein für diese Erklärung des photoelektrischen Effekts 1922 den Nobelpreis erhielt. Die Relativitätstheorie wurde vom Nobelkomitee nie gewürdigt.

2. Abschied vom Gewohnten

Überlegen wir nochmal, was wir bisher diskutiert haben. Die Quantenhypothese Max Plancks konnte bis zum Jahre 1905 also zwei bisher unverstandene Phänomene sehr gut erklären. Dies war auf der einen Seite die Hohlraumstrahlung, also die Farbe glühender Körper, und auf der anderen Seite der photoelektrische Effekt – beides erklärte sich auf einfache und sehr elegante Weise. Warum sollte man als Physiker damit nicht zufrieden sein? Wo liegen die Probleme? Warum wurde die Quantenhypothese nicht gleich von allen Physikern mit großer Begeisterung übernommen? Das grundlegende Problem ist offenbar nicht eines der mathematischen Naturbeschreibung, die ja hier zweifelsohne schwierig ist. Im Gegenteil, die Quantenhypothese liefert Beschreibungen, die sehr exakt sind. Das Problem ist vielmehr ein Problem des Weltbildes, ein Problem des Verständnisses. Die Frage war und ist nun, was das Ganze in einem tieferen Sinne nun eigentlich bedeutet.

Wir haben ja bereits gelernt, dass Max Planck selbst nach einer anderen Erklärung suchte, die ohne die Quantenhypothese auskam – natürlich vergeblich. Und soweit wir wissen, war es wieder Albert Einstein, der zum ersten Mal in der Öffentlichkeit die Probleme aufwarf, die die neue Quantenphysik mit sich brachte. Dies geschah auf der 81. Jahresversammlung der Gesellschaft Deutscher Naturforscher und Ärzte im Jahre 1909 in Salzburg. Auf dieser Tagung war Einstein Ehrengast und hielt zum ersten Mal einen Vortrag über die Spezielle Relativitätstheorie. Zuhörer waren unter anderen Heinrich Rubens, Max Planck und Lise Meitner. Offenbar hat Einstein bei dieser Gelegenheit auch seinem Unbehagen Ausdruck verliehen über die Rolle, die der Zufall in der neuen Quantenphysik spielt. In anderen Worten, für die Physik trat nun eine höchst eigenartige Situation ein. Auf der einen Seite war da die gängige Theorie, die klassische Physik, der zufolge alle Vorgänge kontinuierlich ablaufen und nach der das Prinzip der Kausalität uneingeschränkte Gültigkeit besitzt. Danach muss es also für jede Wirkung eine Ursache geben, und eine klar definierte Ursache führt nur zu einer einzigen Wirkung, nicht zu mehreren verschiedenen.

Das Kausalitätsdenken, das Denken in Ursache und Wirkung, ist ja auch in unserem Alltagsweltbild als fester Bestandteil eingebaut.

Geschieht etwa ein Flugzeugunglück, so suchen wir so lange nach einer Ursache, bis wir diese gefunden haben. Denn es kann ja nach unserem angeblich gesunden Menschenverstand nichts ohne Ursache geschehen.

Das Plancksche Wirkungsquantum stellte jedoch diesen Überlegungen ein großes Hindernis entgegen. Die Natur war plötzlich nicht mehr kontinuierlich, da das Wirkungsquantum nicht teilbar ist. Es ist ja eine universelle Naturkonstante. Überdies stellt das Wirkungsquantum eine unüberwindliche Grenze für unsere kausale Weltbeschreibung dar.

Nach Einsteins Erklärung des photoelektrischen Effekts sollte es aber noch weitere zwanzig Jahre – bis zum Jahr 1925 – dauern, bis es gelang, eine vollständige Formulierung der Theorie zu erreichen, welche die Quanten genau beschreibt. Diese neue Quantentheorie wurde in zwei verschiedenen Formulierungen geliefert, 1925 vom jungen Werner Heisenberg und 1926 von Erwin Schrödinger. Die Formulierung von Werner Heisenberg ist die *Matrizenmechanik*, so benannt, weil hier abstrakte mathematische Größen, eben sogenannte Matrizen, die zentrale Rolle spielen. Die Formulierung von Erwin Schrödinger heißt *Wellenmechanik*. Bei Erwin Schrödinger ist das zentrale Bild, dass alles mit Hilfe von Wellen beschrieben werden kann. Über die Natur dieser Wellen werden wir später noch Überlegungen anstellen. Dass man somit zwei verschiedene Formulierungen der neuen Quantentheorie vor sich hatte, verursachte am Anfang ziemliches Kopfzerbrechen, bis es Erwin Schrödinger gelang zu zeigen, dass beide – Matrizenmechanik und Wellenmechanik – zwar mathematisch verschieden sind, jedoch physikalisch genau dieselben Aussagen treffen. Die eine kann also in die andere überführt werden. Wenn wir also heute von Quantentheorie oder Quantenphysik sprechen, so legen wir damit nicht fest, welche von beiden Versionen, die Heisenbergs oder die Schrödingers, wir meinen, weil eben beide vollkommen gleichberechtigt sind.

Diese Quantentheorie hat zu einem umfassenden, neuen Verständnis sehr vieler verschiedener Phänomene in der Natur geführt, von denen wir hier nur einige beispielhaft erwähnen. Man kann aus der Quantentheorie nicht nur die Farbe des Hohlraumlichts berechnen, sondern auch, welches Licht von welcher Art Atome ausgesandt wird. Mit Hilfe der Quantentheorie kann man sogar erklären, warum Atome überhaupt in der Form existieren, wie wir sie vor uns haben.

Eine der wichtigsten Erkenntnisse der Naturwissenschaften ist die Entdeckung in der zweiten Hälfte des 19. Jahrhunderts, dass alle materiellen Gegenstände aus Atomen aufgebaut sind. Diese Atome sind unvorstellbar klein. Ein einzelnes Atom hat einen Durchmesser von etwa 10^{-8} Zentimeter, das ist 0,00000001 Zentimeter oder ein Hundertstel eines Millionstels eines Zentimeters. Jeder Gegenstand des täglichen Lebens, also auch das Buch, das vor Ihnen liegt, besteht also aus einer unvorstellbaren Anzahl von Atomen – etwa 10^{25} = 10 000 000 000 000 000 000 000 000 Atome. Es gibt eine Menge verschiedener Atome, jedes chemische Element ist als eine bestimmte Atomsorte qualifizierbar, jedoch ist allen Atomen eines gemeinsam: Sie bestehen aus einem Atomkern, der wiederum hunderttausend Mal kleiner ist als das Atom selbst, und dieser Atomkern ist von einer Wolke von Elektronen umgeben. Der Durchmesser dieser Wolke ist der Atomdurchmesser. Die Elektronen werden vom Atomkern dadurch festgehalten, dass sie eine negative elektrische Ladung besitzen, während der Atomkern seinerseits positiv geladen ist, die beiden sich also gegenseitig anziehen.

Die neue Quantentheorie konnte nun eine Menge verschiedener Fragen, die das Atom betreffen, mit einem Schlag beantworten. Dazu gehört zum Beispiel die Frage, warum die Elektronen nicht letztlich in den Atomkern hineinstürzen, da sie ja von ihm angezogen werden, also die Frage nach der Stabilität der Atome. Ebenso kann die Quantenphysik genau beschreiben, warum Atome aneinander haften, wie also die chemische Bindung zwischen Atomen erfolgt.

Eine weitere, ganz wichtige Konsequenz ist die quantenphysikalische Erklärung aller chemischen Vorgänge. Durch die Quantentheorie ist letztlich die Chemie auf eine physikalisch erklärbare Basis gestellt worden. Ferner hat die Quantenphysik zu einem Verständnis der Festkörper geführt, insbesondere der Halbleiter. Dies sind Materialien, die eine elektrische Leitfähigkeit besitzen, die zwischen der von Isolatoren, die elektrischen Strom praktisch nicht leiten, und der von Metallen liegt, die Strom sehr gut leiten. Halbleiter sind die zentralen Bestandteile aller modernen elektronischen

Schaltungen. Die Quantenphysik hat uns auch erlaubt, Vorgänge in Atomkernen zu verstehen und damit so Verschiedenes wie Kernspaltung und Kernfusion, die Erzeugung der Energie in Sternen sowie wichtige Phänomene bei der Entstehung des Universums zu begreifen.

Heute ist daher die Quantenphysik die Grundlage vieler Bereiche der modernen Hochtechnologie. So wäre etwa der Laser ohne Quantenphysik nicht denkbar, ohne Quantenphysik hätten wir keine Halbleiter, ohne Halbleiter eben keine modernen Computer und ohne Computer keine so einfachen Dinge wie Handys – ganz zu schweigen davon, dass heute in fast allen modernen Geräten bis hin zum Auto kleine Computer stecken. Die Quantenphysik wurde so zur Grundlage eines großen Teils der Wirtschaft moderner Industriestaaten.

Wenn also die Quantenphysik so außerordentlich erfolgreich ist in der Beschreibung verschiedenster Phänomene und Erscheinungen, warum sollte es dann ein Problem damit geben? Warum sind viele Physiker und Philosophen noch heute von der Quantenphysik so fasziniert? Das liegt daran, dass diese Quantenphysik ein Verhalten von Quantenteilchen vorhersagt, das unserem üblichen Alltagsverständnis vollkommen widerspricht. Der amerikanische Physiker Richard Feynman hat dies einmal folgendermaßen formuliert: «Ich glaube, mit Sicherheit behaupten zu können, dass heutzutage niemand die Quantenmechanik versteht.» Wir werden nun im folgenden einige tatsächlich durchgeführte Experimente im Labor kennenlernen, die uns dieses seltsame Verhalten von Quantenteilchen sehr schön demonstrieren. Ehe wir dies tun, möchten wir jedoch einige grundsätzliche Überlegungen anstellen.

Um zu sehen, wie anders sich Quanten verhalten, als wir das von Gegenständen des täglichen Lebens gewöhnt sind, machen wir jetzt einen Ausflug in die Welt des Allerkleinsten. Betrachten wir einen Gegenstand des täglichen Lebens, zum Beispiel dieses Buch, in dem gerade diese Zeilen geschrieben stehen. Woher wissen wir, dass da ein Buch vor uns liegt? Wir wissen es, weil wir es sehen, weil wir es betasten können. Vielleicht ist sogar der Geruch des Buches ein Hinweis darauf, dass wir hier Papier vor uns haben. Auf alle Fälle sind zwei Dinge nötig, um zu dem Schluss zu kommen, dass hier ein Buch vor uns liegt. Zum ersten benötigen wir eine Reihe von Sinneseindrücken. Am wichtigsten sind die optischen Eindrücke, das Bild des Buches mit seinen Seiten. Zum anderen müssen wir jedoch bereits in unserem Kopf eine Idee davon haben, was es bedeutet, dass ein Gegenstand als Buch bezeichnet werden kann. Diese Idee, dieses Konzept «Buch», bedeutet ein Zurückführen auf frühere Erfahrungen, im allgemeinen auf Bücher, die wir schon zu einem früheren Zeitpunkt gesehen haben, die wir schon früher berührt oder gelesen haben. Wenn wir also das, was vor uns liegt, als Buch bezeichnen, bedeutet dies, dass unsere Sinneseindrücke in uns wichtig erscheinende Merkmale mit dem übereinstimmen lassen, was wir unter Buch verstehen.

Wir benötigen also unsere Sinneseindrücke und die Konzepte in unserem Kopf, die wir mit diesen Sinneseindrücken vergleichen. Wir werden sehen, dass beides im Fall von sehr kleinen Objekten nicht mehr so klar ist. Eine sorgfältige Überlegung öffnet die Tür für ganz neue Sichtweisen. Diese Sichtweisen werden dann, wie wir später noch sehen werden, eben diejenigen der Quantenphysik sein.

Sinneseindrücke in irgendeiner Form wahrzunehmen, bedeutet letztlich eine Wechselwirkung mit dem betrachteten Objekt. Wenn wir das Buch ansehen und uns ein Bild von ihm machen, muss es natürlich beleuchtet sein, denn ohne das Licht, das etwa von der Sonne kommend durch das Fenster tritt und unser Buch beleuchtet, können unsere Augen nichts wahrnehmen. Würde das Buch in einem finsteren Raum liegen, müssten wir zum Beispiel eine Taschenlampe darauf richten, also ganz bewusst mit dem betrachteten Objekt in Wechselwirkung treten. Wir wissen, dass für Gegenstände unseres täglichen Lebens, wie etwa für dieses Buch, die bei der Betrachtung notwendige Wechselwirkung keine sehr große Bedeutung hat. Es wird für das Buch ziemlich unerheblich sein, ob ich es beleuchte oder nicht. Natürlich wird nach sehr starkem und langdauerndem Lichteinfall das Buch etwas vergilben, vielleicht sogar das Papier brüchig werden, jedoch sind im allgemeinen die Eigenschaften, die wir betrachten, etwa die Zahl der Seiten oder die Größe der Buchstaben, unabhängig davon, ob wir das Buch beleuchten, und unabhängig davon, ob wir dazu eine schwache Kerze nehmen oder einen starken Scheinwerfer. Natürlich gibt es Spezialfälle, die einer genaueren Überlegung bedürfen, wie etwa der Fall, wo wir uns einen unbelichteten fotografischen Film ansehen wollen. Jedoch wird in der Regel ein Objekt nicht dadurch verändert, dass wir es uns ansehen. Die Eigenschaften eines Objektes sind unabhängig davon, ob wir es betrachten oder nicht.

Wir können dies noch klarer auf den Punkt bringen. Wenn wir einem Objekt Eigenschaften zuschreiben, so gehen wir davon aus, dass diese Eigenschaften in irgendeiner Form etwas beschreiben, was das Objekt charakterisiert. Diese Eigenschaften mögen zwar durch die Beobachtung etwas verändert werden, dies kann man aber durch die genaue Betrachtung unserer Untersuchungsmittel verstehen. Wir können also zum Beispiel verstehen, wie ein starker Lichtstrahl das Papier etwas vergilbt. Die beobachtete Eigenschaft, die Farbe des Papiers, lässt sich aber ganz klar beschreiben und entspricht Eigenschaften, die bereits vor der Beobachtung und unabhängig von der Beobachtung existieren, auch wenn sie vielleicht ein wenig verändert werden können.

Was geschieht aber nun, wenn wir das Buch immer kleiner und kleiner machen, wenn wir zu immer kleineren Objekten übergehen? Klarerweise wird, je kleiner das Objekt ist, dieses umso stärker von der bei der Beobachtung notwendigen Wechselwirkung gestört werden. Nun könnte man wohl sagen, dass man diese Störung beliebig klein machen kann. Man kann ja immer schwächer und schwächer beleuchten. Wird das Licht so schwach, dass wir es nicht sehen können, werden wir eine Kamera einsetzen und immer empfindlichere fotografische Filme verwenden. Oder man kann sich Fabelwesen vorstellen, die Augen haben, die sogar noch das allerschwächste Lichtsignal sehen können. Man sollte meinen, dass man Licht beliebig schwach machen könne, indem man die Lichtquelle immer stärker und stärker zurückdreht. Dies hätte man in der klassischen Physik tatsächlich auch genau so angenommen. Hier galt es als selbstverständlich, dass man Licht so stark abschwächen kann, wie man nur möchte, auch wenn man es dann natürlich lange nicht mehr sehen würde.

Nun laufen wir aber in ein neues Problem, das aus der Quantennatur des Lichts folgt. Wir haben ja von Max Planck gelernt, dass Licht aus kleinsten, unteilbaren Teilen, den Photonen, Quanten des Lichts, besteht. Wenn das Licht also sehr schwach werden muss, um ein sehr, sehr kleines Objekt ohne Störung zu beleuchten, stoßen wir an eine Grenze. Wir können es eben nur mit einem, zwei, drei oder mehr Lichtquanten beleuchten – mit weniger als einem Quant geht dies nicht. Ein jedes Lichtquant wird aber nun wie ein Teilchen einen Stoß auf unser sehr kleines beobachtetes Objekt ausüben – einen Stoß, der nicht beliebig reduziert werden kann. Dieser Stoß kann aus der Sicht des betrachteten Objekts sehr, sehr groß sein und kann nicht dadurch verringert werden, dass man die Lichtintensität abschwächt. Auf jeden Fall kann dieser Stoß zu signifikanten Änderungen der Eigenschaften unseres Objektes, das vielleicht ein kleines Atom sein könnte, führen. Diese Änderungen können wegen der Quantennatur des Lichts nicht beliebig klein gemacht werden. Wir haben es also auf alle Fälle mit einer Änderung der Eigenschaften unseres Atoms zu tun.

Man könnte aber noch immer der Meinung sein, dass unser Atom vor der Messung durchaus seine wohldefinierten Eigenschaften besitzt. Es wird sich doch wohl an einem bestimmten Ort befinden oder mit einer bestimmten Geschwindigkeit dahinfliegen, seine inneren Bestandteile, die Elektronen, werden auf eine bestimmte Weise angeordnet sein und so weiter. Die durch die Messung zwangsläufig unvermeidbare Wechselwirkung würde nach dieser Vermutung lediglich zu einer Störung unseres Atoms führen, was bedeutet, dass es nach der Messung eben irgendwelche anderen Eigenschaften besitzen wird.

Könnte man also noch immer glauben, dass die Quantensysteme vor der Beobachtung ihre festen Eigenschaften besitzen? Nein, eben nicht. Das Interessante ist eben gerade, dass dies für Quantensysteme nicht gilt. Aber damit bekommen wir nicht nur das Problem, dass wir die Eigenschaften eines Systems eben wegen der unvermeidlichen Störung durch unsere Beobachtung nicht mehr bestimmen können. Die Situation ist noch viel extremer. Allein schon die Annahme, dass ein System vor seiner Beobachtung wohldefinierte Eigenschaften besitzt, selbst wenn wir diese nicht wissen können, führt zu einen Widerspruch. Dies werden wir im Detail später sehen.

3. Ein Besuch im Laboratorium oder «Wo ist der Fußball?»

Um uns grundsätzliche Aussagen der Quantenphysik näher zu bringen, werden wir in diesem Buch immer wieder ganz konkrete Experimente näher ansehen. Nur dann bekommt man auch ein Gefühl dafür, was überhaupt vor sich geht. Dazu möchten wir aber zuerst einmal die Umgebung kennenlernen, in der solche Experimente durchgeführt werden. Wir besuchen daher mein Institut, das Institut für Experimentalphysik der Universität Wien. Wir betreten ein altehrwürdiges Gebäude, das noch in der Regierungszeit von Kaiser Franz Josef erbaut worden war. Im Stiegenaufgang sieht man wunderschöne Verzierungen aus der Zeit des Jugendstils, und im ersten Stock geht man an einer Büste des Kaisers selbst vorbei. Im zweiten Stock ändert sich dann schlagartig und überraschend das Bild. In einem Laboratorium werden wir plötzlich in die modernste Technologie des 21. Jahrhunderts katapultiert. Intensive Laserstrahlen durchschneiden die Luft, der Raum ist erfüllt vom leisen Surren der Hochvakuumpumpen. Zwei Mitarbeiter, Lucia Hackermüller und Markus Arndt, schrauben an einem großen Stahlbehälter herum, von dem wir später erfahren, dass er ein Hochvakuumgefäß ist, und zwei weitere Mitarbeiter, Björn Brezger und Stefan Uttenthaler, studieren an einem Computer eine verwirrende Zahl von Diagrammen und Kurven, welche die jüngsten Messergebnisse der Arbeitsgruppe darstellen: das Messresultat der letzten zwei Wochen, die Nächte teilweise eingeschlossen. Man merkt den jungen Leuten die Anspannung an, ob das letzte Experiment wirklich vollständig gelungen ist. Dies entscheidet darüber, welche Verbesserungen am experimentellen Aufbau in der Hochvakuumkammer vorgenommen werden müssen. Man spürt auch die Sicherheit und die Zuversicht über den bis jetzt eingeschlagenen Weg, offenbar durch die bisherigen Erfolge bestätigt und ermuntert.

Mittlerweile ist es Lucia und Markus gelungen, den Vakuumapparat zu öffnen. Sie ziehen eine Vorrichtung heraus und erklären uns, dass es sich hier um einen Gitterhalter handelt. Das Gitter, das hier festgehalten wird, ist das feinste Gitter, das heutzutage von Menschen erzeugt werden kann. Es besteht aus Stäben, die nur 50 Nanometer dick sind und 50 Nanometer voneinander entfernt. 50 Nanometer sind 50 Millionstel eines Millimeters! Solche feinen

Gitter können natürlich nicht mehr von mechanischen Maschinen direkt hergestellt werden, sondern man benötigt für ihre Erzeugung eine Kombination von optischen und chemischen Methoden, die nur von ganz wenigen Laboratorien auf der Welt beherrscht werden. Die Gitter der Wiener Arbeitsgruppe wurden vom Laboratorium für Mikrostrukturtechnik des berühmten Massachusetts Institute of Technology (MIT) in den USA erzeugt. Wozu benötigt die Wiener Gruppe diese Gitter, und woher kommt die Anspannung der jungen Leute?

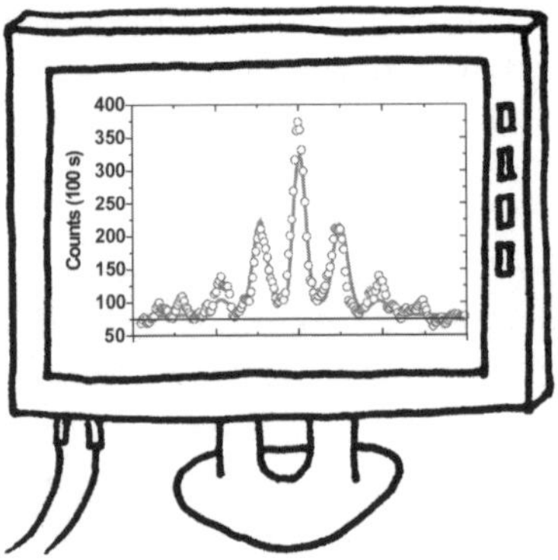

1 Experimentelle Messkurve zur Quanteninterferenz mit massiven Objekten, den Fullerenen oder Fußballmolekülen. Auf dem Diagramm ist nach oben die Zahl der in hundert Sekunden gezählten Fullerenmoleküle aufgetragen und nach rechts die Position des Detektors, des Nachweisgeräts für die Moleküle.

Sehen wir uns dazu erst einmal eine experimentelle Messkurve an, die Björn und Stefan gerade am Computerschirm betrachten (Abbildung 1). Wir sehen eine Anzahl von Punkten und eine glatte Kurve, die durch diese Punkte durchgeht. Woher die Aufregung? Man erzählt uns, es handle sich um ein Experiment zur Quanteninterferenz, allerdings mit den massivsten Objekten, für die jemals solche Interferenz gesehen wurde, nämlich für die berühmten Fullerene, die Fußballmoleküle (Abbildung 2) – und daher die Begeisterung.

Ehe wir uns später mit dem ganz neuen Begriff «Quanteninterferenz» auseinandersetzen, zuerst ein wenig zu den Fußballmolekülen. Diese sind für sich allein schon eine spannende Geschichte. Sie bestehen nur aus Kohlenstoff, und ihre Entdeckung im Jahre 1985 war umso überraschender, als man damals noch geglaubt hatte, dass Kohlenstoff im wesentlichen verstanden sei. Als Grundlage allen Lebens ist er ja eines der am besten untersuchten chemischen Elemente. Man meinte, dass es drei verschiedene Formen des reinen

Kohlenstoffs gäbe. Die einfachste Form, der Ruß, so glaubte man, bestünde einfach aus einzelnen Kohlenstoffatomen, die in irgendeiner Form irregulär zusammenhängen und damit diesen staubförmigen Ruß bilden. Daneben gibt es zwei wohlgeordnete Formen des Kohlenstoffs, Graphit und Diamant. Beim schwarzen Graphit sind die Kohlenstoffatome in Schichten angeordnet. Innerhalb jeder Schicht bilden die Atome zusammenhängende Sechsecke.

Äußerst interessant ist die dritte Form des Kohlenstoffs, der Diamant. Hier sind die Atome untereinander nicht nur in einer

2 Die Fullerene haben dieselbe Struktur wie ein Fußball, bei dem an jeder Ecke eines Fünfecks oder Sechsecks ein Kohlenstoffatom sitzt. Das abgebildete Fullerenmolekül besteht daher aus sechzig Kohlenstoffatomen.

Ebene stark verbunden, sondern in allen Richtungen – und sie hängen extrem stark zusammen. Aus diesem Grund ist der Diamant auch so extrem hart. Ganz im Gegensatz zum schwarzen Kohlenstoff ist Diamant vollständig durchsichtig, und wegen der besonders dichten Zusammenpackung seiner Kohlenstoffatome besitzt er eine große optische Brillanz, die die Menschen immer schon fasziniert. Wie gesagt, man war bis 1985 der Meinung, dass diese drei Formen des Kohlenstoffs, der Ruß, der Graphit und der Diamant, das Wesentliche aussagen, was über den festen Kohlenstoff auszusagen ist. In diesem Jahr machten jedoch Harold Kroto, Richard Smalley, Robert Curl und ihre Mitarbeiter ein extrem einfaches Experiment mit unglaublichen Konsequenzen. Sie untersuchten einfach die Masseverteilung der Kohlenstoffpartikelchen in Ruß. Das heißt, sie schauten genau nach, wie groß die einzelnen Rußteilchen sind. Man hätte ganz einfach erwartet, dass mehr oder minder alle Größen an Rußteilchen vorkommen, also solche, die aus sehr wenigen Atomen bestehen, bis hin zu welchen aus sehr vielen Atomen. Zur großen Überraschung der Wissenschaftler aus aller Welt entdeckten sie, dass die Rußpartikelchen nicht nur aus einzelnen Atomen oder einigen wenigen, die zusammenhängen, bestehen, sondern dass besonders häufig eine Form aus 60 Kohlenstoffatomen vorkommt. Wie könnte die Struktur dieser 60 Kohlenstoffatome aussehen? Die moderne Physik verfügt über viele technisch meist sehr aufwändige Möglichkeiten, die Struktur von kleinen Partikeln zu bestimmen. Kroto und seine Mitarbeiter wollten aber schnell eine Antwort und keine Zeit verlieren. Sie machten daher etwas extrem Kühnes. Sie stellten sich die Frage: Welche geometrische Anordnung gibt es, bei der genau 60 Atome auf eine möglichst einfache Weise miteinander zusammenhängen? Durch Herumspielen und Ausprobieren kamen sie auf die Lösung. Die 60 Atome müssen genauso angeordnet werden wie die Ecken der Sechsecke auf einem Fußball! Die Zahl der Ecken ergibt zusammengezählt genau die Zahl 60.

Die Wissenschaftler wagten es, diese Vermutung in der berühmten Zeitschrift *Nature* zu veröffentlichen. In dieser wissenschaftlichen Veröffentlichung kommt sogar das Foto eines Fußballs auf gepflegtem englischem Rasen vor. Später wurde diese Vermutung glänzend bestätigt und brachte Kroto, Smalley und Curl im Jahre 1996 den Nobelpreis für Chemie ein. Der Vergleich mit dem Graphit liegt auf der Hand. Wir können uns ein solches Fullerenmolekül einfach als eine zu einer Kugel geformte Ebene des Graphits vorstellen. Heute wissen wir, dass es zahlreiche ähnliche Formen von Fullerenen gibt. So gibt es zum Beispiel Moleküle, die aus 70, aus 82, aus 240 Atomen bestehen. Ganz besonders interessant sind auch die Nanoröhrchen, die in verschiedenen Durchmessern auftreten. Sie sind einfach zu einem Zylinder aufgerollte Ebenen des Graphits. Heute gibt es große internationale Kongresse, die der Chemie und Physik dieser Fullerene und Nanoröhrchen gewidmet sind. Wenn wir an praktische Anwendungen denken, so ist zu erwähnen, dass Fullerene extrem gute Eigenschaften als Schmierstoff besitzen. Das heißt, Fullerenstaub zwischen zwei aneinander reibenden Flächen kann die Reibung genauso oder viel besser reduzieren, als dies bei Verwendung von Öl möglich ist. Außerdem hat man beobachtet, dass Nanoröhrchen durch ihre besonders hohe Festigkeit gut als Strukturkomponenten neuer Materialien verwendet werden können. Diese Festigkeit kommt daher, dass die einzelnen Atome, die in den Nanoröhrchen zusammenhängen, eine perfekte Anordnung bieten, also keinerlei Fehler in ihrer Anordnung aufweisen.

Interessant ist auch, wie die Fullerene zu ihrem Namen kamen. Es stellte sich heraus, dass der amerikanische Architekt und Wissenschaftler Buckminster Fuller Kuppeln entworfen hatte, die genau die Struktur einer Halbkugel des Fullerens besitzen. Obwohl Leonardo da Vinci bereits die gleiche Idee gehabt hatte, bürgerte sich der Name «Fullerene» ein.

Was macht aber nun unsere Wiener Gruppe mit diesen Fullerenmolekülen? Unsere Freunde erklären uns, dass sie im Experiment die Interferenz von Wellen beobachten, die zu einem einzigen Fullerenmolekül gehören und durch zwei benachbarte Öffnungen unseres Gitters durchtreten. Wir sind überfordert. Was heißt das Ganze, wie können wir das verstehen? Dazu holen wir nun etwas weiter aus und unterhalten uns über die Natur des Lichts.

4. Welle ...

Die Überlegungen der Menschheit darüber, was Licht in Wirklichkeit ist, reichen schon sehr weit zurück. Von der griechischen Antike an etwa stellte man sich die Frage, wie es möglich ist, dass wir, wenn wir Gegenstände ansehen, zum Beispiel dieses Buch, das hier vor uns liegt, in unserem Kopf dann tatsächlich ein Bild dieses Gegenstands sehen. In der griechischen Philosophie machten die Atomisten den sehr einfachen Vorschlag, dass dies wohl am besten dadurch zu erklären sei, dass jeder Gegenstand kleinste Teilchen aussendet, die genau wie dieser betreffende Gegenstand aussehen. Also, ein Sessel sendet kleine Sessel aus, ein Buch kleine Bücher. Diese werden von unserem Auge aufgenommen und erklären so das Bild, das wir sehen.

Mit Beginn der modernen Physik im 17. Jahrhundert begann dann bald die Diskussion darüber, ob das Licht aus Teilchen besteht oder ob es sich wie eine Welle ausbreitet. Es war dies damals klarerweise eine Diskussion zwischen zwei einander ausschließenden Bildern bzw. Ansichten. Es kann ja nach den Gewissheiten des gesunden Menschenverstandes und nach den Regeln der klassischen Physik ein und dasselbe Objekt nicht gleichzeitig Welle und Teilchen sein. So gab es auch damals bereits Argumente für beide Ansichten. Der englische Physiker Isaac Newton war der berühmteste Anhänger der Teilchentheorie, und wegen seiner großen Prominenz wurde diese Ansicht von den Physikern allgemein übernommen.

Im Jahre 1802 trat jedoch der englische Arzt Thomas Young mit einem sensationellen Experiment an die Öffentlichkeit. Überhaupt ist es interessant festzustellen, dass besonders im 19. Jahrhundert Hobbyphysiker, die oft in ihrem Hauptberuf Ärzte waren, sehr viele

3 Das Doppelspaltexperiment. Licht tritt von links durch eine Öffnung und hat im darauf folgenden Schirm zwei Spalte zur Verfügung, durch die es durchtreten kann. Sind beide Spalte geöffnet, kommt es auf dem Beobachtungsschirm zu hellen und dunklen Streifen. Ist nur ein Spalt offen, sehen wir eine gleichmäßige Helligkeit ohne Streifen (Bild nach Niels Bohr).

und sehr wichtige Beiträge zur Entwicklung der Physik geleistet haben. Vielleicht ist es doch so, dass jemand, der außerhalb des Faches steht, über sein eigenes unabhängiges Einkommen verfügt und daher in seiner Existenz nicht davon abhängig ist, ob er von Fachkollegen anerkannt wird oder nicht, leichter ungewöhnliche Schritte in völliges Neuland setzen kann als derjenige, dessen Karriere als Physiker unmittelbar von der Meinung seiner Fachkollegen abhängt.

Das Experiment von Thomas Young war sehr einfach (Abbildung 3). Licht tritt durch eine Platte, in der zwei Spalte angebracht sind. Man beobachtet dann die hinter den beiden Öffnungen auftretenden Lichterscheinungen auf einem Beobachtungsschirm, der in einer gewissen Entfernung hinter der Öffnung angebracht ist.

Das Interessante und für die damalige Zeit Revolutionäre war, dass Thomas Young auf dem Schirm helle und dunkle Streifen sah, die einander abwechseln. Deckte er jedoch eine der beiden Öffnungen ab, sodass das Licht nur durch die andere Öffnung hindurchtreten konnte und nicht mehr durch beide, waren die Streifen verschwunden. Warum ist das für das Bild, das die Physiker damals von Licht hatten, so überraschend? Überlegen wir uns, welche Resultate wir für das Youngsche Experiment erwarten, wenn wir uns vorstellen, dass Licht aus sehr kleinen Teilchen besteht.

Nehmen wir anfangs an, wir hätten nur einen Spalt in unserem Schirm, der relativ breit ist. Dann würden die Teilchen sicherlich gerade durchgehen, und auf unserem Beobachtungsschirm würden wir einen breiten hellen Streifen sehen, entsprechend den vielen Lichtteilchen, die auf den Beobachtungsschirm auftreffen und von denen ein Teil zurückgeworfen wird und in unser Auge tritt. Machen wir nun unseren Spalt immer kleiner und kleiner, so wird auch der helle Streifen auf dem Beobachtungsschirm immer enger und enger werden – bis zu einem gewissen Punkt. Nämlich dann, wenn unser Spalt schon sehr eng ist, werden offenbar viele Teilchen in irgendeiner Weise ein wenig abgelenkt werden. Dadurch wird auf dem Beobachtungsschirm ein Fleck entstehen, der etwas größer ist als der, den wir bei geradem Durchtreten erhalten würden.

Nehmen wir nun an, wir haben in unserer Platte zwei enge Spalte nebeneinander. Dann können wir uns sehr einfach überlegen, was für ein Bild wir auf dem Beobachtungsschirm aufgrund des Teilchenbildes erwarten werden. Es wird sicherlich so sein, dass an bestimmte Punkte des Schirms, nämlich vor allen Dingen bei denen, die in dem Bereich zwischen den Spalten liegen, Teilchen auf zwei verschiedene Arten hinkommen können. Entweder indem sie durch die eine Öffnung geflogen sind und ein wenig abgelenkt wurden oder indem sie durch die andere Öffnung durchgetreten sind und ebenfalls ein wenig abgelenkt wurden. Jedenfalls wird, wenn wir beide Spalte offen haben, die Zahl der Teilchen, die eine bestimmte Stelle erreichen, einfach die Summe der Zahl der Teilchen sein, die die beiden Öffnungen durchflogen haben. Dies gilt natürlich nicht mehr, wenn die durch die beiden Öffnungen tretenden Teilchen miteinander wechselwirken können, wenn sie etwa zusammenstoßen können und einander aus der Bahn werfen. Man kann dies vielleicht vergleichen mit einem Kino, das zwei Eingänge hat. Menschen, die zur Kasse wollen, können einen der beiden Eingänge wählen, jedoch wird sicher die Gesamtzahl der Personen, die letztlich zur Kasse gelangen, einfach die Summe der Personen sein, die über die eine Tür zur Kasse kamen, plus der Personen, die durch die andere Tür zur Kasse kamen. Dies gilt natürlich nur so lange, als sich die Personen nicht gegenseitig beeinflussen; so etwa wenn eine Person durch die eine Tür kommt und sieht, wie viele Menschen durch die andere Tür eintreten, sich deshalb umdreht und lieber gleich ins Kaffeehaus geht.

Wenn wir also annehmen, dass das Licht aus Teilchen besteht, kommen wir zu einem wichtigen Schluss als Vorhersage für das Youngsche Experiment, und zwar für den Fall, dass beide Spalte offen sind. Wir erwarten, dass die Helligkeit an jedem Punkt, wenn beide Spalte offen sind, gleich ist der Summe aus der Helligkeit, die wir erhalten, wenn nur der eine Spalt offen ist, plus der Helligkeit, die wir erhalten, wenn nur der andere Spalt offen ist. Die Helligkeit hängt ja direkt mit der Teilchenzahl zusammen. Je mehr Teilchen auf einer Stelle auftreffen, desto heller wird sie uns erscheinen.

Der wesentliche Punkt dabei ist nun aber, dass wir mit einem solchen Bild die Streifen, die Thomas Young beobachtet hat, nicht erklären können. Insbesondere können wir überhaupt nicht erklären, dass es Stellen gibt, die ein ganz seltsames Verhalten zeigen. Ist nur einer der beiden Spalte offen, egal welcher, ist es dort hell. Sind jedoch beide Spalte offen, kann es an denselben Stellen vollkommen dunkel sein. Das führt zu den dunklen Streifen. Wie ist es möglich, dass durch Aufmachen der zweiten Öffnung die Helligkeit an bestimmten Stellen nicht zu-, sondern abnimmt? Wir haben also einen Widerspruch zwischen unserem einfachen Bild, dass Licht aus Teilchen besteht, und einer ebenso einfachen experimentellen Beobachtung, nämlich dem Auftreten der hellen und dunklen Streifen.

Solche Widersprüche zwischen einem Bild, das man sich macht, und dem, was uns die Natur in einem Experiment tatsächlich zeigt, finden Physiker immer sehr aufregend. Denn so ein Widerspruch deutet ja klarerweise darauf hin, dass das Bild, das wir uns bisher gemacht haben, falsch ist und dass wir etwas Neues lernen können. Meistens ist es so: Je einfacher das Bild ist, das im Widerspruch zur Beobachtung steht, umso größer ist der Fortschritt in unseren Konzepten, der dann entsteht, wenn wir uns ein völlig neues Bild von unserem Forschungsgegenstand machen und dieses geänderte Bild dann jene zunächst verwirrende Beobachtung erklären kann. Denn wenn eine Erklärung sehr, sehr kompliziert ist und nicht mit dem Experiment übereinstimmt, dann gibt es viele Möglichkeiten, weshalb unser Bild falsch sein kann, und es dauert oft sehr lange, um herauszufinden, was nun tatsächlich der Fall ist. Oft ist es irgendeine Kleinigkeit, die man übersehen hat. Gibt es jedoch einen eklatanten Widerspruch zu einem ganz einfachen Bild, so gibt es nicht mehr die Möglichkeit, nur eine Kleinigkeit zu ändern. Hier ist schon ein großer Schritt notwendig, vielleicht sogar eine Revolution in unserem Weltbild. Wie hat nun Thomas Young seine Beobachtung erklärt?

Um die hellen und dunklen Streifen erklären zu können, müssen wir also verstehen, warum es möglich ist, dass das Licht, das von beiden Öffnungen kommt, sich an gewissen Stellen auslöschen und an anderen Stellen verstärken kann. Da kommt uns zu Hilfe, dass ein solches Verhalten schon zu Thomas Youngs Zeiten sehr wohl bekannt war, allerdings nicht für Licht, sondern für Wasserwellen. Thomas Youngs Experiment lässt sich sehr leicht mit Wasserwellen durchführen. Jedem von uns sind die wunderschönen Ringe bekannt, die Wasserwellen bilden, wenn wir etwa einen Stein in einen ruhigen Teich werfen, der eine spiegelglatte Oberfläche hat. Wir sehen, wie sich eine kreisrunde Welle von der Stelle, wo der Stein die Oberfläche getroffen hatte, ausbreitet. Um das Youngsche Experiment durchzuführen, benötigen wir nur eine kleine Wanne, die wir durch eine Wand in zwei Hälften teilen, wobei diese Wand zwei Öffnungen hat. Erzeugen wir nun an einer Stelle Wasserwellen – dies kann etwa dadurch geschehen, dass wir mit dem Finger leicht die Oberfläche berühren und den Finger auf und ab schwingen lassen –, dann breiten sich von dieser Stelle wieder kreisförmige Wellen aus, die durch die zwei Öffnungen auf die andere Seite treten können. Dadurch erhalten wir auf der anderen Seite zwei halbkreisförmige Wasserwellen, wobei an den Stellen, wo diese Wellen aufeinandertreffen, etwas Interessantes auftritt. An manchen Stellen löschen diese Wellen einander aus, an anderen Stellen verstärken sie sich gegenseitig. Sie löschen sich an den Stellen gegenseitig aus, wo die beiden Wellen gegeneinander schwingen, und sie verstärken sich dort, wo sie in gleicher Weise schwingen. Wir nennen dieses Phänomen *Interferenz*. Genau dasselbe Phänomen kann man auch sehen, wenn man in einen ruhigen Teich zwei Steine, die ungefähr gleich groß sein müssen, hineinwirft. Dann breiten sich von den beiden Stellen, an denen die Steine auf die Wasseroberfläche trafen, auch wieder kreisförmige Wellen aus. Dort, wo diese Wellen aufeinandertreffen, haben wir ebenfalls Interferenz. An manchen Stellen werden die Schwingungen der beiden Wellen einander verstärken, an anderen werden sie einander auslöschen.

Man spricht von der Interferenz, die bei Überlagerung, der sogenannten *Superposition*, von zwei oder mehr Wellen auftritt. Den Fall, wo die beteiligten Wellen einander auslöschen, bezeichnet man als destruktive, also zerstörende Interferenz und den Fall, wo sie einander verstärken, als konstruktive Interferenz. Wir sehen tatsächlich, dass es in unserem Experiment mit Wasserwellen Stellen gibt, an denen, wenn beide Öffnungen geöffnet sind, die Oberfläche des Wassers in Ruhe bleibt, wo aber sehr wohl Wellen auftreten, wenn nur eine der beiden Öffnungen geöffnet ist. An diesen Stellen herrscht also destruktive Interferenz. Andererseits gibt es dazwischen Stellen, an denen die Oberfläche des Wassers stärker schwingt, wenn beide Öffnungen geöffnet sind. Dort herrscht konstruktive Interferenz.

Es liegt also nahe, die Resultate, die Thomas Young bei seinen Lichtexperimenten erhalten hat, genauso wie die Wasserwellen zu erklären, nämlich dadurch, dass Licht eine Welle ist, die sich im Raum ausbreitet. Hinter den beiden Spaltöffnungen treten genau wie bei den Wasserwellen zwei Wellen auf, die einander an bestimmten Stellen auslöschen und an anderen Stellen verstärken. An den Stellen, wo die Wellen einander auslöschen, ist es auf dem Beobachtungsschirm dunkel. Dort, wo sie einander verstärken, ist es viel heller, als wenn nur ein Spalt offen ist. Thomas Youngs Experiment wurde so eines der wichtigsten Experimente in der Geschichte der Physik. Es gilt als der direkte Beweis dafür, dass Licht aus Wellen besteht, und wirft damit also Newtons Ansicht vom Licht als Teilchen vollkommen über den Haufen. Es gibt offenbar keine Möglichkeit, Interferenz zu verstehen, wenn wir annehmen, dass Licht aus Teilchen besteht. Wir ahnen aber schon jetzt, dass die Theorie von den Lichtteilchen wieder rehabilitiert werden wird, und zwar durch Plancks Erklärung der Hohlraumstrahlung. Wir steuern also auf einen direkten Widerspruch hin, denn offenbar ist Licht beides gleichzeitig, Welle und Teilchen. Doch damit haben wir schon weit vorgegriffen. Zurück zum 19. Jahrhundert.

Auf dem Experiment von Thomas Young aufbauend, haben dann vor allem französische und deutsche Physiker des 19. Jahrhunderts eine umfangreiche Wellentheorie des Lichts entwickelt. Damit gelang es, sehr viele optische Phänomene zu erklären, und viele optische Erscheinungen wurden neu entdeckt. Daraus entstand eine neue Industrie optischer Geräte und Instrumente. Die Entwicklung von Fernrohren und Mikroskopen, von Feldstechern und von vielem mehr erlebte im 19. Jahrhundert eine Blütezeit. Für ein grobes Verständnis dieser und anderer optischer Experimente benötigt man zwar nur ein einfaches Bild von Licht, nämlich das von Lichtstrahlen, die sich im jeweiligen Instrument ausbreiten. Für eine genaue Beschreibung, insbesondere für ein Verständnis der Genauigkeit, mit der solche Instrumente arbeiten können, ist jedoch tatsächlich die Beschreibung des Lichtes als Welle unbedingt notwendig.

Eine Frage blieb jedoch lange Zeit offen. Was ist es eigentlich, was hin und her schwingt, wenn wir bei Licht von einer Welle sprechen? Bei den Wellen auf einer Wasseroberfläche wissen wir, dass es das Wasser selbst ist, das auf und ab schwingt. Aber beim Licht? Man erwartete, dass es hier auch eine Substanz gibt, die hin und her schwingt. Man nannte sie den Lichtäther, der einige seltsame Eigenschaften tragen musste, falls er existierte. Am eigenartigsten war, dass der Lichtäther offenbar alles durchdringt – auch Substanzen, in denen sich Licht ausbreitet –, aber von uns offenbar nicht wahrgenommen werden kann. Wie konnte es so etwas Seltsames wie diesen Lichtäther überhaupt geben? Hier sollte es zu einer völlig verblüffenden Antwort kommen.

Die Lösung kam aus einer unerwarteten Ecke. Durch experimentelle Untersuchungen vor allem des englischen Physikers Michael Faraday wurde es im 19. Jahrhundert immer klarer, dass Magnetismus und Elektrizität sehr eng miteinander zusammenhängen. Man hatte gelernt, dass ein elektrischer Strom Magnetfelder erzeugen kann, und umgekehrt, dass die Änderung eines Magnetfeldes einen elektrischen Strom hervorzurufen imstande ist. Durch diese Arbeiten wurden die Grundlagen gelegt für unsere heutigen Methoden der Stromerzeugung durch Generatoren, für Elektromotoren und vieles mehr. Interessant ist eine überlieferte Bemerkung Faradays anlässlich eines Besuches von Sir Gladstone, damals Schatzkanzler, später Premierminister Großbritanniens, in seinem Laboratorium. Gladstone machte den Fehler, Faraday zu fragen, wozu denn das Ganze gut sei, was er hier mache. Faraday gab ihm die perfekte Antwort: «Eines Tages, Euer Ehren, werdet Ihr darauf eine Steuer erheben.» Dass Faraday damit recht hatte, sehen wir alle, wenn wir nur einen Blick auf unsere Stromrechnung werfen.

Ein weiterer englischer Physiker, James Clerk Maxwell, lieferte schließlich in den 60er Jahren des 19. Jahrhunderts die entscheidende Erklärung. Er stellte eine Theorie auf, nach der Elektrizität und Magnetismus nur zwei verschiedene Seiten ein und derselben Medaille sind. Man spricht seit Maxwell daher auch vom Elektromagnetismus. Maxwell konnte rein mathematisch vorhersagen, dass es elektromagnetische Wellen geben muss. Dies kann man sich im Prinzip sehr einfach vorstellen. Genauso wie ein elektrischer Strom ein Magnetfeld erzeugt, erzeugt ein zeitlich variierendes elektrisches Feld ein zeitlich variierendes magnetisches Feld. Dieses zeitlich variierende magnetische Feld erzeugt wieder ein zeitlich variierendes elektrisches Feld und so weiter. Diese zeitlich variierenden Felder insgesamt sind dann die elektromagnetische Welle. Maxwell erhielt jedoch zusätzlich noch ein vollkommen unerwartetes Resultat. Er rechnete nämlich aus, wie schnell sich diese Wellen gemäß seiner mathematischen Theorie ausbreiten würden. Was ist die Geschwindigkeit der elektromagnetischen Wellen? Zur großen Verblüffung stimmte der von ihm errechnete Zahlenwert für die Geschwindigkeit elektromagnetischer Wellen genau mit dem damals schon recht gut bekannten Wert für die Geschwindigkeit des Lichts überein. Es lag daher der Schluss nahe, dass Licht nichts anderes ist als eine elektromagnetische Welle. Was also im Fall von Licht schwingt, sind elektrische und magnetische Felder, die natürlich sehr, sehr klein sind, und sie schwingen genau mit der Frequenz, die wir weiter oben schon erwähnt hatten: 500 Billionen Mal in der Sekunde.

Wenn man also berücksichtigt, dass Licht aus diesen elektrischen und magnetischen Feldern besteht, aus den elektromagnetischen Feldern, kann man Youngs Experiment sehr schön als Wellenphänomen verstehen. Die dunklen Streifen sind dann Stellen, an denen sich die durch die beiden Spaltöffnungen durchgetretenen elektromagnetischen Wellen gegenseitig auslöschen, während die hellen Streifen solche sind, an denen sie sich verstärken. Damit schien Newtons Idee von Licht als Teilchen endgültig begraben zu sein.

5. ... oder Teilchen? Die Entdeckung des Zufalls

Das Problem setzt plötzlich und unerwartet mit Plancks Paukenschlag ein, dann aber in aller Härte und in einer völlig neuen Brisanz.

Wie wir oben schon gesehen haben, hatten wir ja von Max Planck und insbesondere von Albert Einstein gelernt, dass Licht aus unteilbaren Quanten besteht, die wir heute als Lichtteilchen oder auch als Photonen bezeichnen. Heute nehmen wir das Photonenbild als so selbstverständlich, dass wir das Photon als eines der fundamentalen Teilchen ansehen, aus denen unsere Welt besteht. Das Photon ist eines der wichtigsten Elementarteilchen. Für unser Youngsches Doppelspaltexperiment ergibt sich nun die Herausforderung, wie wir unser Wissen, dass Licht letztlich aus einzelnen Teilchen, aus den Photonen, besteht, mit unserer so erfolgreichen Erklärung der auftretenden Streifen als Interferenz von Wellen, die durch beide Öffnungen durchgetreten sind, in Einklang bringen können.

Diese Frage wurde besonders virulent in den 20er Jahren des 20. Jahrhunderts und führt bis heute zu hitzigen Diskussionen. Damals fand eine ähnliche Diskussion zwischen Albert Einstein und dem dänischen Physiker Niels Bohr, einem der Väter der Atomphysik, statt. Betrachten wir dazu nochmals das Doppelspaltexperiment (Abbildung 3). Wir nehmen an, dass in diesem Experiment unsere Lichtteilchen von links kommen, durch den Eintrittsspalt durchtreten und dann anschließend den mittleren Schirm mit den beiden Spalten passieren. Schließlich können wir auf dem hinteren Schirm Interferenzphänomene beobachten. Sind beide Spalte des mittleren Schirms offen, so sehen wir die hellen und dunklen Streifen so, wie sie in der Abbildung dargestellt sind und wie wir sie ganz einfach als Interferenz der beiden Wellen, die die beiden Spalte des mittleren Schirms passiert haben, erklären konnten. Schließen wir nun eine der beiden Öffnungen des mittleren Schirms, dann verschwinden die Interferenzstreifen, und wir beobachten ein einheitliches schwaches Helligkeitsbild auf dem Beobachtungsschirm. Dies ist sehr gut verständlich, denn diesmal tritt eben nur eine Welle durch einen der beiden Spalte, und es fehlt die zweite Welle, die dazu führen würde, dass an bestimmten Stellen keine Helligkeit auftritt. Zu dieser Auslöschung, dieser destruktiven Interferenz, sind ja beide Wellen notwendig.

Gehen wir nun zum Teilchenbild über. Was bedeutet die Beobachtung des Interferenzmusters, also der hellen und dunklen Streifen, im Teilchenbild? Klarerweise sind die dunklen Stellen solche, wo kein Teilchen hinkommt, und die hellen Stellen solche, wo viele Teilchen hinkommen. Das heißt, die hellen und dunklen Streifen bedeuten einfach, dass sich Stellen, zu denen viele Teilchen kommen, mit solchen abwechseln, die von nur sehr wenigen bzw. gar keinen Teilchen erreicht werden. Interessant wird es nun, wenn wir uns zwei mögliche Fragen stellen. Die erste Frage ist die, welchen Weg ein einzelnes Teilchen nimmt, ehe es auf dem Beobachtungsschirm auftrifft. Und die zweite Frage ist, was bestimmt, dass ein einzelnes Teilchen auf einer bestimmten Stelle auftrifft. Wir wissen zwar, dass die Teilchen nicht in den dunklen Streifen auftreffen dürfen, aber warum trifft ein bestimmtes Teilchen gerade in dem hellen Streifen auf, wo wir es finden, und nicht in einem anderen? Wir werden sehen, dass beide Fragen sehr tiefliegende Probleme aufwerfen, die letztlich mit philosophischen Grundfragen zusammenhängen. Und es wird nicht zu vermeiden sein, dass all dies letztlich zu einer tiefgreifenden Änderung unseres physikalischen Weltbildes führt. Die Frage ist dabei nur: zu welcher Änderung?

Wenden wir uns also zuerst der Frage zu, welchen Weg ein bestimmtes Teilchen nimmt. Geht es durch den oberen oder durch den unteren Spalt? Wenn wir beim Teilchenbild bleiben, so sind wir ja vernünftigerweise geneigt anzunehmen, dass das Photon durch einen der beiden Spalte tritt. Nehmen wir nun an, es tritt durch den oberen Spalt. Es wird in der Folge natürlich auf irgendeiner Stelle des Beobachtungsschirmes auftreffen. Das Interessante ist aber nun, dass ein großer Unterschied darin besteht, wo das Teilchen überhaupt auftreffen kann, je nachdem, ob der untere Spalt auch offen ist oder nicht. Insbesondere gilt, dass, wenn nur ein Spalt offen ist, das Teilchen irgendwo auf dem Beobachtungsschirm landen darf. Wenn jedoch der zweite Spalt auch offen ist, dann gibt es Stellen, nämlich die dunklen Streifen, zu denen das Teilchen auf keinen Fall hindarf. Die zentrale Frage ist also: Woher weiß nun das Teilchen, das durch den oberen Spalt geht, ob der zweite Spalt offen ist oder nicht? Es muss ja, spätestens wenn es am Beobachtungsschirm eintrifft, wissen, ob der zweite Spalt offen ist oder nicht, da es ja die dunklen Stellen vermeiden muss.

Es gibt nun eine prinzipielle Möglichkeit, dieses Problem zu vermeiden. Diese wäre, wenn wir einfach sagten, das Experiment wird üblicherweise mit sehr intensivem Licht gemacht, also treten sehr viele Photonen durch den Doppelspalt. Es würde also ein Photon, wenn es an dem Beobachtungsschirm auftritt, auch auf andere Photonen treffen, die durch den anderen Spalt gegangen sind, und auf diese Weise könnte es ja zu irgendeiner Art von Informationsaustausch kommen. Die Photonen könnten einander so ablenken, dass, wenn beide Spalte geöffnet sind, eben die schwarzen Streifen vermieden werden.

Diese Erklärung, so plausibel sie auf den ersten Blick aussehen mag, funktioniert nicht und kann experimentell widerlegt werden. Man muss einfach das Experiment mit derart schwachen Lichtstrahlen durchführen, dass ein Photon, das durch einen der beiden Spalte durchtritt, keine Chance hat, auf ein zweites Photon zu treffen. Die Frage ist nun, ob bei so schwachen Intensitäten ebenfalls das Interferenzbild auftritt. Zur experimentellen Durchführung müssen wir sehr viele hintereinander durch den Doppelspalt geschickte Photonen auffangen und sehen, wie sie sich auf dem Beobachtungsschirm verteilen. Natürlich sind die Bilder, die dann auf dem Beobachtungsschirm auftreten, so schwach, dass wir sie nicht mehr mit dem bloßen Auge sehen können. Die Lösung hierfür ist aber sehr einfach. Man nehme lediglich einen fotografischen Film, der an der Stelle des Beobachtungsschirms angebracht wird. Das ganze Experiment wird in völliger Dunkelheit durchgeführt, und man lässt einen Kasten, der die Lichtquelle, die Spalte und den Film enthält, einfach ein oder zwei Wochen lang stehen, nimmt dann den Film heraus und entwickelt ihn. Dieses Experiment wurde zum ersten Mal von Sir Geoffrey Ingram Taylor im Jahre 1915 durchgeführt. Die Lichtintensität, die er verwendete, war so schwach, dass die Photonen immer nur einzeln durch den Doppelspalt durchgetreten waren. Jedes Photon trifft also einzeln auf den fotografischen Film auf und macht dort an einer bestimmten Stelle einen schwarzen Punkt. Schwarz deshalb, da es sich ja um einen Negativfilm handelt. Wenn das Experiment nun lange genug durchgeführt wurde, erhalten wir viele schwarze Punkte.

Wie sind diese schwarzen Punkte auf dem Film nun verteilt? Obwohl die Intensität nun so schwach ist, dass immer nur ein Photon vorhanden ist, beobachtete Taylor auf dem entwickelten Film die Interferenzstreifen. Die dunklen Streifen sind also nichts anderes als Stellen, wo viele einzelne Photonen hinkommen, während an den hellen Streifen keine ankommen. Es «weiß» offenbar jedes einzelne Photon, dass es auf dem Film Stellen gibt, zu denen es nicht hindarf, wenn beide Spalte offen sind. Wir sind also gezwungen, das Interferenzphänomen nicht als kollektives Phänomen vieler Teilchen zu sehen, sondern als Phänomen jedes einzelnen Teilchens.

Zurück zu Albert Einstein und Niels Bohr. Das zentrale Thema in der Diskussion zwischen den beiden war, dass Albert Einstein behauptet hatte, man könne tatsächlich für jedes einzelne Teilchen herausfinden, durch welchen der beiden Spalte es getreten sei. Dann hätte man genau das Dilemma, das wir eben besprachen, auf den Punkt gebracht. Auf der einen Seite wüssten wir, durch welchen Spalt jedes einzelne Teilchen getreten ist. Auf der anderen Seite könnten wir das Interferenzbild beobachten, das darauf zurückzuführen ist, dass offenbar die Welle durch beide Spalten durchtritt.

Interessanterweise, und dies ist das Verdienst Niels Bohrs, lässt sich in jedem einzelnen Fall zeigen, dass es eben nicht möglich ist, gleichzeitig sowohl den Weg zu kennen, den das einzelne Teilchen genommen hat, als auch das Interferenzbild zu beobachten. Kennt man den Weg, ist das Interferenzbild verschwunden. Ist das Experiment so durchgeführt, dass man den Weg nicht kennt, ja nicht einmal kennen kann, tritt das Interferenzbild auf. Eine Möglichkeit, wie ein solches Experiment durchgeführt werden könnte, wäre, dass man hinter den beiden Spalten quer zum Lichtstrahl einen breiten Elektronenstrahl durchtreten lässt. Was nun auftreten könnte, ist, dass die Photonen des Lichts mit den Elektronen im Elektronenstrahl zusammenstoßen und diese ablenken. Man kann dann durch genaue Beobachtung eines jeden einzelnen Elektrons feststellen, ob es im Bereich hinter dem oberen oder hinter dem unteren Spalt abgelenkt wurde, und daraus kann man auf den Weg des dazugehörigen Photons rückschließen. Es stellt sich dann heraus, dass man auf diese Weise sehr wohl den Weg jedes Photons beobachten kann, jedoch verschwindet dann das Interferenzbild, da auch die Photonen durch die Elektronen gestört werden.

Es gab immer wieder Leute, die meinten, doch auf irgendeine besonders clevere Weise beides zu erhalten, Information über den Weg und die Interferenzstreifen. Es wurden dabei aber in jedem einzelnen Fall Denkfehler gemacht. Wir sehen daher heute hierin eine fundamentale Tatsache, nämlich die, dass wir es uns aussuchen können, entweder die Information über den Weg zu besitzen oder das Interferenzbild, also die Streifen, zu beobachten. Beides gleichzeitig geht nicht. Wir als Experimentatoren können durch die Auswahl des Apparats, je nachdem, ob wir zum Beispiel den Elektronenstrahl verwenden oder nicht, bestimmen, ob wir den Weg der Photonen kennen oder ob das Interferenzbild vorhanden ist. Information scheint also eine zentrale Rolle zu spielen. Wir werden darauf noch zurückkommen.

Die zweite interessante Frage war die, warum ein bestimmtes Photon auf eine bestimmte Stelle auf dem Beobachtungsschirm trifft. Wodurch wird festgelegt, dass gerade dieses eine Photon in dem einen Streifen auftrifft und nicht in dem anderen? Und selbst innerhalb eines hellen Streifens in Abbildung 3 ergibt sich dieselbe Frage: Warum finden wir ein gegebenes Lichtteilchen gerade an dieser Stelle und nicht an einer anderen innerhalb des Streifens? Gibt es dafür eine Ursache? Wie können wir das erklären? Dass eine solche Frage nach einer detaillierten Erklärung im Grunde durchaus sinnvoll ist, können wir uns an einem einfachen Beispiel veranschaulichen. Eine Wiener Kaffeespezialität ist der sogenannte Einspänner. Dies ist ein schwarzer Espresso, der in einem Glas mit sehr viel Schlagobers serviert wird. In einigen traditionellen Kaffeehäusern erhält der Gast zusätzlich Staubzucker in einem feinen Zuckerstreuer, um selbst entscheiden zu können, wie sehr er sich seinen Einspänner versüßen möchte. Wenn wir also nun unseren Einspänner zuckern, so können wir, wenn wir genau hinsehen, den Weg jedes einzelnen Körnchens Zucker verfolgen. Es lässt sich also für jedes einzelne Teilchen angeben, welches Loch im Zuckerstreuer es passiert. Es lässt sich sein Weg vom Zuckerstreuer zum Schlagobers bestimmen, und der Ort, an dem ein bestimmtes Zuckerteilchen auf das Schlagobers auftrifft, hat daher eine einfache Erklärung. Er ist eben das Ende des Wegs, den das Teilchen zurückgelegt hat. Gibt es eine ähnliche Erklärung für unsere Lichtteilchen, nachdem sie durch den Doppelspalt durchgetreten sind? Das Interessante ist nun, dass die Quantenphysik eine solche Erklärung nicht liefert. Warum behaupten die Physiker dann, dass sie das Doppelspaltbild verstehen? Verstehen heißt in der Physik ja immer, dass man ein Phänomen vorhersagen kann.

Die Quantenphysik leistet hier etwas sehr Bemerkenswertes. Es gelingt ihr nämlich, das erhaltene Doppelspaltbeugungsbild sehr präzise vorherzusagen. Das heißt, es wird vorhergesagt, an welcher Stelle mit dem Auftreffen von etwa wie vielen Teilchen zu rechnen ist, wenn das Experiment über eine bestimmte Zeit durchgeführt wird. Es wird jedoch keinerlei Aussage darüber gemacht, wo ein bestimmtes einzelnes Teilchen landet. Schicken wir also ein einzelnes Teilchen durch den Apparat, so können wir nur die Wahrscheinlichkeit angeben, mit der wir das Teilchen in einem bestimmten Bereich auf dem Beobachtungsschirm finden werden. Mehr als diese Wahrscheinlichkeit haben wir nicht. Die dunklen Bereiche treten eben dort auf, wo es sehr unwahrscheinlich ist, ein Teilchen zu finden, die hellen Streifen dagegen dort, wo ein Teilchen mit großer Wahrscheinlichkeit landen kann. Dies ist eine Grundsatzaussage, die nicht weiter erklärbar ist. Mehr sagt die Physik in dieser Situation nicht aus. Das heißt, was ein einzelnes Teilchen dann tatsächlich macht, ist dem Zufall überlassen. Es ist also der reine Zufall, ob das Teilchen etwa in der Mitte des obersten Streifens anzutreffen ist oder am Rand eines mittleren Streifens etc.

Hier haben wir es mit einer grundsätzlich neuen Rolle des Zufalls in der Physik zu tun. Inwiefern ist dies nun eine neue Rolle des Zufalls? Dies schauen wir uns jetzt etwas näher an.

Wenn wir im Alltag oder auch in der klassischen Physik von Zufall sprechen, so bedeutet dies keineswegs, dass für das Einzelereignis nicht eine wohldefinierte Ursache zu finden wäre. Wenn zum

Beispiel jemand zufällig durch ein Flugzeugunglück zu Schaden kommt, so lassen wir nicht nach, bis wir die genaue Ursache des Unglücks gefunden haben, sei es nun ein technischer Fehler am Flugzeug selbst, sei es ein menschliches Versagen des Piloten, der Fluglotsen oder was auch immer. Genauso verhält es sich mit anderen Zufällen im täglichen Leben. Treffen wir etwa jemanden zufällig auf der Straße, so können wir dafür schon einen Grund angeben, nämlich den, dass wir wissen, wann wir aus dem Haus gegangen sind, welchen Weg wir genommen haben, wo wir in der Zwischenzeit vielleicht aufgehalten wurden, da wir in ein Schaufenster gesehen haben, und ähnliches mehr. Genau das gleiche gilt für unseren Partner, und auf diese Weise können wir erklären, warum wir uns beide «zufällig» an diesem bestimmten Ort zur gleichen Zeit einfanden und daher einander getroffen haben. Der Zufall im täglichen Leben und auch der Zufall in der klassischen Physik ist also ein scheinbarer Zufall. Der deutsche Physiker Werner Heisenberg hat dies auch als «subjektiven» Zufall bezeichnet, womit gemeint ist: Es ist ausschließlich unser momentanes Unwissen, das Unwissen des Subjekts, das es uns so erscheinen lässt, als wäre ein bestimmtes Ereignis rein zufällig gewesen. In Wirklichkeit gibt es dafür jedoch einen wohldefinierten Grund.

Könnte es in der Quantenphysik auch so sein? Könnte es sein, dass es tatsächlich eine tieferliegende Erklärung gibt, die auch das Verhalten des einzelnen Teilchens ganz genau beschreibt? Wenn es eine solche genauere Beschreibung gäbe, würde damit auch der Zufall in der Quantenphysik ein rein subjektiver Zufall sein, der auf unser Unwissen zurückzuführen ist. Sollte es aber eine solche Beschreibung nicht geben, dann hätten wir tatsächlich etwas qualitativ vollkommen Neues vor uns. Dann würde dies nämlich bedeuten, dass das quantenmechanische Einzelereignis nicht beschreibbar ist, nicht einmal im Prinzip. Es wäre dann so, dass nicht einmal das Teilchen selbst «weiß», warum es an welchem Punkt am Beobachtungsschirm landet. Wenn es für jedes einzelne Teilchen eine solche Erklärung gäbe, dann müsste diese mit uns vorläufig noch unbekannten Eigenschaften eines jeden Teilchens in Zusammenhang stehen. Diese unbekannten Eigenschaften der Teilchen würden dann genau seine Bahn festlegen und zudem definieren, an welchem Ort es auf den Beobachtungsschirm trifft. Es gab und gibt tatsächlich einige Physiker, die der Meinung sind, dass man nach solchen Eigenschaften, die man als *verborgene Parameter* bezeichnet, suchen müsste, und es gibt einige Versuche, physikalische Theorien zu schaffen, die solch verborgene Parameter beinhalten.

Das Interessante ist nun, dass solche verborgenen Parameter zwar im Prinzip denkbar sind, jedoch höchst ungewöhnliche Eigenschaften haben müssten, die nur sehr schwer zu akzeptieren wären. Kurz gesagt müssten solche verborgenen Parameter nichtlokal sein, das heißt das Verhalten eines Teilchens müsste wie durch Geisterhand davon abhängen, was zum selben Zeitpunkt an einem weit entfernten Ort geschieht. Die Frage der Nichtlokalität erfordert eine genauere Diskussion, die wir noch später durchführen werden. Letztlich wird es jedoch eine Frage sein, welches Bild einfacher und klarer ist. Das, bei dem wir verborgene Parameter annehmen, oder das, wo wir sie nicht haben. Wenn wir ohne die Annahme dieser zusätzlichen verborgenen Parameter genauso viel erklären können wie mit ihnen, dann sind sie offenbar überflüssig.

Es gibt noch weitere Gründe anzunehmen, dass das Einzelereignis objektiv zufällig ist, also keine auch noch so verborgene Erklärung besitzt. Dies hängt mit der Information zusammen, die in der Quantenphysik – im Vergleich zur klassischen Physik – eine völlig neue Rolle spielt. Hierzu müssten wir etwas weiter ausholen. Wir hatten weiter oben schon analysiert, wie es dazu kommt, dass wir etwa davon sprechen können, dass vor uns jetzt gerade ein Buch liegt, in dem wir lesen. Dazu ist es notwendig, dass Information verschiedenster Art von uns aufgenommen und verarbeitet wird. Aus dieser Information konstruieren wir ein Bild des Gegenstands, also ein Bild eines Teils der Wirklichkeit. Es ist nun offenkundig, dass wir, um sicher zu sein, dass es sich hier tatsächlich um ein Buch handelt, das vor uns liegt, genügend viel Information aufnehmen müssen. Sprechen wir also darüber, was Information bedeutet, was Information tatsächlich ist. Nehmen wir eine einfache Aussage über das Buch. Zum Beispiel: Dieses Buch ist in Deutsch geschrieben. Diese Aussage ist offenbar für unser Buch wahr.

Natürlich gibt es auch Bücher, die nicht in Deutsch geschrieben sind, für die diese Aussage also falsch wäre. Man spricht daher auch vom Wahrheitswert dieser Aussage. Dieser kann «wahr» oder «falsch» sein. In unserem Fall besitzt die Aussage, «dieses Buch ist in Deutsch geschrieben», den Wahrheitswert «wahr». Jede Aussage, die wir über das Buch machen, ist entweder wahr oder falsch. Die Information, die wir über ein Objekt besitzen, ist also nichts anderes als eine Sammlung von Aussagen über dieses Objekt.

Es ist nun offensichtlich klar, dass wir viel Information benötigen, um das Buch zu beschreiben. Hier hängt es davon ab, wie vollständig diese Beschreibung sein muss, damit wir uns zufrieden geben. Um das Buch so zu identifizieren, dass wir es bei einem Buchhändler bestellen können, reicht es, den Titel und eventuell den Autor zu kennen, und das entspricht geringer Information. Damit ist aber das Buch keineswegs vollständig beschrieben. Es könnte ja auf verschiedene Arten von Papier gedruckt sein, es könnte verschiedene Schriften verwenden, es könnten auf einer Seite viele oder wenige Buchstaben untergebracht sein, ganz zu schweigen von der genauen Anordnung, welcher Buchstabe wo anzutreffen ist, und so fort. Noch komplizierter wird es, wenn wir tatsächlich eine vollständige Beschreibung des Buchs wollen. Das heißt, wenn wir wissen wollen, welches Atom im Buch an welcher Stelle sitzt. Dann brauchen wir eine ungeheure Menge an Information. Dies bedeutet, dass wir für ein Objekt der klassischen Physik und damit auch ein Objekt des Alltagslebens sehr viel Information benötigen, um es wirklich vollständig, bis ins letzte Atom, zu beschreiben. Diese Menge an Information ist so ungeheuer groß, dass es wahrscheinlich nie gelingen wird, ein Objekt der klassischen Physik vollständig zu beschreiben.

Wir interessieren uns hier aber für überaus kleine Objekte, zum Beispiel für unsere Photonen. Wieviel Information benötigen wir, um deren Verhalten zu beschreiben? Mit anderen Worten: Wie hängt die Menge an Information, die ein System tragen kann, mit der Größe des Systems zusammen? Diese Frage sollten wir wohl etwas präziser ausdrücken. Es ist nun offensichtlich klar, dass, wenn wir einen kleineren Gegenstand nehmen, dieser weniger Information zu seiner Beschreibung benötigt als ein großer Gegenstand. Er wird automatisch weniger Information repräsentieren. Wenn unsere Systeme immer kleiner und kleiner werden, werden sie klarerweise immer weniger und weniger Information zu ihrer Beschreibung benötigen.

Doch was bedeutet das für unser Doppelspaltexperiment? Grob

gesprochen, handelt es sich darum, dass das Lichtquant, das durch den Doppelspalt tritt, nur sehr wenig Information tragen kann. Diese Information kann entweder festlegen, durch welchen der beiden Spalte das Teilchen tritt, oder, dass es ein Interferenzbild gibt. Dieses Detail hängt von der Versuchsanordnung ab. In beiden Fällen ist es aber so, das das einzelne Teilchen nicht auch noch zusätzliche Information darüber tragen kann, wo es auf dem Beobachtungsschirm landen wird. Dies muss also rein zufällig sein. Diese Information kann auch nicht verborgen sein, denn dann wäre es ja wieder Information, die das Teilchen trägt, und das würde unserer Überlegung widersprechen, dass wir mit so wenig Information wie möglich auskommen wollen. Die Antwort, die das einzelne Teilchen gibt, also der Ort, an dem es gefunden wird, muss daher notwendigerweise rein zufällig sein. Diesen Überlegungen zufolge tritt der Zufall in der Quantenphysik nicht etwa deshalb auf, weil wir zu dumm sind, um die Ursache für das Einzelereignis zu kennen, sondern weil es einfach keine Ursache für das Einzelereignis gibt, weil das Teilchen einfach keine Information tragen kann, wo es auf dem Interferenzschirm auftreffen soll. Der Zufall in der Quantenphysik ist also nicht ein subjektiver, er besteht nicht deshalb, weil wir zuwenig wissen, sondern er ist objektiv. Ganz im Sinne Heisenbergs ist es nicht unser Unwissen, von dem wir hier also sprechen, sondern die Natur selbst ist in solchen Situationen in keiner Weise festgelegt, ehe das einzelne Ereignis auftritt. Wir sehen daran, dass Information eine zentrale Rolle in der Quantenphysik spielt, und wir werden im Lauf dieses Buches dieses Bild, dass Quantenphysik eine Wissenschaft der Information ist, weiter vertiefen.

Albert Einstein war offenbar zeit seines Lebens unglücklich über die neue Rolle des Zufalls in der Quantenphysik. Er drückte dies dadurch aus, indem er betonte «Gott würfelt nicht!» Niels Bohr gab ihm damals zur Antwort, er möge doch endlich aufhören, dem Herrgott Vorschriften zu machen. Aus unserer neuen Sicht der Quantenphysik als einer Wissenschaft der Information – als einer Wissenschaft dessen, was grundsätzlich gewusst werden kann – folgt dagegen eine sehr natürliche Erklärung des Zufalls. Und es folgt ferner daraus, dass dieser Zufall notwendig und unvermeidbar ist und nicht, wie Einstein hoffte, vermieden werden kann. Zu diesem Punkt werden wir später noch einmal zurückkommen.

Neue Experimente, neue Unsicherheiten, neue Fragen II

«Wovon man nicht sprechen kann,
darüber muß man schweigen.»
Ludwig Wittgenstein

1. Von Teilchen und Zwillingen

Wir haben gesehen, dass uns die Quantenphysik vor eine grundlegende Alternative stellt, die wir offenbar nicht umgehen können. Es ist nicht möglich, das Doppelspaltbeugungsbild und Information darüber, welchen Weg das Teilchen nimmt, gleichzeitig zu besitzen. Aber gibt es nicht vielleicht doch eine Möglichkeit, die Natur irgendwie auszutricksen? Ist es nicht vielleicht doch durch subtile Vorgangsweisen möglich, beides gleichzeitig zu kennen? Wir haben oben argumentiert, dass jede Beobachtung des Teilchens auf seinem Weg durch den Doppelspalt unvermeidlich eine so große Störung bewirkt, dass das Interferenzbild nicht auftritt. Aber vielleicht gibt es eine Möglichkeit, ein Teilchen zu beobachten, ohne es zu stören, oder zumindest die Information über seinen Weg in irgendeiner Weise zu erhalten, ohne direkt mit ihm in Wechselwirkung zu treten? Wir werden nun ein Gedankenexperiment analysieren, in dem dies tatsächlich möglich ist. Dieses Gedankenexperiment wurde von Michael A. Horne und mir im Jahre 1985 ausgedacht. Die Frage ist, ob wir in diesem Fall, wo wir nicht direkt mit dem Teilchen in Wechselwirkung treten, es also nicht stören, und trotzdem die Information über seinen Weg erhalten, noch immer das Interferenzbild sehen oder nicht.

Wir nehmen an, wir hätten eine Quelle, die immer zwei Teilchen gemeinsam aussendet, und dies auf eine höchst interessante Weise. Wann immer ein Teilchen in eine bestimmte Richtung wegfliegt,

fliegt das andere Teilchen in die genau entgegengesetzte Richtung. Die Richtung, in die ein einzelnes Teilchen weggeschickt wird, sei jedoch nicht festgelegt.

Stellen wir nun auf einer Seite der Quelle einen Doppelspalt auf (Abbildung 4). Werden wir dann Interferenzstreifen auf dem Beobachtungsschirm hinter dem Doppelspalt sehen? Zuerst sollte man natürlich annehmen, dass das wohl der Fall sein wird, denn dem Teilchen stehen nun von der Quelle zwei Wege zur Verfügung, eben durch die beiden Spalte.

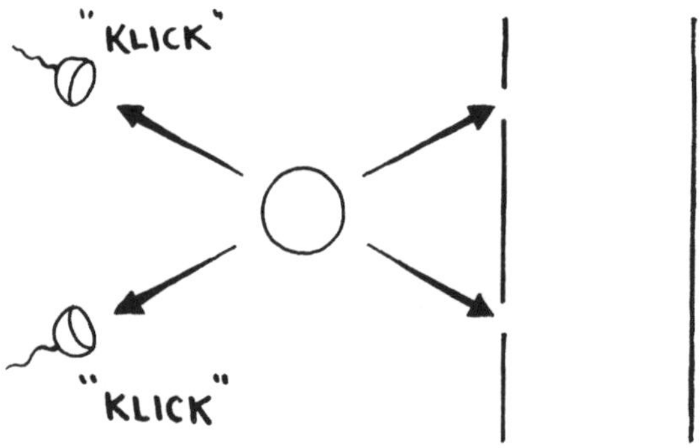

4 Eine Quelle sendet Teilchenpaare aus. Beide Teilchen fliegen in Richtungen davon, die, obwohl ansonsten beliebig, immer einander genau entgegengesetzt sind. Für das nach rechts fliegende Teilchen 1 stellen wir einen Doppelspalt auf, sodass sich zwei mögliche Wege für dieses Teilchen ergeben. An entsprechenden Stellen für das nach links fliegende Teilchen 2 können wir einen Detektor anbringen, um feststellen zu können, wann so ein Teilchen von der Quelle in die entsprechende Richtung ausgesandt wurde. Wenn dann der Detektor links unten mit einem «Klick» ein Teilchen registriert, wissen wir, dass das Zwillingsteilchen durch den oberen Spalt tritt. Macht der Detektor links oben «Klick», tritt das Zwillingsteilchen durch den unteren Spalt.

Die Diskussion dieses Experimentes hat schon viele Leute dazu verleitet zu glauben, dass Einstein doch recht hatte und dass irgendetwas an der Quantenphysik nicht stimmt. Ich habe einige Briefe und E-Mails in den letzten Jahren erhalten, in denen die Meinung vertreten wurde, dass es bei diesem Experiment eben doch möglich ist, gleichzeitig das Interferenzbild zu erhalten und zu wissen, welchen Weg das Teilchen genommen hat. Wie lautet die Überlegung dieser Quantenknacker?

Wir haben in unseren bisherigen Überlegungen das Teilchen 2

vergessen. In der Anordnung in Abbildung 4 fliegt dieses Teilchen 2 nach links einfach friedlich vor sich hin davon – ohne irgendetwas zu tun. Nun können wir natürlich nachschauen, ob wir das Teilchen 2 im oberen oder im unteren Weg finden. Dies kann einfach dadurch geschehen, dass wir Detektoren in diese beiden Strahlen stellen und nachsehen, welcher dieser beiden Detektoren das Teilchen nachweist. Wir könnten zusätzlich jeden dieser beiden Detektoren mit einem Lautsprecher verbinden, und dann werden wir, wenn ein Teilchen nachgewiesen wird, in einem der beiden Lautsprecher ein deutliches «Klick» hören. Ist es der obere Detektor, wissen wir, dass das Teilchen 2 den oberen Weg genommen hat. Ist es der untere Detektor, hat es den unteren Weg genommen. Was bedeutet dies für das Teilchen 1, das durch den Doppelspalt tritt?

Hier müssen wir nun offenbar über die Art und Weise sprechen, wie die beiden Teilchen miteinander zusammenhängen. Wir haben ja vorher behauptet, dass unsere Quelle so beschaffen ist, dass die beiden Teilchen immer in entgegengesetzte Richtungen davonfliegen. Wir haben das nicht nur gesagt, sondern wir können dies auch sehr leicht im Experiment überprüfen. Solche Quellen gibt es tatsächlich. Wenn der obere Detektor für Teilchen 2 «Klick» macht, dann wissen wir, dass Teilchen 1 den unteren Weg genommen haben muss, das heißt, dass es durch den unteren Spalt getreten ist. Dass dies immer der Fall ist, kann man leicht überprüfen. Wenn man bei den Spalten für Teilchen 1 und Teilchen 2 ebenfalls Detektoren anbringt, dann wird man feststellen, dass immer der obere Detektor für Teilchen 1 gemeinsam mit dem unteren Detektor für Teilchen 2 «Klick» machen wird und umgekehrt. Andererseits, wenn der untere Detektor für Teilchen 2 «Klick» macht, dann wissen wir, dass Teilchen 1 den oberen Weg genommen hat. Wir können offenbar auf diese Weise den Weg von Teilchen 1 durch den Doppelspalt bestimmen, ohne es stören zu müssen. Es sieht also so aus, als gäbe es keinen vernünftigen Grund, warum es keine Interferenzen zeigen sollte. Wir hätten also wirklich beides gleichzeitig. Wir hätten das Interferenzbild für Teilchen 1, und wir wüssten darüber hinaus, welchen Weg Teilchen 2 genommen hat, und daher auch, welchen Weg Teilchen 1 genommen hat. Haben wir jetzt also die Quantenphysik geknackt, indem wir beide Arten von Information gleichzeitig zur Verfügung haben, oder haben wir irgendeinen subtilen Punkt übersehen?

Wie immer kommt bei solchen Situationen die Quantenphysik selbst zu ihrer eigenen Rettung zu Hilfe. Es liegt nämlich ein sehr interessanter und auf den ersten Blick verblüffender Widerspruch in den beiden Bedingungen, die wir an die Quelle stellen. Sie muss ja einerseits so beschaffen sein, dass die beiden Teilchen genau entgegengesetzt voneinander wegfliegen, und andererseits so, dass wir Interferenzstreifen für Teilchen 1 auf dem Beobachtungsschirm erhalten können. Worin liegt dieser Widerspruch?

Betrachten wir zuerst einmal, was die unschuldige Bedingung, dass wir das Interferenzbild überhaupt sehen können, über die Größe der Quelle aussagt. Nehmen wir an, wir haben eine große Quelle mit einer gewissen Ausdehnung, und wir betrachten das Interferenzbild. Das kann man sich einfach so vorstellen, dass wir statt der Quelle in Abbildung 3 einen weit geöffneten Eintrittsspalt annehmen. Von jedem Punkt dieser Quelle wird Licht ausgesandt, und das Licht von jedem einzelnen Punkt wird für sich allein nach genügend langer Zeit zu Interferenzstreifen führen. Diese Streifen werden natürlich ein wenig gegeneinander verschoben sein, je nachdem, wo genau dieser Punkt in der Quelle liegt. Um uns dies anschaulich zu machen, stellen wir uns die Frage, wie sich das Interferenzbild in Abbildung 3 verschieben würde, wenn wir den Eintrittsspalt nach oben oder nach unten verschieben. Man sieht, dass dann, wenn der Eintrittsspalt nach oben verschoben ist, Interferenzstreifen erzeugt werden, die gegenüber den gezeichneten etwas nach unten verschoben sind, und umgekehrt. Bei einer ausgedehnten Quelle sind also die Streifen, die zu verschiedenen Punkten auf der Quelle gehören, zueinander verschoben! Das gesamte Interferenzbild für unsere ausgedehnte Quelle erhalten wir, indem wir einfach die Interferenzbilder für alle verschiedenen Quellpunkte zusammenzählen.

Nun zeigt sich, dass etwas sehr Interessantes auftreten kann. Wenn die Quelle groß genug ist, können die hellen Streifen für einige Quellpunkte genau dort liegen, wo die dunklen Streifen für andere Quellpunkte liegen. Damit löscht sich aber das Streifenmuster verschiedener Punkte gegenseitig aus. Wir schließen also daraus, dass, wenn die Quelle zu groß ist, zwar für jeden einzelnen

Punkt der Quelle ein Interferenzmuster auftritt, aber alle Interferenzmuster von allen Quellpunkten zusammen sich gegenseitig vollständig auswaschen. Umgekehrt bedeutet dies, dass, um Interferenzstreifen zu sehen, die Quelle kleiner sein muss als der Abstand zwischen zwei Streifen. Genaugenommen ist es so, dass je kleiner die Quelle ist, desto besser die Ausbildung der Streifen sein wird. Denn auch wenn die Quelle zwar noch nicht so groß ist wie der Abstand der Streifen untereinander, aber doch schon größer als nur ein feiner Punkt, wird es schon dazu kommen, dass die dunklen Stellen nicht mehr ganz schwarz sind, sondern schon ein bisschen ausgewaschen. Wichtig für uns ist aber, dass, um ein Interferenzbild überhaupt zu sehen, die Quelle auf jeden Fall kleiner sein muss als der Abstand von zwei Interferenzstreifen. Hier haben wir der Einfachheit halber angenommen, dass der Abstand von der Quelle zum Doppelspalt gleich groß ist wie der Abstand vom Doppelspalt zum Beobachtungsschirm.

Andererseits, was bedeutet die Größe der Quelle für unsere zweite Bedingung, nämlich die, dass die beiden Teilchen in entgegengesetzte Richtungen davonfliegen sollen? Hierzu müssen wir etwas weiter ausholen und uns zunächst mit der Heisenbergschen Unschärfebeziehung vertraut machen. Werner Heisenberg war ja einer der Schöpfer der modernen Quantenphysik. Er stellte bereits 1928 fest, dass es Fälle gibt, in denen von zwei physikalischen Größen nicht beide beliebig genau gleichzeitig bestimmt werden können, oder, präzise ausgedrückt: dass es Fälle gibt, in denen zwei physikalische Größen gar nicht von vornherein beliebig genau festgelegt sind, so dass wir nicht nur nicht herausfinden können, was der Fall ist, sondern die Natur selbst sich offenbar noch nicht festgelegt hat.

Heisenberg hat dies zuerst für die beiden Größen «Ort» und «Impuls» gezeigt. Was eine Messung des Orts bedeutet, ist jedermann anschaulich bekannt. Es ist einfach der Ort, an dem sich ein Teilchen befindet. Der Impuls bedarf etwas genauerer Erklärung. Für den Physiker ist der Impuls das Produkt aus der Masse mal der Geschwindigkeit eines Teilchens. Im allgemeinen wird die Masse eines Teilchens feststehen. Dann ist der Impuls nichts anderes als ein Maß für die Geschwindigkeit eines Teilchens, also dafür, wie schnell es dahinfliegt und in welche Richtung. Wenn Teilchen so schnell sind, dass ihre Geschwindigkeit nahe an die Lichtgeschwindigkeit herankommt, ist die Situation etwas komplizierter. Hier kommt dann die Relativitätstheorie ins Spiel. Dies bedeutet, dass auch die Masse eines Teilchens keine Konstante mehr ist, sondern mit zunehmender Geschwindigkeit wächst. Wir betrachten hier jedoch den einfachen Fall, nämlich dass die Geschwindigkeiten der Teilchen so gering sind, dass wir dieses besondere Verhalten vernachlässigen können.

Heisenberg stellte sich also die Frage, mit welcher Genauigkeit man gleichzeitig wissen kann, wo sich ein Teilchen befindet und wie schnell es dahinfliegt. Bereits der griechische Philosoph Zeno von Elea hatte vor mehr als 2000 Jahren gemeint, dass ein fliegender Pfeil sich zu keinem Zeitpunkt an einem genau bestimmten Ort befinden könne. Denn würde er dies tun, dann würde er ja nie dahinfliegen. Die Heisenbergsche Unschärfebeziehung sagt genau dies aus. Sie setzt die Genauigkeit, mit der wir den Ort eines Teilchens bestimmen können, die *Ortsunschärfe*, und die Genauigkeit, mit der der Impuls bestimmt werden kann, die *Impulsunschärfe*, miteinander in eine sehr interessante Beziehung. Und zwar besagt sie, dass das Produkt aus Ortsunschärfe und Impulsunschärfe einen bestimmten Wert nicht unterschreiten kann. Der Wert dieses Produktes ist durch das Plancksche Wirkungsquantum, das wir ja bereits am Anfang des Buches kennenlernten, festgelegt.

Die *Heisenbergsche Unschärfebeziehung* ist eine der Grundaussagen der Quantenphysik. Anschaulich gesagt bedeutet sie nichts anderes, als dass man es sich aussuchen kann, ob man entweder den Ort eines Teilchens sehr genau bestimmen will, also wo es ist – dann bleibt aber seine Geschwindigkeit ungenau bestimmt. Oder umgekehrt: Man kennt seinen Impuls, also die Geschwindigkeit, dann aber ist der Ort ungenau bestimmt. Beides, Ort und Geschwindigkeit, lassen sich nicht gleichzeitig genau bestimmen. Wie wir später noch genauer diskutieren werden, ist dies nicht nur eine Aussage darüber, wie genau man Ort und Impuls bestimmen kann. Ihre Konsequenzen reichen sehr viel weiter. Es ist nach der Quantenphysik grundsätzlich unmöglich, dass Ort und Impuls eines Teilchens gleichzeitig genauer festgelegt sein können. Es ist also nicht nur unmöglich, beide gemeinsam genauer zu messen, sondern das Teilchen selbst kann keine genaueren Eigenschaften besitzen. Wissen wir also sehr genau, wo es ist, dann ist seine Geschwindigkeit sehr ungenau festgelegt; das heißt, nicht einmal das Teilchen selbst besitzt eine wohldefinierte Geschwindigkeit. Genauso umgekehrt: Wenn das Teilchen eine sehr genaue Geschwindigkeit besitzt, dann «weiß» es nicht, wo es ist! Der Vollständigkeit halber sei festgestellt, dass Ort und Impuls jede drei Komponenten haben. Für den Ort bedeutet dies, dass wir den Ort in drei verschiedenen Raumrichtungen festlegen können, die den drei Dimensionen des Raumes entsprechen, x, y und z. Genauso besitzt Impuls drei Komponenten. Ein Teilchen kann in x-Richtung, in y-Richtung oder in z-Richtung davonfliegen. Ein allgemeiner Impuls ist eine Summe dieser drei Möglichkeiten. Die Heisenbergsche Unschärfebeziehung gilt für jede dieser drei Richtungen getrennt. Eine Ortsunschärfe in x-Richtung bedeutet eine Ungenauigkeit des Impulses entlang dieser Richtung, und gleiches gilt für y und z.

Eine einfache Konsequenz davon ist in Abbildung 5 dargestellt. Hier haben wir eine einzelne Öffnung in einer Wand, die ein von

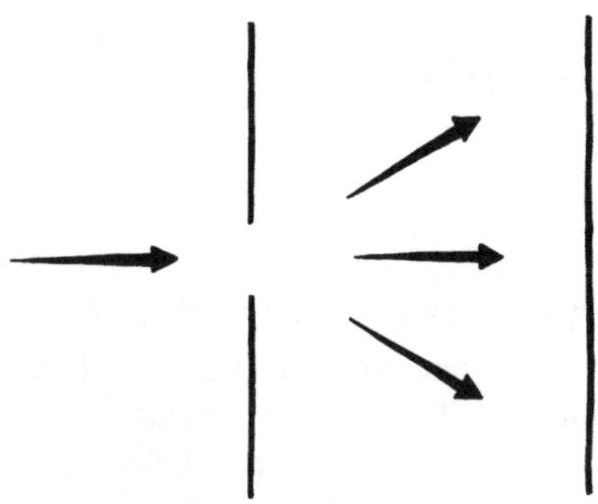

5 Licht tritt von links durch einen feinen Spalt. Hinter dem Spalt breitet es sich nicht mehr geradlinig aus, sondern wird zum Teil abgelenkt. Dies ist eine Konsequenz der Heisenbergschen Unschärfebeziehung. In der Abbildung sind nur drei mögliche Ausbreitungsrichtungen gezeigt. Richtungen dazwischen sind auch möglich.

links kommendes Teilchen passieren kann. Wir nehmen an, dass der Impuls dieses Teilchens sehr genau festgelegt ist. Das Teilchen fliegt genau rechtwinkelig auf die Wand zu. Beim Flug durch die Öffnung geschieht nun etwas sehr Interessantes. Beim Durchtritt wird der Ort, an dem sich das Teilchen befinden kann, festgelegt. Das Teilchen muss sich ja irgendwo in der Öffnung befunden haben. Genauer gesagt, wissen wir für jedes einzelne Teilchen, das durchgetreten ist, dass es eben durch die Öffnung gekommen sein muss. Seine Ortsunschärfe ist also höchstens gleich der Größe der

Öffnung. Daraus folgt aber nach Heisenberg, dass der Impuls, also seine Geschwindigkeit, nun nicht mehr genau festgelegt sein kann. Wenn wir Abbildung 5 genau betrachten, so sehen wir, dass für die Teilchen nur der Ort quer zu ihrer Flugrichtung festgelegt ist. Das Teilchen muss ja durch die Öffnung durch. Wir wissen also, wenn das Teilchen die Öffnung passiert hat, entspricht seine Ortsunschärfe quer zur Flugrichtung der Breite des Spaltes. Dagegen ist der Ort der Teilchen entlang der Flugrichtung keineswegs festgelegt. Hier gibt es keinerlei Beschränkung durch den experimentellen Aufbau. Das Teilchen kann sich hier an einem beliebigen Ort befinden. Das heißt, wir haben nur eine Ortsunschärfe quer zur Flugrichtung. Dies bedeutet, dass auch der Impuls quer zur Flugrichtung unscharf sein wird. Dies entspricht den verschiedenen in Abbildung 5 gezeichneten Ausbreitungsrichtungen. Man versteht nun die Geschwindigkeit genauso als gerichtete Größe wie den Impuls. Und zwar muß die Geschwindigkeitskomponente, die quer zur Öffnung ist, eine gewisse Mindestunschärfe aufweisen, die durch die Heisenbergsche Unschärfebeziehung gegeben ist. Das Teilchen kann also innerhalb eines breiten Bereichs an Richtungen wie in Abbildung 5 angedeutet davonfliegen. In anderen Worten: Während die Geschwindigkeit des Teilchens in der Richtung quer zur Öffnung vorher null war, ist sie nachher keineswegs mehr null, sondern kann je nach Größe der Öffnung durchaus ansehnliche Werte haben, wovon drei Beispiele in Abbildung 5 dargestellt sind.

Nun könnten wir folgendes Experiment machen. Wir stellen einfach einen Detektor irgendwo etwas weiter hinter dem Spalt auf. Wenn dieser Detektor «Klick» macht, hat er das Teilchen nachgewiesen, und wir können daraus auf die Geschwindigkeit des Teilchens schließen. Registrieren wir das Teilchen weiter oben, wissen wir, dass seine Geschwindigkeit das Teilchen eher nach oben geführt hat. Registrieren wir es weiter unten, so hatte es eben eine nach unten gerichtete Geschwindigkeitskomponente. Man könnte nun meinen, dass eben das einzelne Teilchen nach dem Spalt sehr wohl eine genau definierte Geschwindigkeit hat und verschiedene Teilchen durch die Wechselwirkung mit dem Spalt eben verschieden große Geschwindigkeiten haben, mal nach oben, mal nach unten. Diese Ansicht ist jedoch falsch. Wir hatten ja eine solche Situation bereits bei unserer Diskussion des Doppelspaltes. Nach dem

Durchtritt durch den Eintrittsspalt kann das Teilchen sowohl durch den oberen als auch durch den unteren der beiden Spalte im Doppelspaltschirm treten. Es ist also hier bereits für das einzelne Teilchen nicht definiert, welchen der beiden Wege es nimmt. Diesen Punkt werden wir noch genauer analysieren. Wesentlich für uns ist jedoch, dass kein einziges Teilchen, bevor es gemessen wird, eine wohldefinierte Geschwindigkeit hat. Erst durch die Messung tritt eine solche auf. Erst dadurch, dass wir den Detektor an eine bestimmte Stelle bringen und dieser «Klick» macht, nimmt das Teilchen eine wohldefinierte Geschwindigkeit an. Dies bedeutet natürlich, dass wir der Rolle der Messung besonderes Augenmerk zuwenden müssen. Aber zuerst zurück zu unserem Doppelspaltexperiment mit Zwillingsteilchen.

Was bedeutet all dies nun für unser Zweiteilchenexperiment? Die Frage war: «Was bedeutet die Bedingung, dass beide Teilchen von der Quelle so emittiert werden, dass sie in einander entgegengesetzte Richtungen davonfliegen?» Dazu überlegen wir uns kurz noch einmal ein Experiment mit einem einzelnen Spalt, aber diesmal wissen wir nicht, was von links auf diesen Spalt auftrifft. Wir registrieren nur mit Hilfe eines Detektors ein einzelnes Teilchen, das vom Spalt aus zum Beispiel geradeaus davongeflogen ist (Abbildung 5). Was können wir darüber sagen, aus welcher Richtung das einfallende Teilchen links vom Schirm gekommen sein muss? Genau wie vorher wird der Durchtritt durch den Spalt eine gewisse Ortsunschärfe bedeuten und diese wiederum eine Impulsunschärfe. Daher kann das Teilchen aus verschiedenen Richtungen auf den Spalt getroffen sein und trotzdem noch im Detektor einen «Klick» auslösen. Offenbar können wir also wegen der Heisenbergschen Unschärfebeziehung nicht mit Sicherheit davon ausgehen, dass es in gerader Richtung dahergekommen ist, genau in der Richtung, wie es nach dem Spalt dahinfliegt. Es könnte ja aus einer schrägen Richtung gekommen sein und eben wegen besagter Unschärfebeziehung trotzdem im Detektor landen. Dies bedeutet, je enger unsere Spaltöffnung ist, desto weniger genau wissen wir, aus welcher Richtung das Teilchen gekommen ist.

Was heißt das nun wirklich für unsere Quelle? Unsere Quelle hat ja auch eine endliche Ausdehnung, eine gewisse Größe. Die Größe der Quelle spielt hier die gleiche Rolle wie vorher die Größe der

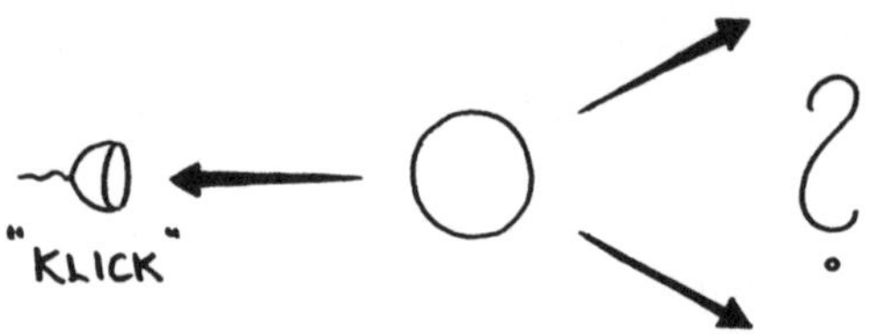

6 Eine Quelle (Kugel) sendet Teilchenpaare aus, die im Prinzip entgegengesetzt voneinander davonfliegen sollten. Ist es wegen der Kleinheit der Quelle dann immer möglich, aus dem «Klick» in einem Detektor für das nach links davonfliegende Teilchen 2 zu schließen, in welche Richtung das Teilchen 1 nach rechts fliegt? Muss es unbedingt genau entgegengesetzt fliegen, oder kann es auch die gezeigten Wege nehmen?

Spaltöffnung. Registrieren wir nun das Teilchen 2 an einer bestimmten Stelle (Abbildung 6). Was können wir dann über die Richtung des Teilchens 1 aussagen? Offenbar ist es gar nicht möglich, mit Sicherheit zu sagen, dass das erste Teilchen in genau die entgegengesetzte Richtung ausgesandt wird. Denn die Heisenbergsche Unschärfebeziehung besagt ja, dass, wenn wir den Ort genau kennen, der Impuls ungenau sein muss. Wenn also der Ort durch die Größe der Quelle festgelegt ist, muss der Impuls natürlicherweise ungenau festgelegt sein. Damit ist es aber nicht mehr möglich, nach Registrierung von Teilchen 2 durch den in der Abbildung 6 links gezeigten Detektor eindeutig zurückzuschließen, in welcher Richtung Teilchen 1 nach rechts davonfliegt. Es kann dies irgendeine Richtung sein, wie es eben von der Heisenbergschen Unschärfebeziehung gefordert wird. Auch hier ist es wieder so, dass, wenn wir Teilchen 2 auf der linken Seite genau gemessen haben, das zugehörige Teilchen 1 nicht einen der gezeigten Impulse hat, sondern der Impuls des Teilchens 1 innerhalb der gezeigten Möglichkeiten unscharf ist.

Die wichtige Folgerung daraus ist also nun die: Je kleiner die Quelle ist, desto ungenauer kann der Impuls des ersten Teilchens aus der Richtung, in der wir das zweite Teilchen gemessen haben, bestimmt werden. Umgekehrt gilt: Je genauer wir aus der Registrierung von Teilchen 2 auf den Impuls des ersten Teilchens schließen wollen, desto größer muss die Quelle sein.

Für unser Gedankenexperiment ergibt sich nun eine höchst interessante Konsequenz. Wenn wir also tatsächlich aus der Registrierung des Teilchens 2 links in Abbildung 4 schließen wollen, welchen Weg Teilchen 1 nach rechts genommen hat, insbesondere durch welchen der beiden Spalte im Doppelspalt es getreten ist, muss die Quelle eine gewisse Mindestgröße haben. Denn wenn sie zu klein ist, so können wir eben, falls wir zum Beispiel das Teilchen 2 im oberen Strahlweg feststellen, keineswegs sagen, ob das dazugehörige Teilchen 1 den unteren oder den oberen Spalt genommen hat. Es stellt sich also heraus, dass – je kleiner die Quelle ist – wir umso weniger genau aus dem, wo wir Teilchen 2 registrieren, darauf schließen können, welchen Weg Teilchen 1 nach rechts genommen hat.

Oben haben wir aber schon festgestellt, dass die Quelle nicht zu groß sein darf, wenn wir das Interferenzbild beobachten möchten. Soeben sehen wir jedoch ebenso, dass die Quelle nicht zu klein sein darf, wenn wir aus der Messung an einem Teilchen darauf schließen wollen, durch welchen Spalt das zweite Teilchen getreten ist. Wir haben also offenbar zwei verschiedene Bedingungen, die miteinander konkurrieren. Wie passen diese beiden Bedingungen zueinander?

Es stellt sich nun heraus, was allerdings nur eine mathematische Berechnung zeigen kann, die wir hier jedoch nicht durchführen wollen, dass es sich mit diesem eigentümlichen Phänomen tatsächlich so verhält, wie es in unseren Überlegungen bereits angedeutet wurde. Es ist wirklich so, dass dann, wenn die Quelle so groß ist, dass wir eindeutig aus einer Messung von Teilchen 2 den Weg von Teilchen 1 durch das Doppelspaltsystem bestimmen können, das Interferenzbild vollkommen verschwommen ist. Umgekehrt zeigt sich: Wenn die Quelle so klein ist, dass wir ein schönes Interferenzbild erhalten, ist es unmöglich, aus der Messung von Teilchen 2 irgendetwas über den Weg von Teilchen 1 auszusagen.

Es gibt natürlich auch Zwischenstufen. Wenn die Quelle eine mittlere Größe besitzt, so sehen wir ein verwaschenes Interferenzbild, und wir können aus der Messung an Teilchen 2 ungefähr schließen, welchen Weg das Teilchen 1 nach rechts genommen hat. Wir werden dies aber nicht mit letzter Sicherheit sagen können, sondern nur mit einer gewissen Wahrscheinlichkeit. Die kritische Größe ist interessanterweise gerade die, wenn die Quelle so groß ist wie der Abstand zwischen zwei Interferenzstreifen. Ist sie viel kleiner, sehen wir das Interferenzbild, ist sie viel größer, ist das Interferenzbild verschwunden, und wir können den Weg bestimmen. Ist die Größe der Quelle gerade gleich dem Abstand zwischen zwei Interferenzstreifen, so erhalten wir ein stark verwaschenes Interferenzbild, bei dem hellgraue und dunkelgraue Streifen einander abwechseln, und gleichzeitig wissen wir ein wenig über den Weg, den das Teilchen genommen hat, aber eben nicht mit Sicherheit.

Dies ist ein wunderschönes Beispiel dafür, wie Komplementarität in der Quantenphysik im Detail funktioniert. Komplementarität wurde von Niels Bohr als ein fundamentaler Begriff der Quantenphysik eingeführt. Hier haben wir es mit der Komplementarität zwischen dem Interferenzbild und der Information darüber, welchen Weg das Teilchen nimmt, zu tun.

Der Experimentator kann sich nun aussuchen, welche dieser beiden zueinander komplementären Größen im Experiment tatsächlich beobachtet wird. Dies macht er ganz einfach dadurch, indem er die Größe der Quelle bestimmt. Wir sehen, dass die Komplementarität der beiden Größen, Weg und Interferenzbild, mit zwei einander ausschließenden Bedingungen an die Größe der Quelle gebunden ist, mit Bedingungen, die der Experimentator kontrollieren kann. Er hat es ja in der Hand, entweder eine große oder eine kleine Quelle zu benutzen. Die *Komplementarität* bedeutet nun, dass es eben nicht möglich ist, beide Bedingungen gleichzeitig in einem Experiment zu erfüllen. Die Quelle kann eben nicht gleichzeitig größer und kleiner als der Abstand zwischen zwei Interferenzstreifen sein. Dies hatte schon Niels Bohr klar formuliert, der meinte, dass zwei physikalische Größen dann komplementär zueinander sind, wenn es nicht einmal im Prinzip möglich ist, einen Apparat zu bauen, mit dem beide Größen gleichzeitig bestimmt werden können. Unser Beispiel ist eine sehr einfache Realisierung dieser Situation.

Wir sehen hier auch eine weitere interessante Tatsache, nämlich die, dass die Quantenphysik selbst für ihre Konsistenz, also für ihre Widerspruchsfreiheit, sorgt. Das heißt, sie sorgt dafür, dass keine inneren Widersprüche auftreten. In unserem Fall ist dies so, dass wir die Heisenbergsche Unschärfebeziehung, also die Komplementarität zwischen Ort und Impuls eines Teilchens, benötigen, um die Komplementarität zwischen dem Weg eines Teilchens im Doppelspalt und dem Interferenzbild sicherzustellen. Diese beiden Phänomene sind also offenbar nur die zwei verschiedenen Seiten ein und derselben Medaille. Oder besser gesagt, die Komplementarität ist ein sehr tief gehendes Konzept der Quantenphysik. Das heißt eben, dass zwei Größen dann zueinander komplementär sind, wenn die Informationen über beide nicht gleichzeitig exakt vorhanden sein können. Wieder sehen wir, dass die Information eine zentrale Rolle spielt, ein Thema, auf das wir immer wieder zurückkommen.

Wir hatten also gesehen, dass wir bei einer großen Quelle deshalb keine Interferenzen beobachten, weil wir durch die Beobachtung des zweiten Teilchens den Weg bestimmen können, den das Teilchen 1 durch das Doppelspaltsystem nimmt. Ein Aspekt ist dabei noch ganz wesentlich und muss besonders hervorgehoben werden. Ob wir nämlich tatsächlich den Weg bestimmen, also ob wir Detektoren für Teilchen 2 aufstellen und damit registrieren, welchen Weg Teilchen 1 genommen hat, oder ob wir dies nicht tun, ist vollkommen unerheblich. Es reicht die reine Möglichkeit, dass wir dies tun könnten. Es ist also unerheblich, ob ein Beobachter über eine Messung Notiz davon nimmt, welchen Weg das Teilchen nimmt. Allein dass man diesen Weg bestimmen könnte, reicht aus, um die Interferenz zum Verschwinden zu bringen.

Man kann dies etwa in folgender Weise auf den Punkt bringen. Solange die Information etwa darüber, welchen Weg das Teilchen durch den Doppelspalt nimmt, irgendwo vorhanden ist – und das kann irgendwo im Universum sein –, kann die komplementäre Größe, nämlich das Interferenzbild, nicht wohldefiniert sein.

Jetzt zu einer provokanten Frage. Ist es nicht vielleicht doch möglich, in unserem Experiment auch mit einer großen Quelle Interferenzen zu beobachten? Wie müssten wir dabei vorgehen? Nun, im Prinzip kennen wir bereits alles dafür Notwendige. Wir haben ja gelernt, dass die Interferenzstreifen genau dann auftreten, wenn keine Information über den Weg vorhanden ist. Es darf nicht möglich sein, nicht einmal im Prinzip, herauszufinden, welchen Weg das Teilchen genommen hat. Unter «nicht einmal im Prinzip» verstehen wir, dass die Information nirgendwo vorhanden sein darf, auch nicht beliebig weit weg. Es hängt also nicht davon ab, ob es technisch möglich sein könnte, diese Information zu erhalten, oder nicht. Nun ist aber gerade die Schwierigkeit die, dass, wenn die Quelle groß genug ist, das Teilchen 2 die Weginformation für Teilchen 1 mit sich trägt und wir ja zu einem beliebig späten Zeitpunkt durch Messungen an Teilchen 2 feststellen könnten, welchen Weg Teilchen 1 genommen hat. Diese Bestimmung des Weges kann sogar zu einem Zeitpunkt erfolgen, nachdem Teilchen 1 längst registriert wurde.

Es darf also offenbar auf keinen Fall bei Teilchen 1 Interferenzstreifen geben, denn wenn es solche Interferenzstreifen gäbe, hätten wir ja wieder einen Widerspruch. Wir könnten ja zu einem beliebig späten Zeitpunkt den Weg immer noch feststellen. Die Messungen bei Teilchen 2 können zu einem Zeitpunkt erfolgen, wo Teilchen 1 schon längst in seiner Beobachtungsebene registriert ist und die Messergebnisse für viele Teilchen schon längst niedergeschrieben sind. Wenn wir dann die Interferenzstreifen hätten, würde dies ja bedeuten, dass wir unser vorheriges Prinzip durchbrechen. Wir wüssten ja von jedem Teilchen, welchen Weg es genommen hat. Ist es aber vielleicht doch möglich, ein Interferenzbild zu bekommen?

Die Lösung ist überraschend einfach, wir müssen lediglich die Weginformation, die Teilchen 2 trägt, auf unwiederbringliche Weise, sozusagen für immer und ewig, vernichten. Und wir wissen ja schon, wie wir dies tun können. Alles, was wir machen müssen, ist, in den Weg von Teilchen 2 auch ein Doppelspaltsystem derselben Art zu stellen, wie wir es schon für Teilchen 1 verwenden (Abbildung 7). Wenn wir dann Teilchen 2 auf seinem Beobachtungsschirm registrieren, so kann daraus nicht mehr geschlossen werden, ob es den oberen oder den unteren Weg genommen hat. Damit können wir aber auch nicht mehr darauf zurückschließen, welchen der beiden Wege Teilchen 1 genommen hat, und es ist nun auch wieder erlaubt, dass Interferenzstreifen für Teilchen 1 auftreten! Die unumstößliche Bedingung für solche Interferenzen ist ja, dass jedwede Information über den Weg, den ein jedes der beiden Teilchen genommen hat, vernichtet sein muss. Es darf nirgendwo im Universum diese Information mehr geben. Und genau dies ist erreicht, wenn wir beide Teilchen hinter ihrem Doppelspalt registrieren, denn dann ist für beide Teilchen keinerlei Weginformation mehr vorhanden.

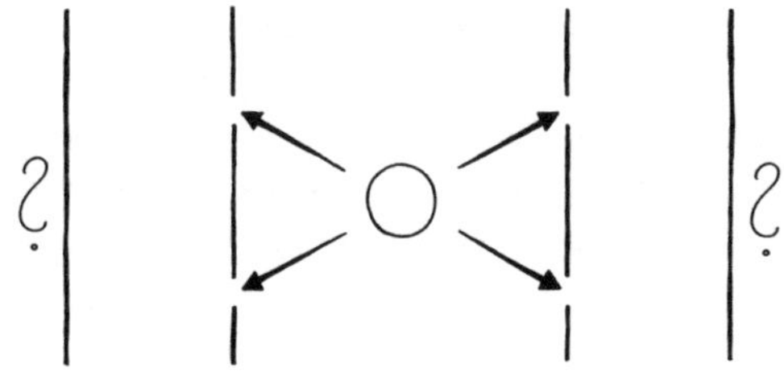

7 Das Doppel-Doppelspaltexperiment. Eine Quelle emittiert immer Teilchenpaare, die entgegengesetzt voneinander davonfliegen, Teilchen 1 nach rechts, Teilchen 2 nach links. Für jedes dieser Teilchen ist ein Doppelspalt aufgestellt. Werden wir nun Interferenzen auf beiden Seiten sehen oder nicht?

Nun scheinen wir aber auf ein Problem gestoßen zu sein, vielleicht sogar einen Widerspruch. Wenn wir mit Hilfe von Teilchen 2 den Weg bestimmen, dann tritt kein Interferenzmuster auf. Schicken wir jedoch Teilchen 2 durch den Doppelspalt, haben wir die Interferenzstreifen. Woher soll nun Teilchen 1 wissen, was mit Teilchen 2 geschieht? Hier kommt noch dazu, dass man ja bei Teilchen 2 beliebig spät entscheiden könnte, ob man den Doppelspalt hineinstellt oder ob man direkt den Weg bestimmt. Man könnte ja diese Entscheidung zu einem Zeitpunkt treffen, wenn Teilchen 1 längst registriert ist. Denn man kann ja den Abstand nach rechts viel kleiner machen als den Abstand nach links. Würde also diese viel spätere Entscheidung die schon registrierten Bilder von Teilchen 1 im nachhinein verändern? Solange wir uns nicht entscheiden, ob wir den Doppelspalt hineinstellen oder nicht, dürfen ja für Teilchen 1 keine Interferenzbilder auftreten, also keine Interferenzstreifen. Denn entsprechend unserer Regel tritt genau dann keine Interferenz auf, wenn es noch möglich ist, den Weg zu bestimmen. Stellen wir aber nun den Doppelspalt hinein, so kann das Interferenzbild auftreten. Dies bedeutet, dass es plötzlich Stellen gibt, an welche die Teilchen nicht hindürfen, eben die dunklen Stellen zwischen den Interferenzstreifen. Aber die einzelnen Teilchen wurden ja schon längst im Computer registriert. Vielleicht wurde schon von einem Experimentator das Bild, das sich ergibt, auf ein Blatt Papier aufgezeichnet! Das kann offenbar nicht der Fall sein.

Wie lässt sich dieses verwirrende Bild verstehen? Wir hatten eben gelernt, dass das Teilchen 1 auf keinen Fall Interferenzstreifen zeigen darf, denn wir könnten ja das Teilchen 2 zu einem beliebig späten Zeitpunkt beobachten. Das heißt, der Beobachtungsschirm von Teilchen 1 muss auf jeden Fall ein gleichmäßiges Grau zeigen und keine hellen und dunklen Streifen. Also auf keinen Fall Interferenz? Die Auflösung dieses Rätsels ist im Prinzip sehr einfach. Solange wir nicht darauf achten, was Teilchen 2 macht, darf für Teilchen 1 auf jeden Fall nur ein einheitlich graues Bild auftreten. Es ist ja sozusagen dem Teilchen 1 nicht bekannt, ob Teilchen 2 dazu verwendet wird, die Weginformation herauszuholen, oder ob diese Weginformation von Teilchen 2 vernichtet wird. In dem Moment jedoch, in dem wir Teilchen 2 an einer bestimmten Stelle hinter seinem Doppelspalt registrieren, kennen wir seinen Weg nicht; registrieren wir Teilchen 1 auch hinter einem Doppelspalt, liefert dies auch keine Weginformation. Dies bedeutet, dass nun das Doppelspaltbild auftreten darf, und das für beide Teilchen!

Das heißt, wir müssen nun genau feststellen, welches der Teilchen auf der einen Seite Zwillingsbruder von welchem der auf der anderen Seite registrierten Teilchen ist. Denn wenn wir beide Teilchen hinter ihrem jeweiligen Doppelspalt messen, liegt für dieses Zwillingspaar ja keine Weginformation mehr vor. Diese Vorgangsweise erfordert eine genaue Zeitmessung. Sie erfordert, dass wir für beide Teilchen Detektoren verwenden, mit denen sich der Zeitpunkt feststellen lässt, zu dem ein Teilchen registriert wird. Auf diese Weise wissen wir, dass, wenn zwei Teilchen gleichzeitig registriert werden und die Entfernungen von der Quelle zu den Detektoren gleich ist, diese beiden Teilchen ein Paar bilden.

Das Experiment ist nun sehr einfach. Wir halten unseren Detektor an einer bestimmten Stelle links in der Beobachtungsebene für Teilchen 2 fest und verschieben den Detektor für Teilchen 1 in dessen Beobachtungsebene auf der rechten Seite. Um das Interferenzbild zu erhalten, müssen wir viele Teilchenpaare verwenden. Wir registrieren an einer Stelle die Zahl genau derjenigen Teilchen, die exakt gleichzeitig mit einem der registrierten Teilchen 2 auftreten. Dann verschieben wir den Detektor für Teilchen 1 ein wenig, halten den Detektor für Teilchen 2 fest und registrieren wieder, wie viele Teilchen 1 wir messen können, die gleichzeitig mit einem registrierten Teilchen 2 auftreten, und so weiter und so fort. Wir verschieben unseren Detektor für Teilchen 1 immer wieder um ein kleines Stück. Dann werden wir feststellen, dass an manchen

Stellen sehr viele Teilchen registriert werden, an anderen sehr wenige oder gar keine. Insgesamt erhalten wir wieder die Interferenzstreifen für Teilchen 1! Wir werden also für diejenigen Teilchenpaare, die genau gleichzeitig auftreten, helle und dunkle Streifen erhalten. Denn für die gleichzeitig oder, wie man auch sagt, in Koinzidenz auftretenden Teilchen wissen wir ja, dass die Weginformation nicht mehr vorhanden ist, und dies wissen offenbar auch die Teilchen selbst!

Wir fassen zusammen, was wir über den Doppel-Doppelspalt gelernt haben. Die beiden Teilchen werden ursprünglich von der Quelle in einander genau entgegengesetzte Richtungen emittiert. Allerdings kein Teilchen in eine wohldefinierte Richtung, sondern für das einzelne Teilchen ist offen, ob es durch den einen oder den anderen Doppelspalt durchgeht. Wird es direkt gemessen, so wird damit auch seine Richtung festgelegt, gleichzeitig aber auch die des zweiten Teilchens. Dies bedeutet, dass ein einzelnes Teilchen für sich hinter seinem Doppelspalt keine Interferenzstreifen zeigen kann, weil das andere ja Weginformation trägt. Allerdings können Doppelspaltinterferenzen tatsächlich auftreten, wenn beide Teilchen hinter so einem Doppelspalt gemessen werden. Sie müssen allerdings tatsächlich gemessen werden, die beiden Doppelspalte hinzustellen allein reicht nicht, da ein Teilchen vom anderen ja nicht weiß, ob an ihm ein Doppelspaltexperiment durchgeführt wird oder der Weg bestimmt wird. Diese Situation ist ein erstes Beispiel für die Verschränkung, die wir später noch genauer kennenlernen werden.

Die ursprüngliche Frage, die wir uns gestellt hatten, war ja die, ob man in dieser Situation nicht Weginformation und Interferenzbild gleichzeitig bekommen könnte. Die Antwort für unser Experiment ist eine hochelegante, nämlich eben die, dass es nur dann sinnvoll ist, von einer physikalischen Größe – eben vom Weg oder vom Interferenzbild – zu sprechen, wenn diese tatsächlich gemessen wird und die Messung des einen die Beobachtung des anderen ausschließt, so wie dies in unserem Fall eben für Teilchenpaare gilt. Ansonsten hat man darüber zu schweigen.

Ein weiterer interessanter Aspekt ist nun auch der, dass, wenn wir den Detektor für Teilchen 2 ein klein wenig verschieben, auch die Streifen für Teilchen 1 entsprechend verschoben werden. Wenn wir nun die Streifen für Teilchen 1 für verschiedene Positionen des

Detektors für Teilchen 2 registrieren, werden die entsprechenden Streifen auf allen möglichen Stellen zu liegen kommen. Nehmen wir also alle beobachteten Ereignisse von Teilchen 1 zusammen, so ergibt sich ein verwaschenes Bild ohne Interferenzstreifen. Dies ist genau dasselbe, was wir erhalten, wenn wir nicht auf Teilchen 2 schauen.

Dasselbe gilt natürlich auch umgekehrt. Die Bedingung dafür, dass wir unsere Interferenzstreifen für Teilchen 2 sehen, ist die, dass die Weginformation für Teilchen 1 vollkommen verschwunden ist. Dies bedeutet natürlich, dass, wenn wir für Teilchen 2 den Doppelspalt aufgestellt haben, wir, unter der Annahme einer hinreichend großen Quelle, so lange keine Interferenzstreifen beobachten werden, solange wir für Teilchen 1 nicht auch ein Doppelspaltexperiment durchführen. Erst wenn wir für Teilchen 1 auch den Doppelspalt aufstellen und genauso wie vorher beide Teilchen hinter ihrem Doppelspalt registrieren, werden wir auch für Teilchen 2 die Interferenzen sehen.

Selbstverständlich müssen die Abstände auf beiden Seiten nicht gleich sein. Es kann zum Beispiel wirklich so sein, dass sich der Doppelspalt für Teilchen 2 weiter weg von der Quelle befindet als der Detektor für Teilchen 1. Dann muss man einfach bei der Zuordnung der Teilchenpaare zueinander genau die unterschiedlichen Zeiten berücksichtigen, die diese benötigen, um von der Quelle, wo sie ja gleichzeitig starten, zu ihrem jeweiligen Detektor zu kommen.

Wir sehen hier noch einen weiteren interessanten Aspekt, der ganz wesentlich ist. Wir können uns ja grundsätzlich fragen, ob ein bestimmtes registriertes Teilchen, sagen wir: auf der rechten Seite, durch einen der beiden Spalte gegangen ist oder ob seine Welle beide Wege genommen hat. Dies scheint auf den ersten Blick eine durchaus legitime Frage zu sein. Für das Teilchen 1 ist ja die gesamte Geschichte bereits abgeschlossen, und es ist registriert. Man sollte ja naiv glauben, dass das Teilchen 1 bereits «weiß», ob es sich beim Durchtritt durch den Doppelspalt wie eine Welle oder wie ein Teilchen verhalten hat. Jedoch haben wir dabei ein Problem. Die Beantwortung dieser Frage hängt nämlich davon ab, was mit Teilchen 2 tatsächlich geschieht. Wird dieses hinter einem Doppelspalt gemessen, so können wir für Teilchen 1 von der Welle sprechen, bestimmen wir bei Teilchen 2 den Weg, so sprechen wir bei Teilchen 1 auch vom Weg, den es genommen hat, und dies eben zu einem Zeitpunkt, nachdem Teilchen 1 längst registriert ist.

Daraus lernen wir offenbar etwas sehr Wichtiges. Zum ersten, dass diese beiden Teilchen eine untrennbare Einheit bilden. Und solange nicht alle Messungen an dem Teilchenpaar abgeschlossen sind, können wir uns kein Bild darüber machen, was ein einzelnes Teilchen tatsächlich macht. Zum anderen sind die beobachteten einzelnen Ereignisse offenbar unempfindlich dafür, welches Bild wir uns machen. Die Teilchen selbst werden einfach an einer bestimmten Stelle am Beobachtungsschirm registriert werden, und es hängt von unserer späteren Messung an Teilchen 2 ab, welches Bild wir uns machen können, aber nicht, wo das einzelne Teilchen landet. Dies bedeutet letztlich, dass wir überhaupt kein Problem haben, solange wir uns nur auf diejenigen Ereignisse konzentrieren, die beobachtet werden. Diese sind offenbar unabhängig davon, wie wir sie verstehen wollen oder verstehen können. Das Problem tritt nur dann auf, wenn wir uns ein Bild machen wollen. Dieses Bild, das wir uns machen, ist ein Bild, das wir uns in den eben diskutierten Fällen nur im nachhinein machen können. Dies bedeutet, dass für Teilchen 1 an und für sich, für sich allein gesehen, weder das Wellenbild noch das Teilchenbild sinnvoll ist. Das Teilchen kümmert sich ganz offensichtlich nicht darum, welches Bild wir uns von ihm machen wollen.

2. Verschränkung und Wahrscheinlichkeit

Die Geschichte der Entdeckung dieses Beispiels ist recht kurios. Mike Horne und ich hatten schon länger in der von Helmut Rauch, meinem Doktorvater, Wolfgang Treimer und Ulrich Bonse 1974 kreierten Neutroneninterferometrie zusammengearbeitet. Die schon recht massiven Neutronen kommen in fast allen Atomkernen vor und können etwa in Kernreaktoren erzeugt werden. Im Jahr 1985 fand nun im finnischen Joensuu eine Konferenz anlässlich des fünfzigjährigen Jubiläums des sogenannten *Einstein-Podolsky-Rosen-Paradoxons* statt. Im Jahre 1935 hatte nämlich Albert Einstein zusammen mit seinen beiden jungen Kollegen Boris Podolsky und Nathan Rosen eine hochinteressante Arbeit veröffentlicht, in der er die Frage stellte, ob die quantenmechanische Beschreibung der physikalischen Wirklichkeit vollständig sei. Albert Einstein war damals wegen der Nationalsozialisten in die USA emigriert. Er ging nach Princeton an das Institute of Advanced Studies und arbeitete dort mit den beiden jüngeren Kollegen zusammen. In der genannten Arbeit befassten sich Einstein, Podolsky und Rosen (abgekürzt EPR) genau mit solchen Systemen, die aus zwei Teilchen bestehen, so wie wir sie gerade weiter oben diskutiert haben. Die Ausgangssituation, die EPR natürlich nur als Gedankenexperiment vorschlugen, weil seine technische Realisierung damals noch unmöglich war, war eine etwas andere. EPR dachten sich ein Teilchenpaar aus, wo die eben beschriebene Problematik nicht in der Doppelspaltinterferenz lag, wie wir sie gerade diskutierten, sondern in der Orts- und Impulsmessung. In diesem Fall war es so, dass man aus der Ortsmessung an einem Teilchen exakt auf den Ort des zweiten Teilchens schließen kann und ebenso aus der Impulsmessung an einem Teilchen exakt auf den Impuls des zweiten Teilchens.

In genau derselben Weise, wie vorher gesehen, könnte man nun auch hier einen Widerspruch erhalten. Man kann ja an einem Teilchen zum Beispiel messen, wo es ist, und am anderen Teilchen, welchen Impuls es hat. Nachdem beide Teilchen stark miteinander korreliert sind, würde dies bedeuten, dass wir für jedes Teilchen beide Größen gleichzeitig beliebig genau wissen könnten, was sich aber im Widerspruch zur Heisenbergschen Unschärfebeziehung befände. Die Auflösung dieses Rätsels ist im Grundsatz genau die gleiche wie die, die wir oben im Detail für das Begriffspaar «Weginformation – Interferenzbild» diskutiert haben, hier eben nur für das Begriffspaar «Ort – Impuls». Messen wir etwa an einem Teilchen den Impuls, so ist damit auch der Impuls des anderen Teilchens festgelegt, und es besitzt keinen wohldefinierten Ort. Umgekehrt gilt, messen wir an einem Teilchen den Ort, ist für das andere ebenfalls der Ort festgelegt, dagegen besitzt es keinen Impuls, das heißt, es ist in keiner Weise festgelegt, wie schnell es fliegt. Mathematisch ist die Situation etwas komplizierter als die oben analysierte, da es sich bei Ort und Impuls um Größen handelt, die beliebige Werte annehmen können, also sogenannte *kontinuierliche Variablen* darstellen. Aber konzeptiv sind die beiden Situationen gleich.

Nach meinen Arbeiten in Wien über Neutronenoptik und Neutroneninterferometrie arbeitete ich längere Zeit in den USA am

Massachusetts Institute of Technology (MIT) auf demselben Arbeitsgebiet. Einer meiner wichtigsten Partner in der Zusammenarbeit war eben Horne. Eines Morgens kam er mit der Ankündigung der erwähnten Konferenz in Joensuu, bei der es um die Einstein-Podolsky-Rosen-Arbeit ging. Seine Frage war ganz einfach: «Do you want to go to Finland?» Wir wollten natürlich beide zu dieser Konferenz fahren, hatten jedoch kein wissenschaftliches Resultat, das wir dort präsentieren konnten, das dem Konferenzthema entsprach. Wir begannen aber sofort darüber zu diskutieren, dass es in irgendeiner Form eine Verbindung geben müsste zwischen unserer Arbeit in der Interferometrie – also bei den Interferenzexperimenten, worunter auch der Doppelspalt fällt – und dem Einstein-Podolsky-Rosen-Paradoxon. Es stellte sich heraus, dass diese einfache Idee ein außerordentlich fruchtbares Forschungsgebiet und Forschungsprogramm kreierte. Wir fanden tatsächlich eine Verbindung, und zwar eben genau das Experiment, das wir oben diskutiert haben. Diese Art von quantenmechanischen Systemen aus zwei oder mehr Teilchen, die auf eigenartige Weise miteinander verbunden sind, nennt man nach dem österreichischen Physiker Erwin Schrödinger *verschränkte Systeme*. Es handelt sich um das Phänomen der *Verschränkung* (engl. *entanglement*).

Die *Verschränkung* wurde vom österreichischen Physiker Erwin Schrödinger als das wesentliche Charakteristikum der Quantenphysik bezeichnet. Erwin Schrödinger hatte ja 1926 mit der Wellenmechanik eine der beiden theoretischen Formulierungen der Quantentheorie geliefert, wofür er auch 1933 den Nobelpreis für Physik erhielt. Unmittelbar nach der berühmten Arbeit von Einstein, Podolsky und Rosen im Jahr 1935 veröffentlichte Erwin Schrödinger noch im selben Jahr in der Zeitschrift *Naturwissenschaften* einen Artikel mit dem Titel «Die gegenwärtige Situation in der Quantenmechanik». In dieser Arbeit, die wegen ihrer Länge in drei Abschnitten erschien, sozusagen als philosophisch-physikalischer Fortsetzungsroman, legte Schrödinger seine Sicht über die Interpretationsfragen der Quantenphysik dar.

Verschränkung lässt sich am besten anhand des vom amerikanischen Physiker David Bohm im Jahr 1952 vorgeschlagenen Experiments diskutieren (Abbildung 8). Wir nehmen wieder eine Quelle an, die Teilchenpaare in einander entgegengesetzte Richtungen schickt, diesmal aber nur in die beiden in der Abbildung gezeigten Richtungen, andere benötigen wir nicht.

Zuvor müssen wir jedoch noch eine der quantenmechanischen Eigenschaften der Teilchen diskutieren, den Spin. Der *Spin* entspricht in etwa dem Drehimpuls der klassischen Physik oder des Alltagslebens, hat aber einige zusätzliche und davon abweichende interessante Eigenschaften. Der Drehimpuls beschreibt, anschaulich gesehen, den Schwung, mit dem sich ein Körper um seine Achse dreht. Betrachten wir etwa eine Eisläuferin bei einer Pirouette, so besitzt sie einen bestimmten Drehimpuls, wenn sie die Drehung mit ausgestreckten Armen beginnt. Zieht sie die Arme zum Körper, wird sie sich schneller drehen, weil eben der Drehimpuls insgesamt gleich bleibt.

8 Das Gedankenexperiment nach David Bohm. Eine Quelle sendet Teilchenpaare aus in der Weise, dass ihr Spin immer entgegengesetzt sein muss. In der Zeichnung sind die Spins so dargestellt, dass sie entlang einer gewählten Richtung hinauf- oder hinunterzeigen. Diese Richtung ist jedoch in keiner Weise festgelegt. Das Bild stellt nur ein mögliches Messresultat dar.

Das von Bohm vorgeschlagene Experiment ist im Prinzip sehr einfach. Er geht von einem Teilchen aus, das keinen Spin, also keinen Drehimpuls, besitzt. Dieses Teilchen sei so beschaffen, dass es in zwei Teilchen zerfällt, jedes mit dem kleinstmöglichen Spin. Dieser Spin kann um die Drehachse nur einen einzigen Wert annehmen. Das einzige, was sich ändern kann, ist der Drehsinn, entweder im Uhrzeigersinn oder im Gegenuhrzeigersinn. Der Einfachheit halber weist man jedem Drehimpuls einen Pfeil zu, der im einfachsten hier betrachteten Fall parallel oder antiparallel zur Drehachse orientiert ist. Die Länge des Pfeils gibt an, wie groß der Drehimpuls ist. Für unser Teilchen mit kleinstmöglichem Spin bedeutet dies, dass die Größe des Spins fix ist und nur die Richtung variieren kann. Das Interessante am quantenmechanischen Spin ist nun, dass dieser Spin entlang einer beliebigen vorgegebenen Richtung nur hinauf- oder hinunterzeigen kann, jedoch keine Zwischenstellungen einnimmt. Jedes Teilchen mit diesem minimalen Spin muss bei einer Messung einen der beiden Werte annehmen. Der Spin hat also einen fixen Betrag und kann nur hinauf- oder hinunterzeigen. Dies völlig unabhängig davon, ob der Spin vor der Messung wohldefiniert war oder nicht und in welche Richtung er gezeigt hat. Sobald wir das Teilchen bei einem Experiment fragen «Wie ist dein Spin entlang dieser bestimmten Achse?», wird es nur die Antwort «hinauf» oder «hinunter» mit immer der gleichen Größe geben können.

Die Messung eines Spins geschieht mit Hilfe des nach den Physikern Otto Stern und Walter Gerlach benannten Stern-Gerlach-Experiments (Abbildung 9). Ein von links einfallender Strahl mit Teilchen aller denkbaren Spinorientierungen tritt durch ein inhomogenes, also ungleichmäßiges Magnetfeld. In einem solchen

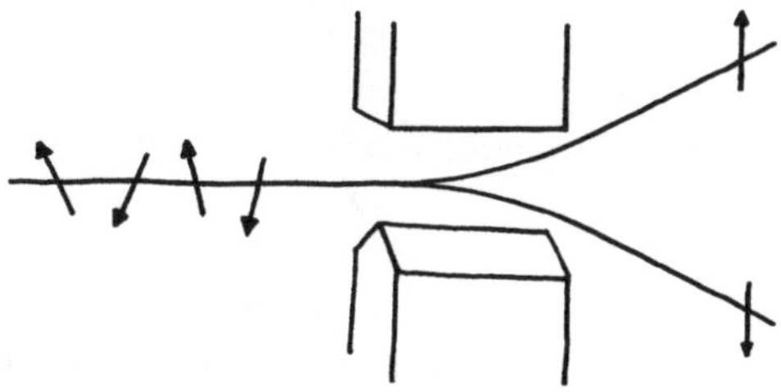

9 Stern-Gerlach-Experiment zur Messung des Spins. Ein Strahl mit Teilchen verschiedener Spinorientierung tritt durch ein inhomogenes Magnetfeld, das durch die gezeigten Pole eines Elektromagneten erzeugt wird und von einem Pol zum anderen geht. Dadurch kommt es nach der Quantenphysik in eine Auftrennung von nur zwei Strahlen. Entlang jedes dieser beiden Strahlen sind die Spins wie gezeichnet orientiert.

inhomogenen Magnetfeld erfahren die Spins, die ein kleines magnetisches Moment tragen, eine Kraft und werden je nach ihrer Orientierung abgelenkt. Das quantenmechanisch Besondere ist, dass die Spins, die vorher eine beliebige Orientierung gehabt haben können, bei einer Messung im Magnetfeld ausschließlich in eine zum Magnetfeld parallele oder antiparallele Richtung zeigen können. Dies ist die physikalische Realisierung genau der eben gestellten Frage: «Wie ist der Spin entlang dieser bestimmten Achse?» Hier ist die Achse eben die Richtung des Magnetfeldes. Dies bedeutet, dass die Teilchen hinter dem Magnetfeld nur entlang zweier Strahlungen – nämlich der beiden hier gezeigten – austreten können. Die Spins im einen Strahl sind parallel, die im anderen

Strahl dagegen antiparallel zum Magnetfeld, das in der Abbildung zwischen den beiden Magnetpolen von oben nach unten zeigt.

In seinem Gedankenexperiment nimmt David Bohm nun an, dass ein Teilchen ohne Drehimpuls, wir nennen das mit Spin 0, in zwei Teilchen mit diesem minimalen Drehimpuls zerfällt. (Nach der Quantenphysik ist der minimale Drehimpuls übrigens mit dem Planckschen Wirkungsquantum h verbunden. Die Einheit des Spins ist die Größe h dividiert durch 2 mal die Zahl π, und der minimale Spin ist die Hälfte dieser Einheit. Man spricht daher auch von halbzahligem Spin.) Im Bohmschen Gedankenexperiment zerfällt also ein Teilchen von Spin 0 in zwei Teilchen von Spin ½. Wenn nun für beide Teilchen in einer gewissen Entfernung von der Quelle der Spin entlang einer bestimmten Richtung gemessen wird, so wird eines der beiden Teilchen einen Spin haben, der in diese Richtung zeigt, und das andere Teilchen einen Spin, der in die entgegengesetzte Richtung zeigt (Abbildung 8). Dies ist auch eine direkte Konsequenz davon, dass der Drehimpuls in der Quantenphysik erhalten bleibt, also beim Zerfall des ursprünglichen Teilchens auf die beiden neuen Teilchen gemeinsam übertragen werden muss. Die Summe der Drehimpulse dieser beiden Teilchen muss sich also wieder auf 0 belaufen.

Auf den ersten Blick erscheint die Aussage, dass die beiden Spins der Teilchen entgegengesetzt sein müssen, vollkommen harmlos, aber sie birgt gewaltigen Zündstoff, wenn wir uns die Frage stellen, entlang welcher Richtung diese beiden Teilchen antiparallelen Spin haben. Da das ursprüngliche Teilchen ja keinen Drehimpuls hatte, ist keine Drehachse einer anderen Drehachse gegenüber zu bevorzugen. Die am vernünftigsten erscheinende Annahme wäre daher zu vermuten, dass die Quelle eben viele Paare mit verschiedenen Spins aussendet. Beim ersten Paar zeige der Spin des einen Teilchens entlang einer bestimmten Richtung, der des anderen natürlich genau entgegengesetzt, beim zweiten Paar entlang einer anderen Richtung und entgegengesetzt, beim dritten entlang einer dritten Richtung und so weiter. Dies würde in der Weise geschehen, dass alle Richtungen gleich oft vorkommen.

Dieses so simpel erscheinende Modell schafft jedoch ein Problem, das in der quantenmechanischen Natur des Spins begründet liegt. Nehmen wir uns etwa aus den vielen Paaren, die von der

Quelle in unserem Gedankenmodell ausgesandt werden, diejenigen heraus, die etwa, wie in Abbildung 8 gezeigt, in der Ebene des Bildes hinauf- und hinunterzeigen. Überlegen wir uns nun, was mit diesen Teilchen geschieht, wenn wir an ihnen eine alternative Messung vornehmen würden, die danach fragt, wie groß ihr Spin in einer Richtung ist, rechtwinkelig auf die Fläche der Abbildung. Auf den ersten Blick könnte man vermuten, dass hier der Spin 0 sein muss, da die neue Achse jetzt rechtwinkelig auf die vorherige orientiert ist, jedoch widerspricht dies der Grundregel, die wir zuvor erwähnt hatten. Bei einer Messung entlang jeder beliebigen Richtung muss ja der Spin entweder hinauf- oder hinunterzeigen. Nun ist eine weitere Regel, und die kann man durch ein Experiment jederzeit sofort bestätigen, dass in dem Fall, wo die Achse, entlang der der Spin ursprünglich orientiert ist, und die, entlang der er gemessen wird, rechtwinkelig aufeinander sind, das Teilchen jeweils eine 50:50-Chance hat, einen Spin entlang der neuen Richtung oder entgegengesetzt dazu zu tragen. Diese 50:50-Chance ist wieder rein zufällig und hat keinen verborgenen Grund. Für die Messung am rechten Teilchen wird also mit einer Chance von 50:50 herauskommen, dass sein Spin aus der Bildebene heraus- oder in die Bildebene hineinzeigt. Und genau dasselbe gilt für das Teilchen auf der linken Seite. Auch für dieses Teilchen wird der Spin mit einer Chance von 50:50 entweder aus dem Bild heraus- oder in das Bild hineinzeigen. Nun erhalten wir aber ein hochinteressantes Resultat. Es wäre nämlich durchaus zu erwarten, dass beide Spins entweder aus der Bildebene heraus- oder in die Bildebene hineinzeigen. Es könnte sich also herausstellen, dass beide Spins gleich sind. Dies widerspricht aber der grundlegenden Tatsache, die wir vorher erwähnt haben, nämlich der, dass bei jeder Messung entlang jeder beliebigen Richtung die beiden Spins immer gegeneinander gerichtet sind. Irgendetwas muss also an unserem Bild falsch sein.

Was ist nun die Antwort der Quantenphysik? Ganz im Sinne dessen, dass alle Richtungen für den Spin gleichberechtigt sind, lautet die Aussage der Quantenphysik, dass die Richtungen, entlang derer der Spin orientiert ist, auch bei der Aussendung noch nicht festgelegt sind. Das heißt, keines der Teilchen trägt einen Spin, ehe es gemessen wird. Wird jedoch eines der Teilchen entlang einer x-beliebigen Richtung gemessen, so nimmt es zufällig eine der beiden

Möglichkeiten, parallel oder antiparallel zu dieser Richtung, an. Das andere Teilchen, ganz egal, wie weit es entfernt ist, wird dann den genau entgegengesetzten Spin bekommen. Wir haben also hier neben dem uns schon bekannten reinen oder objektiven Zufall, der bei jeder der beiden Messungen auftritt, etwas Neues, Zusätzliches und Überraschendes, nämlich, dass die Messung an einem der beiden Teilchen automatisch auch festlegt, welchen Zustand das andere Teilchen besitzt, ganz egal, wie weit entfernt dieses ist. Ferner hatten wir aus dem Bild vorher gelernt, dass es falsch ist anzunehmen, die beiden Teilchen hätten bereits vor der Messung den Spin besessen, den wir bei der Messung beobachten. Der Grund ist einfach der, dass wir uns ja im allerletzten Moment entscheiden können, entlang welcher Richtung wir den Spin messen. Weder die Quelle noch die emittierten Teilchen können ja wissen, für welche Richtung wir uns schließlich entscheiden. Würden die Spins also von der Quelle aus schon wohldefiniert sein, kann dies nur so geschehen, dass wir es mit einem Ensemble von allen Richtungen zu tun haben, entsprechend dem Modell, das wir oben diskutiert haben, und das ist ja nicht korrekt.

Dies ist also das Phänomen der Verschränkung, eine Bezeichnung, die, wie schon gesagt, Erwin Schrödinger eingeführt hatte. Er sprach ja davon, dass es sich hier um das wesentliche Charakteristikum der Quantenphysik handelt. Das Erstaunliche ist ja, dass die Messresultate an den beiden Teilchen 100%ig korreliert sind, wenn wir an beiden den Spin entlang derselben Richtung messen, dass aber der Spin bei einzelnen Teilchen überhaupt nicht festgelegt sein kann. Wir haben also zwei zufällige Prozesse, die perfekt über große Entfernungen miteinander zusammenhängen. Albert Einstein hatte dies als «spukhafte Fernwirkung» bezeichnet und gleichzeitig gehofft, dafür eine tieferliegende Erklärung zu finden. Wie könnte eine solche tieferliegende Erklärung etwa aussehen?

Auch in der klassischen Physik und im täglichen Leben gibt es perfekte *Korrelationen*. Von Korrelationen sprechen wir immer dann, wenn beobachtete Größen in irgendeiner Form zusammenhängen. Es gibt zum Beispiel eine starke Korrelation zwischen dem Einkommen einer Familie und Wert und Größe der Behausung, in der die Familie lebt. Von perfekten Korrelationen spricht man dann, wenn es eine hundertprozentige oder auch 1:1-Entsprechung gibt. Der bekannteste Fall einer perfekten Korrelation des täglichen Lebens sind identische, also eineiige Zwillinge. Solche Zwillinge haben bekanntermaßen die gleiche Haar- und Augenfarbe, die gleiche Gesichtsform, die gleichen Fingerabdrücke und so weiter und so fort. Sie sind also in allen physischen Merkmalen identisch. Es wird sogar behauptet, dass sie in den wesentlichen psychologischen Merkmalen anfangs gleich sind und allfällige Unterschiede erst später durch die individuelle Entwicklung auftreten.

Wir wissen aber heute auch, was die Ursache dieser perfekten Korrelation zwischen Zwillingen ist. Sie liegt ganz einfach darin, dass identische Zwillinge aus demselben befruchteten Ei entstanden sind. Sie tragen also dieselbe Erbinformation. Sie tragen genau die gleichen Gene, die die Haarfarbe festlegen, die Augenfarbe und so weiter und so fort. Der wesentliche Punkt, auf den es hier ankommt, ist der, dass hier und überall im täglichen Leben perfekte Korrelationen zwischen zwei Systemen dadurch leicht zu verstehen sind, dass diese beiden Systeme mit genau den gleichen Eigenschaften erzeugt wurden, oder zumindest dadurch, dass die Eigenschaften der Systeme durch genau die gleichen verborgenen Mechanismen festgelegt wurden. Im Falle der identischen Zwillinge sind dies eben die Gene, die sie tragen, gemeinsam mit den Mechanismen, wie sich diese Gene dann in den Eigenschaften des Individuums ausdrücken.

3. Die Entdeckung des John Bell

Es wäre nun naheliegend, auch bei quantenphysikalischen Systemen, die perfekte Korrelationen zeigen, nach solchen verborgenen Mechanismen zu suchen. Die perfekten Korrelationen, die wir beobachteten, waren ja die, dass die Spins der beiden Teilchen immer in entgegengesetzte Richtungen zeigen, ganz egal, entlang welcher Richtung sie gemessen werden. Die Frage ist also, ob auch hier unsere Teilchen irgendwelche Eigenschaften tragen, die festlegen, wie sie sich bei einer bestimmten Messung verhalten sollten. Die perfekten Korrelationen bedeuten ja, dass ich, sobald ich ein Teilchen gemessen habe, weiß, in welche Richtung der Spin des anderen Teilchens zeigt. Tragen die Teilchen also irgendwelche Instruktionen, die von vornherein für jede denkbare Messung, also jede denkbare Orientierung des Stern-Gerlach-Magneten (Abbildung 9), das Messresultat festlegen? Dies schlägt aber fehl, und das ist das Wesen des *Bellschen Theorems*. Der irische Physiker John Bell (1928–1990) arbeitete den Großteil seines Lebens am europäischen Kernforschungszentrum CERN in Genf. Wie viele große Wissenschaftler arbeitete er auf mehreren Gebieten gleichzeitig und leistete überall sehr wesentliche Beiträge. Sein Brot verdiente er sozusagen damit, dass er auf zwei Gebieten arbeitete, die zur Haupttätigkeit des CERN gehören. Auf der einen Seite war dies die Theorie der Elementarteilchen, auf der anderen Seite waren es Vorschläge zur Verbesserung von Teilchenbeschleunigern. Daneben war John Bell aber auch an den philosophischen Grundlagen der Quantenphysik interessiert, und hier lieferte er 1964 seinen wohl wichtigsten Beitrag zur Physik, das sogenannte Bellsche Theorem, das der amerikanische Physiker Henry Stapp wohl zu Recht einmal als «die profundeste Entdeckung seit Kopernikus» bezeichnet hat. Kopernikus hatte ja um 1500 herausgefunden, dass die Erde nicht im Mittelpunkt des Weltalls steht, sondern in einer Bahn um die Sonne kreist.

Beim Bellschen Theorem geht es um die Frage, ob es im Prinzip möglich ist, genau das zu tun, was wir vorher diskutiert haben, nämlich die Korrelationen, die zwischen zwei verschränkten Quantensystemen auftreten, durch Eigenschaften zu erklären, die diese Systeme tragen. Es ist dies eine zutiefst philosophische Frage, und es ist zu vermuten, dass bis zur Entdeckung der Quantenphysik alle Naturwissenschaftler und Philosophen wohl verlangt hätten, und nach dem damaligen Wissensstand sicherlich zu Recht, dass so etwas natürlich im Prinzip möglich sein müsste. Genaugenommen stellen wir jetzt zwei Fragen, die aber sehr eng miteinander zusammenhängen. Auf der einen Seite geht es um die Erklärung der Verschränkung, also die Erklärung jenes engen Zusammenhangs zwischen zwei Messungen an zwei getrennten Teilchen, und auf der anderen Seite geht es damit natürlich auch um eine Erklärung des bei der einzelnen Messung auftretenden Zufalls.

Nehmen wir für die Frage nach der Rolle des Zufalls wieder ein Beispiel aus dem täglichen Leben. Jeden Tag passieren Verkehrsunfälle auf der ganzen Welt. Man kann nun sehr genau angeben, an welchen Tagen oder zu welchen Tageszeiten besonders viele Verkehrsunfälle geschehen. Hier kann man auch zusätzliche Einflüsse berücksichtigen, wie etwa die des Wetters. Das Unfallgeschehen wird ja sicherlich sehr davon abhängen, ob die Straßen trocken sind oder nicht. Wir können daher durchaus eine gewisse Wahrscheinlichkeit dafür angeben, ob es etwa an einem bestimmten Wochentag bei schönem Wetter zu einem Unfall kommen wird. Da wir nur die Wahrscheinlichkeit kennen, scheint der tatsächliche einzelne Unfall zufällig einzutreten. Nichtsdestotrotz kann für jeden einzelnen dieser Unfälle eine genaue Ursache gesucht und auch gefunden werden. Dies kann die überhöhte Geschwindigkeit gewesen sein, ein Ölfleck auf der Straße, Ablenkung des Fahrers durch etwas anderes und vieles mehr. Dieser Glauben daran, dass es für jedes Ereignis eine Ursache gibt, ist so tief in uns verwurzelt, dass wir bei wichtigen Ereignissen keine Ruhe geben, solange wir hierfür keine Ursache gefunden haben. Oder, wie dies bei geschichtlichen Erklärungen oft der Fall ist, bis wir uns zumindest eine für uns plausible Erklärung zurechtgelegt haben, wie gut oder mangelhaft begründet diese auch immer sein mag.

In genau derselben Weise kann man vermuten, dass die Wahrscheinlichkeiten der Quantenphysik – wie etwa die Wahrscheinlichkeit dafür, einen bestimmten Spin für ein Teilchen zu finden – ebenfalls in irgendeiner Form erklärbar sind. Dies ist eine sehr natürliche und vernünftige Position, sie entspricht sozusagen dem sogenannten gesunden Menschenverstand. Auf unser Thema übersetzt, bedeutet diese Idee in etwa, dass es zusätzliche Eigenschaften jener Teilchen gibt, die man nicht unbedingt direkt beobachten kann, die jedoch das Verhalten jedes einzelnen Teilchens festlegen. Solche zusätzlichen Parameter werden auch oft als *verborgene Variablen* bezeichnet. Sie sind uns insofern verborgen, da wir nur ihre Auswirkungen beobachten können, etwa darin, wo ein bestimmtes Teilchen auf dem Beobachtungsschirm landet.

Der österreichische Physiker Wolfgang Pauli (Nobelpreis 1945) sagt über genau diese Frage, es habe genausowenig Sinn, sich den Kopf darüber zu zerbrechen, ob etwas, was man nie sehen kann, existiert, wie über die alte Frage, wie viele Engel auf der Spitze einer Nadel Platz haben. Abgesehen davon, dass diese Frage, wie viele Engel auf einer Nadelspitze Platz haben, den mittelalterlichen

Sophisten im nachhinein in die Schuhe geschoben wurde, um sie lächerlich zu machen, meint Pauli wohl folgendes: Eine solche Ergänzung der Quantenphysik durch so etwas wie verborgene Variablen wäre wohl möglich, aber irrelevant, da diese zusätzlichen Eigenschaften, die das Verhalten eines Quantensystems beschreiben würden, wohl nie im Experiment beobachtet werden könnten, sie sind ja verborgen. Es wäre dies genauso, als gingen wir in der Biologie davon aus, dass unsere Eigenschaften zwar durch Erbanlagen, wie etwa Gene oder etwas Ähnliches, festgelegt werden, diese Gene aber aus irgendwelchen Gründen grundsätzlich unserer Beobachtung entzogen sind.

Dieses Bild ist übrigens gar nicht so weit hergeholt, denn die Existenz von Genen wurde lange vor ihrer experimentellen Beobachtung theoretisch postuliert, und zwar interessanterweise vom Physiker Erwin Schrödinger, der ja auch eine der Formulierungen der Quantenphysik, nämlich die Wellenmechanik, gefunden hatte. Schrödinger hatte in seinem berühmten Vorlesungszyklus «What is Life?» in Dublin im Jahre 1948 verlangt, dass die Erbinformation in den Zellen durch, wie er es nannte, aperiodische Kristalle repräsentiert werden müsste und von einer zur nächsten Generation weitergegeben wird. Es ist verblüffend, wie diese Idee durch die Entdeckung der Desoxyribonukleinsäure (DNA) durch Watson und Crick ihre Bestätigung gefunden hat. James Watson und Francis Crick geben übrigens an, dass sie zu ihrer Arbeit durch Schrödinger inspiriert worden waren. Schrödingers Ideen sind in dem Büchlein «Was ist Leben?» niedergelegt. Die Details des Molekülaufbaus konnte Schrödinger natürlich nicht vorhersagen.

Nun, die Frage nach verborgenen Eigenschaften von Quantensystemen geht noch eine Stufe tiefer. Unabhängig davon, ob nun solche zusätzlichen Parameter von Quantensystemen, die das Verhalten eines einzelnen Systems festlegen sollten, experimentell beobachtbar sind oder nicht, stellt sich zuerst einmal die Frage, ob es überhaupt möglich ist, eine Theorie zu konstruieren, die die folgenden zwei wichtigen Bedingungen erfüllt. Erstens muss sie das Verhalten einzelner Quantensysteme aufgrund zusätzlicher, uns noch verborgener Eigenschaften erklären können, und zweitens muss sie in allen experimentellen Vorhersagen mit der Quantentheorie übereinstimmen. Bei einer solchen Fragestellung kann man nun auf zwei verschiedene Weisen vorgehen. Die erste naheliegende Vorgangsweise wäre die, sich einfach eine solche Theorie auszudenken. Dies ist natürlich sehr schwer und erfordert den berühmten Geistesblitz. Denn wenn es umgekehrt nicht gelingt, eine solche Theorie zu konstruieren, heißt das natürlich noch lange nicht, dass keine existiert.

Der zweite Weg, den man gehen kann, und das ist der von John Bell beschrittene, ist, zu zeigen, dass eine solche Theorie aus grundsätzlichen Gründen gar nicht möglich ist. Natürlich erhebt sich gleich die Frage: Wie kann man so etwas grundsätzlich zeigen? Hier muss man natürlich einfache und klare Annahmen treffen über gewisse, ganz einfache Eigenschaften, die diese Theorie erfüllen muss. John Bell tat genau dies und zeigte, dass, auch wenn man von dieser Theorie sehr wenig verlangt – und wir werden gleich diskutieren, welche Punkte dies sind –, sie automatisch zu einem Widerspruch zur Quantenphysik und damit auch zu einem Widerspruch zur Naturbeobachtung führt, da ja alle Experimente mit der Quantenphysik übereinstimmen.

Die erste und wesentliche Grundannahme des John Bell ist eben die, dass die perfekten Korrelationen zwischen zwei verschränkten Quantensystemen eben dadurch erklärt werden können, dass diese Systeme zusätzliche Parameter tragen, die ihnen sagen, welches Messresultat auftreten muss, wenn sie gemessen werden sollten. Die zweite sehr wichtige Annahme im Beweis von John Bell lautet, dass das Messresultat an einem Teilchen unabhängig davon sein muss, welche Messung an dem zweiten Teilchen tatsächlich durchgeführt wird. Das heißt, es darf keinen Einfluss auf die Eigenschaften des ersten Teilchens aufgrund der Messung am zweiten Teilchen geben.

Übertragen wir dies auf unser Beispiel mit den identischen Zwillingen. Die Annahmen, von denen John Bell ausgeht, wären in diesem Fall, dass alle Eigenschaften, die perfekte Korrelationen zeigen, durch verborgene Eigenschaften der Zwillingspaare, eben durch die Gene, gekennzeichnet werden. Sie tragen gleiche Gene für die Hautfarbe, gleiche Gene für die Haarfarbe, gleiche Gene für die Augenfarbe und so weiter.

Die zweite Annahme Bells kann folgendermaßen «übersetzt» werden. Stellen wir die Frage, welche Haarfarbe eine der beiden

Zwillingsschwestern hat, so nehmen wir gleichzeitig an, dass das Ergebnis – sagen wir: blond – unabhängig davon ist, ob bei der Zwillingsschwester ebenfalls die Haarfarbe bestimmt wird oder vielleicht die Augenfarbe oder die Körpergröße oder ob überhaupt eine Beobachtung über die Eigenschaften der Zwillingsschwester durchgeführt wird. Wir sehen, beide Annahmen sind äußerst natürlich und wären wahrscheinlich – wenn unsere Intuition nicht schon durch die Quantenmechanik vorsichtiger geworden wäre – als notwendige Eigenschaften von solchen identischen Paaren angesehen worden.

Es stellt sich nun heraus, dass es tatsächlich möglich ist, die perfekten Korrelationen zwischen den zwei Teilchen im Bohmschen Experiment mit Hilfe solcher zusätzlicher Parameter zu erklären. Was bedeutet dies nun? Wir können uns dies einfach so vorstellen, dass die beiden Teilchen von der Quelle so etwas wie Instruktionslisten mitbekommen haben. Auf diesen Instruktionslisten steht genau, welchen Spin die Teilchen haben müssen, falls sie entlang einer bestimmten Richtung gemessen werden. Diese Listen müssen natürlich Instruktionen für alle nur möglichen Orientierungen mitführen. Es ist ja von vornherein nicht festgelegt, entlang welcher Richtung sie gemessen werden. Dies könnten ja die Experimentatoren im allerletzten Moment entscheiden, wenn die beiden Teilchen schon längst unterwegs sind. Wenn nun ein Teilchen auf einen in irgendeiner Richtung orientierten Stern-Gerlach-Magneten trifft, so sieht es eben in seiner Instruktionsliste nach, in welchen der beiden Strahlen es gehen soll. Das zweite Teilchen besitzt genau dieselbe Liste, nur umgekehrt. Treffen also beide Teilchen auf Stern-Gerlach-Magnete, die in derselben Richtung orientiert sind, so wird das eine in den einen Kanal gehen, z. B. hinauf, und das andere in den entgegengesetzten, z. B. hinunter. Wenn die Teilchen für alle Orientierungen Instruktionen mithaben, können wir also die perfekten Korrelationen voll erklären. Die perfekten Korrelationen waren ja die, wo ich aufgrund des Resultats auf einer Seite genau weiß, was das Resultat auf der anderen Seite sein wird, falls es entlang der gleichen Richtung gemessen wird. Wir halten fest, dass dieses Programm der verborgenen Variablen für den Fall der perfekten Korrelationen, das heißt für den Fall, wo wir die beiden Teilchen entlang derselben Richtung messen, das richtige Resultat liefert. Hier tritt noch kein Widerspruch zur Quantenphysik auf.

Der wesentliche neue Schritt, der zum Widerspruch führt und den John Bell nun geht, ist, sich zu fragen, was dieses einfache Modell für andere Messungen vorhersagt. Die beiden Experimentatoren müssen ja nicht unbedingt die beiden Teilchen entlang derselben Richtung messen. Der eine Experimentator kann sich zum Beispiel fragen, was der Spin des Teilchens entlang einer Richtung ist, die senkrecht auf die Bildebene in Abbildung 8 steht. Der andere Experimentator fragt dagegen nach dem Spin in einer Richtung, die schief dazu steht, nicht rechtwinkelig. Es ist klar, dass das einfache Modell, das wir entworfen haben, auch für diesen Fall eindeutige Vorhersagen trifft. Die beiden Teilchen brauchen ja nur auf ihren Instruktionslisten nachzusehen, die ja die Messresultate für alle nur denkbaren Orientierungen enthalten.

Aus diesem einfachen Modell zieht John Bell nun quantitative Schlüsse, das heißt, er überlegt sich, in wie vielen Fällen er auf beiden Seiten das gleiche Resultat für den Spin bekommt, also beide parallel oder beide antiparallel zum Magnetfeld ihres jeweiligen Stern-Gerlach-Magneten sind, und in wie vielen Fällen verschiedene Resultate, diesmal aber für Richtungen, die schief zueinander sind. Natürlich kann man aus so einem einfachen Modell ohne weitere Annahme nicht genau vorhersagen, wieviel Prozent auf die jeweiligen Fälle entfallen. Jedoch schaffte John Bell etwas sehr Ungewöhnliches. Er konnte zeigen, dass die Korrelationen für diesen Fall, wo die beiden Messrichtungen nicht parallel sind, nach einem Modell der Art, wie wir es diskutieren, anders sind als nach der Quantenphysik. Dazu müssen wir uns zuerst überlegen, was unser Modell sagen würde. Wenn die beiden Messrichtungen für die beiden Spins gleich gewählt würden, so fänden wir ein Teilchen immer mit Spin parallel und das andere antiparallel zur Messrichtung. Sie sind also perfekt korreliert. Sind die beiden Richtungen ein wenig schief zueinander, so muss, wie Bell zeigt, diese starke Korrelation um einen bestimmten Mindestbetrag, der proportional dem Winkel zwischen den beiden Richtungen ist, abnehmen. Es werden also in einigen Fällen die beiden Spins parallel sein. Wenn also der Anteil dieser Fälle bei einem kleinen Winkel einen bestimmten Betrag bedeutet – das heißt ein bestimmter Prozentsatz nicht mehr das entgegengesetzte Resultat für den Spin zeigt, sondern dasselbe –, so muss beim doppelt so großen Winkel dieser Prozentsatz der Abweichung auch mindestens doppelt so groß werden. Soweit erscheint dies als eine harmlose Vorhersage.

Das Verblüffende ist nun, dass die Quantenphysik, und das müssen wir als Ergebnis so übernehmen, eine Vorhersage macht, die davon klar abweicht. Und zwar sagt die Quantenphysik, dass für kleine Winkel die Korrelationen fast nicht abnehmen, die Abnahme aber dann mit zunehmendem Winkel zwischen den beiden Richtungen stärker wächst. Wir haben also einen eindeutigen Widerspruch zwischen den Vorhersagen der Quantenphysik und den Vorhersagen eines Modells, das mit Hilfe «verborgener Variablen» arbeitet. Die mathematische Formulierung der Aussage, dass in einem solchen Modell die Korrelationen zwischen den beiden Messergebnissen nicht stärker sein können als ein bestimmter Betrag, nennt man übrigens die *Bellsche Ungleichung*, und den Widerspruch zwischen dem Modell Bells und den Vorhersagen der Quantenphysik nennt man das *Bellsche Theorem.*

Das Bellsche Theorem sagt also, dass zwischen solchen tieferliegenden Modellen, die man auch als *lokal realistische Theorien* bezeichnet, und der Quantenmechanik ein Widerspruch besteht. Diese Theorien heißen deshalb «lokal», weil eben die Eigenschaften jedes der beiden Systeme nur davon abhängen, was mit diesem System geschieht, welche Messung an ihm durchgeführt wird, also davon, wie es von seiner Umgebung lokal beeinflusst wird. Die beobachtete Eigenschaft ist unabhängig davon, welche Messung am anderen System durchgeführt wird. «Realistisch» heißen diese Theorien, weil die Ergebnisse von Beobachtungen auf reale Eigenschaften zurückgeführt werden, die die Systeme tragen.

Wir hatten eben gesehen, dass der Widerspruch zwischen Quantenphysik und einer lokal realistischen Theorie ein statistischer Widerspruch ist. Anders gesagt, unser Modell der verborgenen Eigenschaften der Teilchen kann zwar die perfekten Korrelationen wunderbar erklären, führt aber zu einem Widerspruch bei nicht perfekten, statistischen Korrelationen. Dies bedeutet, dass ein solches Modell in denjenigen Fällen funktioniert, in denen die Quantenphysik definitive Vorhersagen für Messergebnisse macht, also Vorhersagen mit Sicherheit. Eine solche Vorhersage wäre eben im

Fall unserer beiden Teilchen mit Spin die, dass wir aufgrund der Messung an einem Teilchen mit Sicherheit sagen können, dass der Spin des anderen Teilchens in genau die entgegengesetzte Richtung zeigt, falls dieses Teilchen entlang dieser Richtung gemessen wird. Dies sind perfekte Korrelationen. Die Schwierigkeiten unseres Modells treten bei den statistischen Korrelationen auf. Das sind diejenigen Korrelationen, bei denen die beiden Teilchen nicht genau entlang derselben Richtung gemessen werden, wo man also nicht mehr aufgrund der Messung an einem Teilchen mit Sicherheit das Resultat am anderen vorhersagen kann, sondern nur noch mit einer gewissen Wahrscheinlichkeit. Es treten ja nicht immer entgegengesetzte Resulate auf, sondern manchmal auch gleiche. Diese Wahrscheinlichkeiten, die ein lokal realistisches Modell vorhersagt, befinden sich eben im Widerspruch zu den Wahrscheinlichkeiten aus der Quantenphysik.

Im Prinzip war dies eine sehr komfortable Situation. Es ist ja eigentlich jedem schon aus eigener Anschauung klar, dass die klassische Physik, die Physik des Alltagslebens, diejenige ist, in der das kausale Ursache-Wirkung-Prinzip nach wie vor gilt. Nach diesem Ursache-Wirkung-Prinzip können wir, wenigstens im Prinzip, eine künftige Situation mit Sicherheit vorhersagen, wenn wir alle Ursachen kennen. Die Quantenphysik ist nun eben eine statistische Theorie, wo Wahrscheinlichkeiten eine zentrale Rolle spielen. Und es ist dann kein Wunder, dass wir für den Fall statistischer Vorhersagen zu einem Widerspruch mit einem klassischen Bild mit definitiven Eigenschaften der Teilchen kommen.

Eine große Überraschung war dann, als im Jahr 1987 Daniel Greenberger von der City University of New York, Mike Horne und ich den Fall von drei oder mehr verschränkten Systemen untersuchten. Doch das lässt sich am einfachsten mit Hilfe eines Märchens erklären.

4. Der Tyrann und das Orakel

«Prognosen sind besonders schwierig,
wenn sie die Zukunft betreffen.»
Karl Valentin

Ein fernes Königreich wurde von einem bösen Tyrannen regiert. Er unterdrückte seine Leute auf furchtbarste Weise. Bald wurde allen klar, dass man irgendetwas gegen ihn unternehmen musste. Da machten sich drei Magier und Magierinnen auf, um ihn zu beseitigen. Der Tyrann erhielt sehr bald Kunde von den dreien und schickte Informanten aus, um Näheres über sie zu erfahren. Da die drei nur bei Nacht reisten, waren sie aber nur sehr schwer zu beobachten. In diesem Königreich gab es auch ein Orakel, von dem bekannt war, dass es immer die Wahrheit sagt. Es hatte noch kein einziges Mal gelogen. Der Tyrann machte sich also auf den Weg und bat das Orakel, ihm irgendeine Information über die drei zu geben, denn es gab im Land ja zahlreiche Gruppen von jeweils drei Menschen, die gemeinsam unterwegs waren. Wie es sich für ein ordentliches Orakel gehört, war seine Aussage ebenso klar wie geheimnisvoll:

«Wenn einer von ihnen ein Mann ist, hat von den anderen beiden einer helles und einer dunkles Haar. Wenn einer von ihnen eine Frau ist, haben die anderen dieselbe Haarfarbe.»

Obwohl der Tyrann natürlich eine solch kryptische Aussage erwartet hatte, war er darüber trotzdem wütend. Diese Aussagen waren ja äußerst kompliziert, und was sollte er damit anfangen? Es gab ja zahllose Reisegruppen von Männern und Frauen sowohl mit gleichen wie auch mit verschiedenen Haarfarben.

Sollte er nun nach drei Männern suchen lassen oder nach einem Mann mit zwei Frauen? Nach einer Frau mit zwei Männern oder doch lieber nach drei Frauen? Da half ihm der Hofnarr und meinte, dass sich doch einiges über die drei sagen ließe. Nach dem, was man bisher gehört hätte, könnten die drei entweder nur zwei Männer und eine Frau sein, oder es handele sich um drei Frauen. Dass sie drei Männer oder ein Mann und zwei Frauen wären, sei vollkommen ausgeschlossen. Der Tyrann glaubte, dass sich der Hofnarr über ihn lustig machte, und rief nach dem Henker. Der Hofnarr bettelte darum, dass er seine Bemerkungen beweisen dürfe, was ihm schließlich gewährt wurde. «Nehmen wir nun an», sprach der Hofnarr, «dass einer von den dreien ein Mann sei (Abbildung 10). Dann sagt uns das Orakel ja, dass von den anderen beiden einer helles und einer dunkles Haar haben muss. Nehmen wir nun an, dass der zweite, der mit dem dunklen Haar, ebenfalls ein Mann ist. Dann müssen die anderen beiden Personen, der Erste und der Dritte, einer helles und einer dunkles Haar haben. Nachdem die Haarfarbe des Dritten bereits festgelegt ist, nämlich hell, muss der erste Mann dunkle Haare haben, entsprechend der Aussage des Orakels, die ja immer stimmt.

Ist der Dritte nun ein Mann oder eine Frau? Da sowohl der Erste als auch der Zweite, wie wir gerade gesehen haben, dieselbe Haarfarbe haben, folgt daraus, dass der Dritte kein Mann sein kann, sondern – wiederum den Vorhersagen des Orakels entsprechend – nur eine Frau. Also ist eine der Möglichkeiten, dass wir es eben mit zwei Männern und einer Frau zu tun haben.»

Der Tyrann war völlig überfordert. So eine komplizierte Argumentation hatte er noch nie in seinem Leben verstanden. Aber er verließ sich, wie immer, auf seinen Hofstaat, in dem der Hofnarr nicht die einzige intelligente Person war. Und der Hofstaat war schlicht begeistert von der Argumentation. «Ja, ja, der Hofnarr hat recht! Zwei von denen müssen Männer sein und eine eine Frau.»

Der Hofnarr ließ aber nicht nach: «Das ist nicht die einzige Möglichkeit. Die andere Möglichkeit ist, dass alle drei Frauen sind. Denn dann haben alle drei dieselbe Haarfarbe, und das stimmt voll und ganz mit dem zweiten Spruch des Orakels überein.»

Wieder war der Hofstaat begeistert, und der Tyrann ließ sich überzeugen. Dann aber kamen ihm Zweifel. «Wie kannst du ausschließen, dass es sich um drei Männer oder um einen Mann mit zwei Frauen handelt?» «Nun, das ist genauso kinderleicht zu sehen», sagte der Hofnarr, um den Tyrann etwas zu ärgern. «Nehmen wir an, es seien zwei Frauen und ein Mann. Dass die erste Person eine Frau ist, heißt doch, dass die andere Frau und der Mann dieselbe Haarfarbe haben müssen. Ebenso würde die Tatsache, dass die zweite Person eine Frau ist, bedeuten, dass der Mann und die erste Frau dieselbe Haarfarbe haben. Das heißt, dass die beiden Frauen dieselbe Haarfarbe haben, und dann kann die dritte Person

10 Die Vorhersagen des Orakels in der Analyse des Hofnarren. In der ersten Zeile wissen wir, dass die erste Person ein Mann ist, die anderen beiden haben verschiedene Haarfarben, wir wissen aber noch nicht, ob sie Mann oder Frau sind. In der zweiten Zeile wissen wir bereits, dass die ersten beiden Männer mit dunkler Haarfarbe sind und die dritte Person helles Haar hat, wir wissen aber noch nicht, ob sie ein Mann oder eine Frau ist. Nach einer weiteren Anwendung der Vorhersagen des Orakels ergibt sich (dritte Zeile), dass die dritte Person eine Frau mit hellem Haar sein muss.

nicht ein Mann sein, denn wäre sie ein Mann, müssten die beiden ja verschiedene Haarfarben haben.»

Der arme Tyrann war nun völlig verwirrt, er verstand überhaupt nichts mehr. Der Hofstaat war jedoch begeistert von der brillanten Argumentation des Hofnarren, und so ließ der Tyrann durch den Mundschenk ein Fässchen besten Weins bringen, um die Lösung des Rätsels des Orakels, die er zwar nicht verstand, so doch wenigstens zu feiern. Er drohte ihnen jedoch: «Wenn eure Überlegungen falsch sind, dann war das der letzte Wein, den ihr getrunken habt!»

Der Tyrann schickte also Soldaten aus, um nach einer Gruppe aus zwei Männern und einer Frau oder einer Gruppe aus drei Frauen zu suchen. Als echter Macho glaubte er aber eigentlich nicht an die zweite Möglichkeit. Wenige Tage später überraschten drei Männer den Tyrannen bei der Jagd im Wald und brachten ihn um. Wie war dies möglich? Hatte das Orakel zum ersten Mal gelogen, oder waren die Überlegungen des Hofnarren doch falsch?

Beide Fragen sind zu verneinen. Das Orakel hatte die Wahrheit gesprochen, und der Hofnarr hatte vollkommen richtig argumentiert. Übrigens, er und der Hofstaat konnten vom Tyrannen natürlich nicht mehr zur Verantwortung gezogen werden. Wie lautet die Erklärung? Die drei waren eben Quantenmagier. Was der Hofnarr in seinen Überlegungen verwendet hatte, war eine lokal realistische

Erklärung der Eigenschaften der drei Personen. Die Annahme ist eben, dass alle drei Personen von vornherein entweder Mann oder Frau sind und von vornherein helles oder dunkles Haar tragen und dass diese Eigenschaften unabhängig davon sind, ob wir die drei beobachten oder nicht. Ohne die Quantenphysik konnte er nicht zu einem anderen Schluss kommen. Die drei Quantenmagier waren aber auf die besondere Weise miteinander verschränkt, wie sie Greenberger, Horne und ich für drei Teilchen untersucht hatten. Die Quantenphysik sagt dann genau das Gegenteil dessen voraus, was der Hofnarr gemeint hatte. Wenn die ersten beiden Männer sind, muss nach der Quantenphysik der dritte auch ein Mann sein und nicht eine Frau. Es ist natürlich eigentlich überflüssig, noch zu erwähnen, dass in dem Königreich nach dem Tod des Tyrannen große Freude herrschte und die Quantenphysik zum Lieblingsgegenstand aller Schüler wurde.

Wir werden nun noch ein wenig analysieren, was die impliziten Annahmen waren, die der Hofnarr verwendet hat, und inwiefern diese in der Quantenphysik nicht mehr gelten. In einem der Fälle ist er von der Vorhersage des Orakels ausgegangen, dass, wenn der erste ein Mann ist, der Zweite und der Dritte verschiedene Haarfarbe haben. Wir bezeichnen den, der helles Haar hat, als den zweiten Magier, und den, der dunkles hat, als den dritten. Weiter nehmen wir an, dass, wenn der Zweite ein Mann ist, der Erste und der Dritte wieder verschiedene Haarfarben haben. Das heißt, der Erste muss helles Haar haben, da der Dritte ja dunkles Haar hat. Soweit scheint noch alles in Ordnung, und wir schließen, dass die dritte Person eine Frau ist. Nach den bisherigen Überlegungen haben der Erste und der Zweite helle Haare. Und daraus folgte, dass der Dritte eine Frau sein muss, denn nur wenn die Haarfarben der beiden anderen gleich sind, ist der Dritte eine Frau.

Wo liegt der Fehler? Wir hatten eine einfache und für unser tägliches Leben völlig unschuldige Annahme gemacht, und zwar dass, wenn wir feststellen, dass der Zweite ein Mann ist, es sinnvoll ist, nach wie vor anzunehmen, dass seine Haarfarbe noch immer hell ist. Das heißt, dass auch dann, wenn wir nicht nach der Haarfarbe fragen, es sinnvoll ist anzunehmen, dass der Zweite eine Haarfarbe hat und sie die gleiche ist wie bei der ersten Beobachtung der drei. Diese Annahme ist in der klassischen Physik und im täglichen

Leben selbstverständlich, in der Quantenphysik jedoch keineswegs. Denn wie könnten wir das beweisen? Wir könnten das nur beweisen, wenn wir die Haarfarbe des Zweiten «sehen». Ohne diese Beobachtung dürfen wir über die Eigenschaften des Zweiten keine Aussage machen.

Das Orakel hatte aber schlauerweise die Möglichkeit offen gelassen, dass es sich bei den Eigenschaften, über die wir sprechen, nämlich das Geschlecht der Person und die Haarfarbe, um Quanteneigenschaften handelt. Das Orakel hatte nämlich keinerlei Aussagen darüber gemacht, ob es überhaupt möglich ist, dass wir beide Eigenschaften gleichzeitig beobachten. Wir wissen aber nun von unseren früheren Überlegungen, dass es sehr wohl solche Eigenschaften gibt, die einander ausschließen. Es waren dies etwa der Weg durch den Doppelspalt und das Interferenzmuster oder der Ort und der Impuls eines Teilchens. Dasselbe gilt auch für verschiedene Komponenten des Spins; das heißt, der Spin eines Teilchens, den wir oben im Zusammenhang mit dem Bohmschen Experiment diskutiert haben, kann nicht gleichzeitig für zwei zueinander rechtwinkelige Achsen, zum Beispiel für die x- und die y-Achse, wohldefiniert sein. Wenn wir annehmen, dass es unseren Quantenmagiern gelungen ist, die beiden Eigenschaften, die wir betrachten – nämlich ob sie Mann oder Frau sind oder ob sie helles oder dunkles Haar haben –, als solche komplementären Quanteneigenschaften festzulegen, und weiter annehmen, dass es sich um Magier mit ausreichend Macht in der Quantenwelt handelt, dann geht genau dies nicht, was wir eben diskutiert haben. Dann ist es eben nicht erlaubt, gleichzeitig darüber zu sprechen, ob es sich um einen Mann oder eine Frau handelt und welche Haarfarbe diese Person besitzt. Dies sind eben dann einander ausschließende Eigenschaften, genauso wie es im Doppelspalt der Weg und das Interferenzbild waren. Genau auf dieser mehrfachen Anwendung der Vorhersagen des Orakels hat aber die Argumentation des Hofnarren beruht. Daher fällt die Schlussfolgerung des armen Hofnarren in sich zusammen.

Die Lösung des Problems liegt eben darin, dass die drei Quantenmagier miteinander verschränkt sind. Das bedeutet, dass vor ihrer Beobachtung für keinen von ihnen festgelegt ist, ob sie Mann oder Frau sind und ob sie helles oder dunkles Haar besitzen. In diesem Fall gibt es tatsächlich quantenmechanische Zustände, die den beiden Vorhersagen des Orakels entsprechen, sollten die zugehörigen Beobachtungen durchgeführt werden. Gleichzeitig ist es aber auch möglich, dass in einem solchen quantenmechanischen Zustand die andere Vorhersage, die das Orakel nicht ausgesprochen hat, ebenfalls richtig ist, nämlich: «Entweder sind alle drei Männer, oder es sind zwei Frauen und ein Mann.»

Das ist genau die Natur des quantenmechanischen Zustandes, der von Greenberger, Horne und mir (GHZ) im Jahr 1987 untersucht wurde. Man nennt dies daher auch GHZ-Zustände. Das konkrete Beispiel sind wieder Teilchen mit Spin, aber in diesem Fall drei Teilchen, die miteinander verschränkt sind. Ursprünglich hatten wir mit vier Teilchen gearbeitet, der amerikanische Physiker David Mermin hat dann aber ein sehr schönes Beispiel für drei Teilchen vorgeschlagen, das sich genauso verhält wie unsere drei Quantenmagier. Die entsprechenden Aussagen betreffen die Resultate von Spin-Messungen an jedem der drei Teilchen entlang zweier zueinander orthogonaler Richtungen. Auch hier gibt es perfekte Korrelationen in dem Sinne, dass die Messresultate für zwei Teilchen sowohl innerhalb der Quantenphysik als auch innerhalb des lokalen Realismus eindeutig festlegen, was das Messresultat für das dritte Teilchen sein muss. Allerdings gibt es eine Kombination von Messungen entlang ganz bestimmter Richtungen, für die ein lokal realistisches Modell exakt das Gegenteil vorhersagt als die Quantenmechanik. Konkret bedeutet dies, wenn wir den Spin von zwei Teilchen kennen, wird ein lokaler Realist definitiv sagen, dass das dritte entlang der gewählten Richtung mit seinem Spin hinaufzeigt, und die Quantenmechanik sagt, das dritte Teilchen wird definitiv mit dem Spin hinunterzeigen.

Wir haben also jetzt nicht mehr einen statistischen Widerspruch zwischen einem lokal realistischen Bild und der Quantenphysik, sondern einen Widerspruch für definitive Vorhersagen. Denn, um bei unserem Märchen zu bleiben, wenn wir zum Beispiel von den ersten beiden wissen, dass sie Männer sind, würde ein lokaler Realist vorhersagen, dass der dritte definitiv eine Frau sein muss. Die Quantenmechanik sagt dagegen voraus, dass der dritte mit Sicherheit ein Mann sein muss. Wenn also in einem Experiment sichergestellt ist, dass der quantenmechanische Zustand so ist, dass die beiden Vorhersagen des Orakels erfüllt sind, dann reicht ein einziges Experiment, um zwischen Quantenphysik und lokalem Realismus definitiv zu unterscheiden.

Wir müssen die Frage also offen lassen, ob zum Beispiel in der ersten Zeile von Abbildung 10 der Mann helle oder dunkle Haare hat und ob die anderen beiden Personen in der ersten Zeile Männer oder Frauen sind. Und nicht nur das, und das ist jetzt das Wesentliche: Schon allein die Annahme, wie sie ja auch vom Hofnarren getroffen wurde, dass diese Eigenschaften bereits vor ihrer Beobachtung unabhängig von dieser in irgendeiner Form existieren, führt zu dem Widerspruch, den wir eben gesehen haben. Sie steht im Widerspruch zur Quantenphysik.

Kehren wir nun zur Verschränkung zwischen den zwei Teilchen im Bohmschen Gedankenexperiment zurück. Wir hatten davon gesprochen, dass es perfekte Korrelationen gibt, wenn die beiden Teilchen entlang derselben Richtung gemessen werden, und wir hatten das Bellsche Theorem erklärt, nach dem es nicht möglich ist, alle Korrelationen dadurch zu verstehen, dass die beiden Teilchen mit entsprechenden Instruktionen geboren werden. Wie kann man aber dann die Tatsache, dass die Messung an einem Teilchen definiert, welchen Zustand das andere Teilchen hat, unabhängig davon, wie weit es entfernt ist, verstehen? Niels Bohr hat im Jahr 1935, unmittelbar nach der Arbeit von Einstein, Podolsky und Rosen, argumentiert, dass die beiden verschränkten Teilchen, ganz egal, wie weit sie voneinander entfernt sind, nach wie vor eine Einheit, ein System darstellen. Die Messung an einem der beiden Teilchen ändert den Zustand des anderen Teilchens. Die beiden Teilchen haben also keine voneinander unabhängige Existenz. Wir werden weiter unten sehen, dass diese Interpretation Bohrs auf eine sehr natürliche Basis gestellt werden kann, wenn wir Information als das Grundkonzept der Quantenphysik betrachten.

Wir möchten aber zuvor noch verschiedene wichtige Eigenschaften dieser verschränkten Teilchen diskutieren. Die erste Frage ist die, wie schnell die Messung an einem Teilchen sich auf das andere auswirkt und über welche Entfernungen dies funktioniert. Nach den Vorhersagen der Quantenphysik gibt es hierfür keine Ausbreitungsgeschwindigkeit, sondern der quantenmechanische Zustand des zweiten Teilchens ändert sich sofort, wenn das erste gemessen wird. Man sollte nun glauben, dass dies eine Übertragung von Information mit Überlichtgeschwindigkeit ermöglichen sollte. Dies wäre dann der Fall, wenn wir bei der ersten Messung tatsächlich beeinflussen könnten, welches Resultat wir erhalten. Dies ist aber grundsätzlich nicht möglich. Es ist vielmehr so, dass, wenn wir das erste Teilchen zum Beispiel fragen, ob sein Spin in einer bestimmten Richtung hinauf- oder hinunterzeigt, wir jede der beiden Antworten mit gleicher Wahrscheinlichkeit erhalten. Also, in 50 % der Fälle werden wir finden, dass der Spin hinaufzeigt, und in 50 % der Fälle zeigt der Spin hinunter. Ebenso wird für die Messung am zweiten Teilchen entlang jeder beliebigen Richtung jedes der beiden Resultate immer mit 50%iger Wahrscheinlichkeit auftreten. Eine Experimentatorin, die Messungen am zweiten Teilchen durchführt, wird also rein zufällig einmal den Spin hinauf beobachten, ein anderes Mal hinunter und so weiter. In dieser Abfolge ist keine Information enthalten. Erst wenn wir die beiden Messresultate miteinander vergleichen und die Messungen für dieselbe Richtung auf beiden Seiten durchgeführt wurden, können wir feststellen, dass diese eigenartigen Zusammenhänge existieren, dass wir also immer genau entgegengesetzte Resultate erhalten. Aber dies werden wir erst sehen, wenn wir die Resultate von beiden Seiten vergleichen.

Die zweite Frage, die wir diskutieren, ist die, wodurch Verschränkung unterbrochen wird. Könnten wir also an einem Teilchen den Spin in eine bestimmte Richtung messen, danach in eine dazu rechtwinkelige und so weiter und immer, falls auf der zweiten Seite die gleiche Messung durchgeführt wird, perfekte Korrelationen sehen? Die Antwort darauf ist nein, denn nach der ersten Messung ist die Verschränkung unterbrochen. Jedes Teilchen hat seinen wohldefinierten Zustand, seinen wohldefinierten Spin entlang der gemessenen Richtung. Ab diesem Zeitpunkt verhalten sich die beiden Teilchen vollkommen unabhängig voneinander, und es sind bis auf die Resultate der ersten Messung keine interessanten Korrelationen vorhanden.

Die Tatsache, dass eine lokal realistische Theorie in der Form, wie Bell sie vorgeschlagen hat – und dies ist eine sehr allgemeine Form –, unmöglich ist, wird oft als die *Nichtlokalität der Quantenphysik* bezeichnet. Unabhängig davon, dass es einen Widerspruch zwischen Quantenmechanik und lokalem Realismus gibt, ist die Frage offen, wie sich die Natur tatsächlich verhält. Gilt lokaler Realismus, oder gelten die Gesetze der Quantenmechanik? Es muss also entschieden werden, welche von den beiden Theorien nun experimentell bestätigt wird. Das Interessante war nun, dass im Jahre 1964, als John Bell diesen Widerspruch theoretisch konstruieren konnte, keine Experimente existierten, die eine klare Entscheidung für die Quantenmechanik oder für den lokalen Realismus erlauben würden. Seitdem wurden inzwischen zahlreiche Experimente durchgeführt, die bis auf eine Ausnahme ganz zu Beginn alle die Quantenphysik auf wunderbare Weise bestätigen.

Die meisten dieser Experimente betrachten nicht die Verschränkung von materiellen Teilchen, sondern von Photonen, den Teilchen des Lichts. Licht wird ja von Atomen ausgesandt, die auf verschiedene Weise angeregt werden. Man kann über gewisse Anregungen erreichen, dass ein Atom unmittelbar hintereinander zwei Photonen aussendet. Diese beiden Photonen können in ihrer Polarisation miteinander verschränkt sein. Anschaulich gesehen, ist Polarisation die Schwingungsrichtung des elektromagnetischen Feldes. Wir hatten ja schon gesehen, dass Licht im wesentlichen eine solche Schwingung ist. In Abbildung 11 ist dies näher dargestellt.

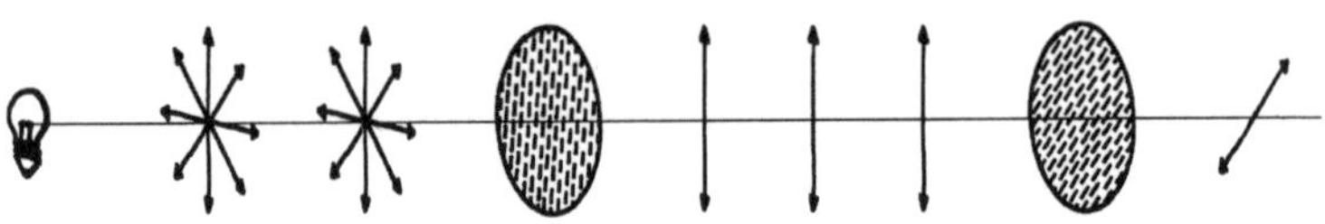

11 Darstellung der Polarisation von Licht. Licht aus einer Glühlampe ist unpolarisiert. Tritt es durch einen Polarisator, bleibt eine Polarisation übrig. Trifft dieses Licht dann auf einen Polarisator, der schräg zum ersten orientiert ist, dann tritt nur ein Teil des Lichtes durch, entsprechend dem Winkel zwischen den beiden Polarisatoren. Sind die Polarisatoren rechtwinkelig zueinander orientiert, tritt gar nichts durch, sind sie parallel, tritt beim zweiten alles durch.

Licht, das zum Beispiel von einer Glühlampe ausgesandt wird, ist unpolarisiert. Hier kommen alle denkbaren Polarisationsrichtungen, alle denkbaren Schwingungsrichtungen vor. Wenn man dieses Licht dann durch einen Polarisator sendet, bleibt eine Schwingungsrichtung übrig. Interessant ist die Deutung dieses Experiments für einzelne Photonen. Auch die Photonen, die aus einer Glühlampe austreten, sind unpolarisiert, und dementsprechend tritt nur ein Teil durch den ersten Polarisator. Diese Photonen sind dann alle in einer Richtung polarisiert – entsprechend der Orientierung dieses Polarisators. Treffen diese Photonen nun auf den zweiten Polarisator, der unter einem gewissen Winkel zum ersten angeordnet ist, so tritt etwas besonders Bemerkenswertes ein. Jedes einzelne Photon hat eine gewisse Wahrscheinlichkeit, durch den Polarisator durchzutreten oder nicht. Insgesamt ist es so, dass die Gesamtintensität eines Strahls aus vielen Photonen genauso stark abgeschwächt wird, wie dies bei der vorher diskutierten elektromagnetischen Welle der Fall war. Das Bemerkenswerte ist aber nun, dass es für ein einzelnes Photon keineswegs festgelegt ist, ob es den Polarisator passieren wird oder nicht. Tritt es jedoch zufällig durch den Polarisator durch, ist es nachher vollständig entlang der neuen Richtung polarisiert.

In den einfachsten Photonenexperimenten zur Verschränkung nimmt man eine Quelle, die Photonenpaare emittiert. Die Photonen treffen dann auf Polarisatoren, die jeder in einer beliebigen Richtung orientiert werden können, und man untersucht, wann es zu Koinzidenzen kommt. Dies bedeutet, dass man die Orientierungen der beiden Polarisatoren ändert und für jede Orientierung den Prozentsatz der Fälle misst, wann beide Photonen den Polarisator passieren. Dies ist das volle Analogon zum Spin-Experiment, wo man die Orientierung der Stern-Gerlach-Magneten auf beiden Seiten ändert. Auch bei den Photonen kommt es zu perfekten Korrelationen, das heißt zu Fällen, wo beide Photonen ihren Polarisator entweder passieren oder nicht passieren. Je nach Beschaffenheit der Quelle kann dies dann der Fall sein, wenn die beiden Polarisatoren entweder parallel oder rechtwinkelig zueinander angeordnet sind (Abbildung 12).

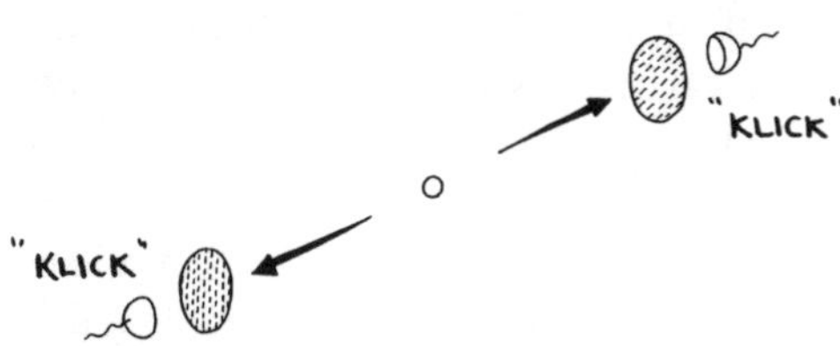

12 Messung der Polarisation an Photonenpaaren. Eine Quelle emittiert Photonenpaare, und in jeden der beiden Strahlen kann ein Polarisator gestellt werden. Man misst dann, wie oft es beide Photonen schaffen, durch ihre jeweiligen Polarisatoren durchzutreten. Die entsprechende Wahrscheinlichkeit ist eine Funktion des Winkels zwischen beiden Polarisatoren.

Das erste Experiment dieser Art wurde in den USA von Stuart Freedman und John Clauser durchgeführt. Es bestätigte bereits klar die Vorhersagen der Quantenphysik und zeigte eine Verletzung der Bellschen Ungleichung. Interessant war die Motivation von John Clauser. Er hatte es für unmöglich gehalten, dass die Welt tatsächlich so verrückt ist, wie dies die quantenmechanische Verschränkung impliziert. Um so glaubwürdiger ist daher sein experimentelles Ergebnis, das seiner Erwartung widersprach. Zeigt es ja, dass ein lokal realistisches Bild der Welt nicht haltbar ist. Die berühmtesten Experimente dieser Art sind die von Alain Aspect und seinen Mitarbeitern, die zu Beginn der Achtzigerjahre in Paris durchgeführt wurden. Diese Experimente waren lange Zeit die präzisesten Demonstrationen der Quantenphysik für verschränkte Paare.

In meiner Arbeitsgruppe, damals noch an der Universität Innsbruck, haben wir uns einer speziellen, sehr interessanten Frage zugewandt. Es gäbe ja im Prinzip eine gedankliche Möglichkeit, den lokalen Realismus zu retten. Man müsste dann einfach nur annehmen, dass in irgendeiner Weise die Teilchen bei der Messung voneinander wissen, dass also Information ausgetauscht wird. Dies könnte zum Beispiel dadurch erfolgen, dass die Quelle bei der Aussendung beider Teilchen Information darüber besitzt, entlang welcher Richtungen der Spin jedes der Teilchen gemessen wird. Die Quelle könnte dann sehr leicht Teilchenpaare emittieren, die für die gewählten Orientierungen die Resultate der Quantenmechanik liefern. Andererseits wäre es auch denkbar, dass jedes der Teilchen weiß, entlang welcher Richtung das andere Teilchen gemessen wird, und auch hier könnte durch Informationsaustausch sichergestellt werden, dass die Vorhersagen der Quantenmechanik erfüllt werden. Es wäre dies also die Erfüllung der Vorhersagen der Quantenphysik durch ein lokal realistisches Modell.

Es war schon von John Bell selbst festgestellt worden, dass diese Hypothesen im Prinzip experimentell überprüft werden können. Jede Information kann sich ja nur höchstens mit Lichtgeschwindigkeit ausbreiten. Das heißt, in einem solchen Experiment muss man die Richtung, entlang der die beiden Teilchen gemessen werden, im letzten Moment ändern, zu einem Zeitpunkt, nachdem sie von der Quelle bereits ausgesandt wurden, kurz bevor die Messung stattfindet. Wenn die Quelle nun die Teilchen so aussendet, dass ihre Spins den erwarteten Messorientierungen entsprechen, kann sie natürlich nicht vorher wissen, entlang welcher Richtung tatsächlich gemessen wird, und so ist sie gezwungen, auch Teilchenpaare mit fehlerhaften Polarisationen auf den Weg zu schicken. Ebenso wäre jede Informationsausbreitung zwischen den beiden Teilchen zu langsam. Information kann sich ja nach Einsteins Relativitätstheorie höchstens mit Lichtgeschwindigkeit fortpflanzen, um das zweite Teilchen im letzten Moment noch darüber zu informieren, dass das erste Teilchen nun entlang einer anderen Richtung gemessen wird als ursprünglich vorgesehen. In dem Experiment, das im Rahmen seiner Doktorarbeit von Gregor Weihs in meiner Gruppe an der Universität Innsbruck durchgeführt wurde, waren die beiden Messstationen etwa 360 Meter voneinander entfernt. Das bedeutet, dass ein Lichtsignal für diese Strecke mindestens 1,2 Mikrosekunden – eine Mikrosekunde ist das Millionstel einer Sekunde – benötigt. Dies erscheint unglaublich schnell, jedoch kann man durch superschnelle elektronische Schalter die Orientierungen, entlang denen die Polarisation des Lichts gemessen wird, im allerletzten Moment, das heißt innerhalb einer Zeit von weniger als einer Zehntel Mikrosekunde, noch ändern. Dies wurde im Experiment nach dem Zufallsprinzip durchgeführt, trotzdem stimmten die Vorhersagen mit der Quantenphysik überein. In anderen Experimenten, bei denen besonders die Gruppe von Nicolas Gisin an der Universität Genf federführend ist, wurde nachgewiesen, dass die Verschränkung zumindest bis zu Entfernungen von etwa 20 Kilometern aufrechterhalten bleibt.

Gibt es nun tatsächlich keinen Ausweg mehr aus den Vorhersagen der Quantenphysik? Im Prinzip haben alle diskutierten Experimente ein Problem, nämlich das, dass es nicht möglich ist, Photonen immer nachzuweisen. Alle Detektoren, die existieren, können aus technischen Gründen nur einen Prozentsatz der Teilchen nachweisen, der Rest geht einfach verloren. Damit könnte man zumindest behaupten, dass die Natur eben so seltsam konstruiert ist, dass wir nur den Bruchteil aller Teilchen sehen, der die Vorhersagen der Quantenphysik bestätigt, dass jedoch alle Teilchen zusammengenommen sich so verhalten würden wie in einer lokal realistischen Theorie. Diese Möglichkeit wurde 2001 durch ein Experiment von David Wineland und seiner Gruppe in den USA ausgeschlossen. In seinem Experiment ging es um Verschränkung von Atomen, die allerdings nicht über große Entfernungen getrennt sind, sondern unmittelbar nebeneinander sitzen. Es könnte hier also noch zu einem Informationsaustausch kommen. Beide Experimente, unseres und das von Wineland, gemeinsam schließen aber ein lokal realistisches Weltbild aus.

Wir kommen also zu dem Schluss, dass ein lokal realistisches Bild der Welt mit der Naturbeobachtung nicht vereinbar ist und deshalb mit der Welt im Konflikt steht. Auch im Falle des Doppel-Doppelspaltexperimentes hatten wir es offenbar mit Verschränkung zu tun. Wenn sie groß genug ist, sendet unsere Quelle ja Teilchen aus, die entgegengesetzt voneinander davonfliegen. Jedoch ist es überhaupt nicht festgelegt, welchen der Wege ein einzelnes Teilchen nimmt. Dies bedeutet etwa, dass es in Abbildung 7 für keines der beiden Teilchen festgelegt ist, welchen der beiden Wege es durch seinen Doppelspalt nimmt. Dies ist genausowenig festgelegt wie im Fall des Bohmschen Experimentes der Spin eines Teilchens vor seiner Messung. Wird jedoch von einem der beiden Teilchen gemessen, welchen Weg es durch seinen Doppelspalt nimmt, ist automatisch sofort festgelegt, dass das andere Teilchen den Weg durch den gegenüberliegenden Spalt nimmt. Ab diesem Moment, wenn also für eines der beiden Teilchen der Weg festliegt, gibt es keine Interferenzbilder mehr. Wird aber der Weg nicht gemessen, so müssten wir annehmen, dass wir es mit einer Überlagerung von beiden Möglichkeiten zu tun haben, eine Überlagerung der Möglichkeit, dass das rechte Teilchen den oberen Weg nimmt und das linke Teilchen den unteren, mit der Möglichkeit, dass das rechte Teilchen den unteren Weg nimmt und das linke Teilchen den oberen. Diese Überlagerung der beiden Möglichkeiten, diese Verschränkung, führt dann schließlich dazu, dass wir Interferenzen beobachten, wenn beide Teilchen in ihrer Beobachtungsebene hinter ihrem jeweiligen Doppelspalt gemessen werden.

5. Die Grenzen der Quantenwelt und der französische Prinz

Wir hatten schon das Doppelspaltexperiment für Licht des Thomas Young aus dem Jahr 1802 erwähnt. Damals war von Quanten noch keine Rede. Nach Plancks «Akt der Verzweiflung», mit dem er die Quanten eingeführt hatte, war der Erste, der ein Doppelspaltexperiment mit Licht sehr niedriger Intensitäten durchführte, der englische Physiker Sir Geoffrey Ingram Taylor. Seine Versuchsanordnung bestand, wie schon erwähnt, darin, einfach eine schwache Lichtquelle gemeinsam mit einem Doppelspalt und einem fotografischen Film in einer lichtdichten Box anzuordnen. Die Intensität des Lichtes war so gering, dass sich hinter dem Doppelspalt meistens kein Photon befand, nur gelegentlich trat eines auf, das dann eben an einer bestimmten Stelle auf dem fotografischen Film eine kleine Schwärzung verursachte. Trotzdem erhielt Taylor das Interferenzbild mit den erwarteten hellen und dunklen Interferenzstreifen. Es muß also jedes einzelne Photon die Information darüber tragen, ob beide Spalte offen sind.

Genaugenommen ist das Taylorsche Experiment allerdings noch nicht unbedingt ein Beweis dafür, dass das Bild tatsächlich aus einzelnen Photonen zustande gekommen ist. Im Prinzip wäre noch eine andere Erklärung wenigstens grundsätzlich denkbar. Man könnte sich, abweichend von der Quantenphysik, vorstellen, dass das Licht tatsächlich eine Welle ist, die jedoch nicht kontinuierlich nachweisbar ist, sondern nur in «Stückchen», die dem entsprechen, was man sonst als Photon bezeichnet. Dies ergäbe eine vielleicht weniger radikale Erklärung, denn dann könnte man ja meinen, dass die Welleninterferenz genauso auftritt wie bei der klassischen Lichtwelle und wir halt nicht die richtigen Detektoren besitzen, die kontinuierlich die Intensität der Welle messen können. Einer solchen Erklärung wird dann ein Riegel vorgeschoben, wenn man nun tatsächlich ein Experiment durchführt, bei dem man definitiv weiß, wann ein einzelnes Photon im Apparat ist, und indem man dann das Experiment für viele dieser einzelnen Photonen durchführt. Dies erfordert offenbar in irgendeiner Weise Information darüber, ob ein Photon sich auf dem Weg zwischen Quelle und Detektor befindet. Hier scheint es auf den ersten Blick eine Schwierigkeit zu geben, da wir gelernt haben, dass es nicht erlaubt ist, den Weg, den das Photon nimmt, zu kennen, wenn wir das Interferenzbild erhalten wollen.

Hier gibt es natürlich einen einfachen Ausweg: Wir müssen lediglich wissen, dass ein einzelnes Photon unterwegs ist, ohne dass dabei ein Weg in irgendeiner Form festgelegt wird. Dies geschieht am einfachsten dadurch, dass wir eine Quelle verwenden, von der wir es immer wissen, wenn sie ein einzelnes Photon aussendet, wobei das Photon so ausgesandt wird, dass wir in keiner Weise wissen, welchen Weg es genommen hat. Solche Quellen kann man tatsächlich im Experiment realisieren. Man verwendet hierfür Quellen, die immer nur zwei Photonen gleichzeitig aussenden, nie eines allein. Wenn wir dann eines der beiden Photonen nachweisen und nur das zweite durch den Doppelspalt schicken, wissen wir, dass immer nur Einzelphotonen im Doppelspalt unterwegs sind. Dies natürlich unter der Voraussetzung, dass die Zahl der pro Sekunde ausgesandten Photonenpaare so gering ist, dass sich nie mehr als eines zu einer bestimmten Zeit im Apparat befindet. Die zweite Voraussetzung ist, dass die beiden Teilchen nicht in der Weise miteinander verschränkt sind, wie wir es beim Doppel-Doppelspalt diskutiert hatten. Dies wäre ganz einfach dadurch möglich, dass die Quelle eben so klein ist, dass Messungen an einem Teilchen keine Aussage über den Weg des anderen gestatten. Ein solches Experiment wurde von den französischen Physikern Philippe Grangier und Alain Aspect durchgeführt. Das Experiment zeigte auch für diesen ganz eindeutigen Fall der Einzelphotonensituation die erwarteten Interferenzen. Es ist also nicht nur von der Quantenphysik vorhergesagt, sondern auch experimentell bestätigt, dass die Quanteninterferenzen immer auch für einzelne Photonen auftreten. Bisher haben wir uns ausschließlich mit Interferenzen des Lichts befasst.

Wir hatten am Anfang davon gesprochen, dass solche Phänomene auch mit so massiven Objekten wie den Fußballmolekülen auftreten. Was ist damit gemeint? Wir haben dies einem Geniestreich eines französischen Prinzen zu verdanken! Im Jahr 1924 reichte Louis de Broglie aus einem alten französischen Adelsgeschlecht in Paris eine Dissertation ein, in der er vorschlug, dass nicht nur Licht Wellencharakter besäße, sondern auch alle massiven Teilchen eine derartige Wellennatur hätten. Diese Dissertation war offenbar ein mutiger Schritt in wissenschaftliches Neuland. Um sicherzugehen, dass es sich hier um solide Physik und nicht um Spekulation handelt, wurde die Dissertation auch Albert Einstein in Berlin mit der Bitte um eine Stellungnahme vorgelegt. Einstein erkannte sofort, dass es sich hier um eine wichtige Arbeit handelte, und bewertete die Dissertation entsprechend positiv. In seiner Beurteilung fand er die inzwischen klassischen Worte: *«Er hat einen Zipfel des großen Schleiers gelüftet.»*

Worin genau besteht nun der Vorschlag de Broglies, und was ist mit massiven Teilchen gemeint? Und was unterscheidet massive Teilchen von Teilchen des Lichts, von den Photonen? Dazu müssen wir ein wenig ausholen. Um irgendeinen Körper einer bestimmten Masse zu beschleunigen, also immer schneller und schneller zu machen, muss Energie aufgewendet werden. Beim Radfahren bringen wir diese Energie selber auf, indem wir stärker in die Pedale treten. Beim Auto wird die Energie durch Verbrennung von Benzin im Motor erzeugt. Eine Rakete bringt die Energie auch durch Verbrennungstreibstoff auf, der dann nach hinten ausgestoßen wird und so die Rakete beschleunigt. Vor Einsteins Relativitätstheorie hatte man gemeint, dass es möglich sei, einen Körper zu beliebig hohen Geschwindigkeiten zu beschleunigen. Natürlich steht dem die Erfahrung des täglichen Lebens entgegen, dass es umso anstrengender ist, sein Fahrrad zu beschleunigen, je schneller das Fahrrad bereits fährt. Auch ein Auto lässt sich fast nicht mehr beschleunigen, wenn es sich schon nahe an seiner Höchstgeschwindigkeit befindet. Dies ist jedoch im wesentlichen darauf zurückzuführen, dass wir im täglichen Leben ständig die Reibung zu überwinden haben. Im Fall des Fahrrads sind es zum Beispiel die Reibung des dahinrollenden Rades, der Luftwiderstand und so weiter. Wenn wir jedoch einen Körper im luftleeren Raum hätten, in dem keinerlei Widerstand herrscht, so sollte jenes oben erwähnte Gesetz der klassischen Physik perfekt gelten. Es sollte also möglich sein, ein Objekt zu beliebigen Geschwindigkeiten zu beschleunigen.

Nach der Einsteinschen Relativitätstheorie tritt jedoch ein zusätzliches Problem auf. Danach ist die Lichtgeschwindigkeit die absolut höchste Geschwindigkeit. Die Lichtgeschwindigkeit ist sehr groß, sie beträgt 299 792 458 Meter pro Sekunde. Genau genommen kann ein massiver Körper die Lichtgeschwindigkeit nie erreichen. Je näher die Geschwindigkeit eines Körpers der Lichtgeschwindigkeit ist, umso mehr Energie wird notwendig, um ihn noch weiter zu beschleunigen. Und dieser Energieaufwand wächst immer stärker, je näher wir der Lichtgeschwindigkeit kommen. Um einen Körper tatsächlich auf die volle Lichtgeschwindigkeit zu bringen, wäre unendlich viel Energie notwendig. Man kann dies auch so verstehen bzw. deuten, dass ein sich bewegender Körper, je näher er der Lichtgeschwindigkeit kommt, eine umso höhere Masse besitzt. Die Masse, die ein Körper besitzt, setzt ja der Beschleunigung Widerstand entgegen. Ein kleines Handwägelchen ist sehr viel leichter zu beschleunigen als ein Auto, da es sehr viel weniger Masse besitzt. Je näher wir nun einen Körper in Richtung Lichtgeschwindigkeit beschleunigen, umso größer wird seine Masse. Wenn wir tatsächlich die Lichtgeschwindigkeit selbst erreichen könnten, wäre die Masse unendlich groß! Dies ist nichts als ein anderer Ausdruck dafür, dass es unmöglich ist, mit einem massiven Körper die Lichtgeschwindigkeit selbst zu erreichen. Wir hatten aber gesagt, dass die Photonen sich wirklich mit Lichtgeschwindigkeit ausbreiten. Haben sie dann unendlich große Masse? Dies ist natürlich nicht möglich. Die Erklärung ist, dass die Photonen keine Ruhemasse besitzen, das heißt, wenn man sie abbremsen könnte, wären sie masselos. Deshalb bezeichnet man ja auch die Photonen als masselose Teilchen im Gegensatz zu den massiven Teilchen wie Elektronen oder Atome.

Wir erinnern uns: Was de Broglie zeigen wollte, war, dass auch massive Teilchen Wellennatur hätten, und zwar in genau der gleichen Weise, wie dies für die Photonen der Fall ist. De Broglie argumentierte, dass, wenn seine Hypothese zuträfe, auch massive Teilchen, wie etwa Elektronen, dieselben Interferenzphänomene zeigen müssten, wie das für Licht bekannt ist. Tatsächlich wurden dann sehr bald Interferenzexperimente mit Elektronen durchgeführt, schließlich auch mit Neutronen und mit vielen anderen Teilchen. Insbesondere müsste man aber auch für massive Teilchen das Doppelspaltexperiment mit demselben Resultat wie für Licht durchführen können. Derartige Experimente zeigten dann auch tatsächlich das erwartete Ergebnis. 1957 gelang es Claus Jönsson in Tübingen, solche Doppelspaltinterferenzen für Elektronen nachzuweisen. 1988 demonstrierte meine Arbeitsgruppe solche Interferenzen für

13 Schrödingers Katze. Die Katze ist gemeinsam mit einem radioaktiven Atom und einem Giftbehälter eingesperrt (oberes Bild). Nach einer gewissen Zeit gibt es zwei Möglichkeiten (mittlere Zeile). Entweder ist das Atom zerfallen und die Katze vergiftet, oder das Atom ist nicht zerfallen und die Katze am Leben. Nach der Quantenphysik (unteres Bild) sollte eine Superposition beider Möglichkeiten wenigstens im Prinzip auftreten können.

Neutronen, die immerhin fast 2000 mal schwerer sind als Elektronen, und 1990 gelang es Olivier Carnal und Jürgen Mlynek, dieses Experiment auch für Atomstrahlen durchzuführen.

Die interessante Frage ist nun, wie groß können die Objekte werden, damit solche Doppelspaltinterferenzen beobachtet werden können? Gibt es vielleicht eine Obergrenze? Warum beobachten wir solche Phänomene nicht im Alltag? Gibt es hierfür eine grundsätzliche Erklärung, oder ist dies nur eine Frage der richtigen Technik? Diese Fragen wurden erstmals in ganz klarer Weise wieder von Schrödinger aufgeworfen. In derselben Arbeit von 1935, in der er auch zum ersten Mal den Begriff der «Verschränkung» verwendete, stellte Schrödinger genau diese Frage: ob jemals Quanteninterferenzen für makroskopische Systeme, also für große Systeme, beobachtet werden könnten? Er wollte demonstrieren, dass ein solches Quantenverhalten für große Systeme völlig absurd wäre. Zu diesem Zweck erfand er sein berühmtes Katzenparadoxon (Abbildung 13). Er nahm an, dass eine Katze gemeinsam mit einer Höllenmaschine in einem Stahlbehälter eingesperrt ist. Die Höllenmaschine besteht aus einem radioaktiven Atom, das irgendwann zerfallen kann.

Gemeinsam mit diesem Atom befindet sich in dem Behälter ein Geigerzähler, der den Zerfall des Atoms registriert. Dieser Zähler löst einen elektrischen Hammer aus, der auf einen Behälter mit Blausäure trifft. Wenn also das Atom zerfällt, wird der Hammer den Blausäurebehälter zertrümmern, und die Katze wird sterben. Zerfällt das Atom dagegen für eine Weile nicht, so bleibt die Katze zuerst noch fröhlich am Leben.

Die Quantenmechanik kommt nun auf folgende Weise ins Spiel. Nehmen wir etwa an, das Atom hätte eine 50%ige Chance, innerhalb einer Stunde zu zerfallen. Dann sagt die Quantenphysik, dass das Atom nach dieser Stunde in einem Überlagerungszustand der beiden Möglichkeiten «zerfallen» und «nicht zerfallen» existiert. Dies ist genau dasselbe Phänomen, wie wir es im Falle des Doppelspalts hatten. Beim Doppelspalt konnten wir ja auch nicht sagen, ob das Teilchen durch den oberen Spalt gegangen ist oder durch den unteren Spalt. Um auf quantenphysikalische Weise diese Situation beschreiben zu können, sagt man, das Photon ist in einem Zustand, der eine Überlagerung von beiden Möglichkeiten darstellt. Schrödinger argumentiert nun weiter, dass es keinen Grund gebe anzunehmen, die Quantenmechanik sei nicht universell gültig. Dann aber müsste sie auch gültig sein für so große Systeme wie den Hammer, den Blausäurebehälter oder gar die Katze. Dann müsste letztlich auch die Katze in einer Überlagerung von «tot» und «lebendig» sein. Und dies ist ganz offenkundig eine bizarre Vorstellung. Genaugenommen, das ist aber für unsere Diskussion nicht so wichtig, handelt es sich um einen sehr komplexen, verschränkten Zustand zwischen Katze, radioaktivem Atom, Hammer, Giftbehälter und so weiter.

Es gibt nun zahlreiche Diskussionen unter Physikern und auch Philosophen, die argumentieren, dass man solche Überlagerungen von toten und lebendigen Katzen ja nie beobachten können wird. Das Argument dreht sich meist darum, dass eine lebende Katze notwendigerweise ein System sein muss, das nicht von der Umgebung isoliert ist. Was meint man damit? Gehen wir zurück zu unserer Diskussion des Doppelspalts. Dort haben wir gelernt, dass die Quanteninterferenz, also die Überlagerung der beiden Wellen, die durch die beiden Spalte getreten sind, nur dann auftritt, wenn nirgendwo irgendeine Information darüber vorhanden ist, welchen

Weg das Teilchen genommen hat. Es gibt viele Möglichkeiten, wie eine solche Information auftreten könnte, zum Beispiel dadurch, dass das Teilchen auf seinem Weg durch den Apparat auf andere Teilchen stößt und dass man durch Beobachtung dieser Teilchen herausfinden kann, wo der Stoß stattgefunden hat, und damit auch, welchen Weg unser interferierendes Teilchen genommen hat. Eine andere Möglichkeit wäre, dass unser Teilchen zum Beispiel Photonen aussendet und man dann mit einem Mikroskop nachsieht, von wo diese Photonen kommen, ob sie von unserem Teilchen auf dem Weg durch den oberen Spalt oder durch den unteren Spalt ausgesandt wurden. In allen diesen Fällen können wir dann von einer Kopplung unseres interferierenden Teilchens mit der Umgebung sprechen. Diese Kopplung transportiert Information in die Umgebung, und zwar Information darüber, welchen Weg das Teilchen genommen hat. Und wenn diese Information vorhanden ist, kommt es eben nicht zu dem Interferenzphänomen. Man bezeichnet diesen Verlust von Interferenzfähigkeit auch als *Dekohärenz*.

Für den Fall der Katze ist klar, dass die Katze auf viele Weisen mit ihrer Umgebung in Wechselwirkung steht. Sie hat eine bestimmte Körpertemperatur, sendet daher ständig Photonen aus, allerdings für Menschen unsichtbare Photonen im Infrarotbereich, sie atmet und so weiter. Es gibt also viele Möglichkeiten, wie Information darüber, ob die Katze lebt oder tot ist, in die Umgebung gelangen kann, womit sichergestellt wäre, so die übliche Argumentation, dass eine Superposition der beiden Möglichkeiten «Katze tot» und «Katze lebendig» im Prinzip nicht auftreten kann.

Für eine experimentell arbeitende Gruppe wie die unsere sind solche Behauptungen, dass irgendetwas im Prinzip nie beobachtet werden wird, gegen dessen Beobachtung aber kein Naturgesetz spricht, natürlich eine enorme Herausforderung. Die Aufgabe, zeigen zu wollen, dass dies doch möglich ist, liefert dementsprechend die Motivation für ein interessantes Forschungsprogramm. Davon abgesehen ist jedoch die Argumentationslinie selbst nicht stichhaltig. Man könnte sich durchaus ein anderes lebendes System vorstellen, es muss ja nicht unbedingt gleich eine Katze sein, zum Beispiel ein kleines Bakterium oder eine Amöbe. Dieses Lebewesen kann man nun in einem kleinen Behälter einsperren, gemeinsam mit allem, was es so zum Leben braucht. Im Falle eines Bakteriums wäre das wohl nicht sehr kompliziert. Im Falle der Katze erfordert dies auf jeden Fall die Unterstützung ihrer wichtigsten Lebensfunktionen, wie etwa die Versorgung mit Sauerstoff. Immer braucht man aber die richtige Temperatur. Jedoch könnte man das ganze System aus Lebewesen inklusive der Geräte zur Unterstützung seiner Lebensfunktionen so in eine winzig kleine Stahlkammer einschließen, dass die Außenhaut der Kammer eine exzellente Isolation darstellt. Insbesondere wäre es wohl möglich sicherzustellen, dass von diesem gesamten System keinerlei Wärmestrahlung nach außen abgegeben wird. Das kann man im Prinzip dadurch erreichen, dass man eine sehr gute Wärmeisolation anbringt und die Außenwand des Behälters auf sehr, sehr tiefe Temperaturen abkühlt. Auf diese Weise kann man sicherstellen, dass der gesamte Behälter mit dem darin enthaltenen Lebewesen in keinerlei Wechselwirkungen mit der Umgebung tritt. In diesem Fall sollte es im Prinzip durchaus möglich sein, das gesamte System in eine Überlagerung verschiedener Zustände zu bringen. Ich behaupte natürlich jetzt nicht, dass es sehr leicht sein wird, all dies auch tatsächlich experimentell zu verwirklichen. Wahrscheinlich wird es noch einige Zeit und viele technische Entwicklungen benötigen, bis auch große, makroskopische Systeme in Quantensuperpositionen beobachtet werden können. Jedoch gibt es wohl keine prinzipiellen Gründe dafür, warum dies aus rein technischen Gründen scheitern sollte. Für den Experimentalphysiker bedeutet dies eben ein besonders herausforderndes Forschungsprogramm. Wie kann man erreichen, dass immer größere Systeme in solch quantenphysikalischen Zuständen beobachtet werden können? Es bleibt ein wesentliches experimentelles Ziel zu versuchen, Quanteninterferenzen in immer größeren Systemen zu beobachten.

Bei der Suche nach möglichst großen Systemen, bei denen sich Quanteninterferenz beobachten lässt, stellen die Quantenfußbälle, die Fullerenmoleküle, derzeit den Weltrekord dar. Kehren wir nun also zurück in das Laboratorium des Instituts für Experimentalphysik der Universität Wien, wo wir zuletzt Lucia und Markus besucht hatten.

Im Experiment kommen diese Fußballmoleküle aus einem Ofen, der sich auf einer Temperatur von etwa 650 Grad Celsius befindet. Bei dieser hohen Temperatur verdampfen diese Moleküle und verlassen den Ofen durch eine kleine Öffnung. Nach etwa einem Meter Flugstrecke treffen die Moleküle zwar nicht auf einen Doppelspalt, dafür aber auf ein Vielspaltsystem, auf ein Gitter. Nach einem weiteren Meter Flugstrecke werden die Moleküle registriert, und was Björn und Stefan dann auf dem Computerbildschirm sehen, ist nichts anderes als die Verteilung der Fußballmoleküle in der Beobachtungsebene. Dies entspricht den hellen und dunklen Streifen im Doppelspaltexperiment, aber diesmal nicht aus Licht, sondern aus sehr massiven Teilchen. Das heißt, es gibt in der Beobachtungsebene einen Meter hinter dem feinen Gitter im Idealfall Stellen, auf die keine Fußballmoleküle treffen, wie auch andere Stellen, auf die sehr viele treffen. Genauso wie beim Doppelspalt ist dieses Ergebnis auch beim Gitter durch Quanteninterferenz zu erklären: Jedem einzelnen Fullerenmolekül ist eine Welle zuzuordnen, die durch zwei oder mehr benachbarte Öffnungen des Gitters hindurchtritt. An manchen Stellen der Beobachtungsebene löschen sich diese Wellen gegenseitig aus, dort können also keine Fußballmoleküle mehr hin, an anderen Stellen verstärken sie sich gegenseitig.

Dieses Experiment ist übrigens auch deshalb sehr interessant, weil die Moleküle sehr heiß sind. Die Temperatur von etwa 650 Grad Celsius bedeutet, dass die Moleküle nicht von der Umgebung isoliert sind. Im Gegenteil, sie senden auf dem Weg von der Quelle zum Detektor – also auch dann, wenn sie durch die Spaltöffnung des Gitters hindurchtreten – Photonen aus, genauso wie ein glühender Körper Licht aussendet. Nun ist dieses Licht aber im Fall unserer Fußballmoleküle nicht mit bloßem Auge zu sehen, da die Fußballmoleküle nicht heiß genug sind. Das Licht ist also kein sichtbares Licht, sondern es handelt sich um Infrarotstrahlung bzw. Wärmestrahlung.

Warum führt nun die Aussendung dieser Wärmestrahlung eigentlich nicht zur Dekohärenz? Wir haben ja eben gelernt, dass Dekohärenz dann auftritt, wenn ein System nicht von der Umgebung isoliert ist. Die Antwort ist ebenso einfach wie verblüffend. Wir hatten ja argumentiert, dass das entscheidende Kriterium dafür, ob Interferenz auftritt oder nicht, das Vorliegen von Information in der Umgebung ist, also darüber, welchen Weg das Teilchen, in unserem Fall das Fußballmolekül, genommen hat. Für unser Experiment bedeutet dies, dass die Interferenz nur dann verlorengeht, wenn es möglich ist, durch genaue Untersuchung der von den Fußballmolekülen ausgesandten Wärmestrahlung herauszufinden, welchen Weg die Fußballmoleküle genommen haben. Genau das ist aber nicht möglich. Der Grund hierfür ist ebenfalls ein ganz einfacher. Dazu müssen wir uns nur überlegen, wie wir konkret herausfinden können, welchen Weg das Molekül genommen hat. Die einfachste Lösung wäre natürlich die, ein Mikroskop zu verwenden und mit Hilfe dieses Mikroskops genau nachzusehen, woher das von den Fußballmolekülen ausgesandte infrarote Licht kommt. Es gibt nun aber eine fundamentale Grenze für die Genauigkeit, mit der man mittels eines Mikroskops kleine Details sehen kann. Diese Grenze ergibt sich aus der Wellenlänge des verwendeten Lichts. Das heißt, ein Mikroskop kann nur dann zwei Punkte voneinander unterscheiden, wenn sie nicht näher beieinander sind, als es der Wellenlänge des verwendeten Lichtes entspricht. In unserem Fall heißt dies, dass die Wellenlänge des von den Fußballmolekülen ausgesandten Lichtes etwa 5 µm, also 5 Tausendstel eines Millimeters, beträgt. Dies müssen wir vergleichen mit dem Abstand zweier Öffnungen im Beugungsgitter, das sind nur etwa 100 Millionstel eines Millimeters oder ein Zehntel µm. Es ist also der Abstand der beiden miteinander interferierenden Wege sehr viel kleiner als die Wellenlänge des von den Fullerenen ausgesandten Lichts. Das heißt, mit keinem Mikroskop der Welt können wir feststellen, an welcher Stelle sich die Fußballmoleküle befinden, wenn sie das infrarote Licht aussenden.

Da die von den Fullerenen ausgesandten Photonen also nicht dazu dienen können, den Weg zu bestimmen, den die Fullerenmoleküle genommen haben, schließen wir daraus, dass eben keine Information über den Weg nach außen getragen wird. Interferenz muss daher auftreten, so wie es im Experiment tatsächlich beobachtet wurde. Dies hängt aber davon ab, wie viele Photonen das Fullerenmolekül auf seinem Weg tatsächlich aussendet. In unserem Fall sind es nur sehr wenige. Anders ausgedrückt, mit jedem einzelnen Photon kann man ein ganz klein wenig über den Weg herausfinden, aber eben nicht mit irgendeiner Sicherheit. Bei den Zahlen dieses Experiments ist das so wenig, dass es sich auf das Interferenzbild nicht auswirkt. Werden jedoch sehr, sehr viele Photonen ausgesandt, sagen wir, einige tausend, dann reicht die insgesamt von allen

Photonen mitgenommene Information tatsächlich aus, den Weg zu bestimmen.

So ein Experiment haben wir durchgeführt, indem wir die Fullerenmoleküle künstlich aufheizten, was durch die Strahlen eines sehr starken Lasers geschehen kann. Wenn die Fullerenmoleküle sehr heiß sind, in unserem Fall etwa 3000 Grad Celsius, dann senden sie so viele Photonen aus, dass das Interferenzbild tatsächlich verschwindet. In diesem Fall haben wir also eine klare Demonstration der Dekohärenz wegen ausreichend starker Kopplung an die Umgebung.

Man könnte jetzt aber immer noch argumentieren, dass die Fullerenmoleküle selbst ja «wissen», ob sie ein Photon ausgesandt haben oder nicht. Ein einzelnes Molekül wird ja doch wohl auf einem der interferierenden Wege gewesen sein, als es das Photon ausgesandt hat. Dieses Molekül wird sich in seinen Eigenschaften von einem Molekül unterscheiden, das das Photon noch nicht ausgesandt hat. Man könnte zwar versuchen, so zu argumentieren, jedoch tappen wir damit wieder in dieselbe Falle, die wir bereits beim Doppelspaltexperiment analysiert haben. Nichts berechtigt uns zu der Annahme, dass wir tatsächlich davon sprechen können, dass ein Molekül einen bestimmten Weg nimmt, wenn wir genau den nicht bestimmen können. Anders ausgedrückt bedeutet dies, dass die Fußballmoleküle, wenn sie in der Beobachtungsebene registriert werden, zwar «wissen», dass sie Licht ausgesandt haben, aber sie wissen eben nicht, welchen Weg sie dabei genommen haben. Wir sehen, dass auch dieses Beispiel unterstreicht, welche zentrale Bedeutung der Information in der Quantenphysik zukommt.

Generell können wir uns natürlich fragen, für wie große Objekte wir Quanteneigenschaften überhaupt noch werden beobachten können, oder konkret: Wie groß können Objekte sein, bei denen wir die De-Broglie-Wellenlänge noch in irgendeiner Form sehen können, etwa durch diese Interferenzphänomene an einem Doppelspalt. Das generelle Problem ist, dass, je massiver ein Teilchen ist, desto kleiner seine De-Broglie-Wellenlänge sein wird. Für unsere Fullerene – bei den Temperaturen, die wir verwenden – ist die Wellenlänge nur etwa drei Picometer, das heißt drei Tausendstel eines Millionstels eines Millimeters. Es ist offenkundig ein interessantes Forschungsprogramm, herauszufinden, für wie große Objekte man solche Quanteninterferenzerscheinungen beobachten kann. Hier kann nur das Experiment das letzte Wort haben.

6. Warum es uns gibt

Wir haben bereits davon erzählt, dass Louis de Broglie die kühne These eingeführt hatte, dass jedem materiellen Objekt eine Welle mit einer wohldefinierten Wellenlänge zuzuordnen sei. Die Größe dieser Wellenlänge ist gegeben durch die sogenannte *De-Broglie-Beziehung*. Man erhält die Wellenlänge, indem man das Plancksche Wirkungsquantum h durch den Impuls des Teilchens dividiert (der Impuls des Teilchens ist ja das Produkt aus Masse mal Geschwindigkeit). Die De-Broglie-Wellenlänge ist also gleich dem Planckschen Wirkungsquantum dividiert durch das Produkt aus Masse mal Geschwindigkeit eines bestimmten Teilchens. Diese Beziehung hat vielfach experimentelle Bestätigung gefunden, wir haben dies für unsere Fullerene bereits detailliert besprochen.

Eine interessante Anwendung der De-Broglie-Wellen liegt in der Struktur der Atome vor. Die Frage des inneren Aufbaus der Atome ist eines der faszinierendsten Kapitel der Physik, und diese Frage hat auch Pate gestanden bei der Entwicklung der modernen Quantentheorie. Zuerst einmal besteht jedes Atom aus einem Atomkern und aus den um ihn kreisenden Elektronen. In einer ersten, sehr naiven Ansicht kann man sich das genauso vorstellen wie die Bewegung der Planeten um die Sonne. Der Atomkern ist nun positiv geladen, die Elektronen negativ. Durch diese Anziehung zwischen positiver und negativer Ladung werden die Elektronen auf Bahnen rund um den Atomkern gezwungen. Aus entsprechenden experimentellen Untersuchungen ist allerdings schon längere Zeit bekannt, dass für Elektronen nicht alle beliebigen Bahnen um den Atomkern möglich sind, sondern nur einige wenige und ganz bestimmte.

Die Frage ist nun, wie man sich dieses Auftreten von wohldefinierten Bahnen vorstellen kann. Da kommt nun die de Brogliesche Wellenhypothese zu Hilfe. Stellen wir uns ganz naiv ein Elektron vor, das sich auf einer Kreisbahn um einen Atomkern bewegt. Diesem Elektron ist eine bestimmte Welle zugeordnet. Wir können uns also eine Welle vorstellen, die sich kreisförmig bewegt und sich sozusagen selbst von hinten wieder einholt. Soll diese Welle stabil sein – und Atome sind ja stabil –, so darf sie sich nicht selbst auslöschen. Das heißt, die Welle, wenn sie einmal herumgekommen ist, darf nicht entgegengesetzt zu der Weise schwingen, in der sie anfangs zu schwingen begann. Man muss also erreichen, dass nach einer geschlossenen Bahn – einmal um den Atomkern herum – die Welle genau gleichsinnig schwingt wie am Anfang. Dies bedeutet aber nichts anderes, als dass die Bahn eines Elektrons rund um einen Atomkern nur ein ganzzahliges Vielfaches der De-Broglie-Wellenlänge lang sein kann. Die De-Broglie-Wellenlänge selbst hängt natürlich noch davon ab, wie weit das Elektron vom Atomkern entfernt ist. Man kann sich das so vorstellen, dass ein Elektron, das dem Atomkern immer näher kommt, eine höhere Geschwindigkeit erhält und dadurch eine kürzere De-Broglie-Wellenlänge. Genaugenommen sind aber alle diese Bilder nur Gedankenstützen.

Die genaue Bestimmung der Elektronenbahnen oder, präziser ausgedrückt, die Bestimmung des Zustandes der Elektronen in einem Atom ist nur möglich aufgrund der Lösung der schon erwähnten Schrödingergleichung. Diese Schrödingergleichung liefert uns dann eine Wellenfunktion für das Elektron, wobei es verschiedene Lösungen der Schrödingergleichung, also verschiedene mögliche Wellenfunktionen, gibt, entsprechend den verschiedenen Bahnen eines Elektrons um das Atom. Diese Bahnen waren als anschauliches Bild von Niels Bohr eingeführt worden. Sie können heute nur mehr aufrechterhalten werden für Elektronen, die sich relativ weit vom Atomkern entfernt befinden. Für Elektronen in der Nähe des Atomkerns ist die Situation um einiges komplizierter. Sie kann am besten verglichen werden mit den Schwingungszuständen etwa der Membran einer Trommel. Die quantenmechanischen Zustände der Elektronen in Atomen nahe dem Atomkern sind ähnliche Schwingungszustände, aber diesmal nicht die einer zweidimensionalen Trommeloberfläche, sondern dreidimensionale Schwingungszustände. Oft wird in diesem Zusammenhang davon gesprochen, dass das Elektron über seine Bahn «ausgeschmiert» sei. Man spricht von *verschmierten Zuständen*. Eine solche Beschreibungsweise ist jedoch irreführend, da das Elektron im Falle einer Messung immer an einer bestimmten Stelle gefunden wird. In Wirklichkeit handelt es sich hier um Wahrscheinlichkeitswellen, wie wir später noch sehen werden. Und diese dreidimensionalen Schwingungszustände beschreiben nur die Wahrscheinlichkeit, an welchen Stellen man das Elektron finden wird, falls man ein Experiment durchführt. Es handelt sich also nicht um eine realistisch vorstellbare Schwingung und schon gar nicht um Elektronenbahnen.

Ein zentraler Punkt ist jedoch, dass über dieses Bild eine genaue Bestimmung der verschiedenen möglichen Energien von Elektronenzuständen in Atomen möglich ist, und das hat unmittelbar beobachtbare, experimentelle Konsequenzen. Wenn von Atomen Licht ausgesandt wird, so ist dies nichts anderes als der Übergang der Elektronenzustände von einer Energie zu einer anderen Energie, also der Übergang zwischen verschiedenen Anregungszuständen der Elektronen beziehungsweise zwischen verschiedenen Zuständen der Wahrscheinlichkeitswelle. Diese Energieübergänge können nun mit Hilfe der Schrödingergleichung sehr präzise bestimmt werden. Dies kann man nun wiederum experimentell genau überprüfen, indem man das von einer bestimmten Atomsorte ausgesandte Licht genau misst. Eine derartige Energiemessung von Licht bedeutet nichts anderes als eine Messung seiner Farbe, also seiner Frequenz oder Wellenlänge. Diesen Übergang zwischen verschiedenen Anregungszuständen der Elektronen bei gleichzeitiger Aussendung des Lichts bezeichnet man als *Quantensprung*. So ein Quantensprung ist vollkommen spontan, das heißt, er unterliegt genauso den Gesetzen einer objektiven, nicht weiter erklärbaren Wahrscheinlichkeit, wie wir dies bisher schon diskutiert hatten. Ein Quantensprung ist also im Gegensatz zum üblichen Sprachgebrauch des täglichen Lebens nicht etwas Großartiges, das zu einer neuen Qualität oder zu etwas besonders Interessantem, Neuem führt, sondern im Gegenteil etwas ganz winzig Kleines, das noch dazu ganz spontan abläuft und in keiner Weise beeinflusst werden kann.

Ein weiterer wichtiger Punkt betrifft die Frage, warum die Elektronen nicht in den Atomkern hineinstürzen, da sie doch von ihm angezogen werden. Man könnte ja meinen, dass sie einfach weiter ihre Energie abgeben. Der Grund steckt letztlich in der Heisenbergschen Unschärfebeziehung. Denn um in den Atomkern hineinstürzen zu können, muss das Elektron auf die Größe des Atomkerns lokalisiert werden, das heißt, seine Ortsunschärfe wäre sehr, sehr klein. Damit hat es jedoch eine große Impulsunschärfe, es wird also mit einer großen Chance auch einen großen Impuls haben und dadurch vom Atomkern weggeschickt werden.

Ein weiterer wichtiger Punkt betrifft den Unterschied verschiedener chemischer Elemente. Dies ist eine Konsequenz des Pauliverbotes, wonach es nicht zwei Elektronen geben kann, die in allen ihren Quanteneigenschaften übereinstimmen. Dadurch ist garantiert, dass nicht alle Elektronen das niedrigste Energieniveau einnehmen können, dass also je nach chemischem Element verschiedene Elektronenzustände besetzt sind.

Letztlich ist also die Quantenphysik dafür verantwortlich, dass es Atome verschiedener chemischer Elemente überhaupt gibt und dass diese stabil sind, also nicht alle Elektronen in die Atomkerne hineinstürzen. Das heißt, erst durch die Quantenphysik ist die Chemie möglich, und erst durch die Chemie sind wir überhaupt möglich, mit all den chemischen Vorgängen, die in unseren Körpern vor sich gehen, ganz abgesehen davon, dass andere Materie ebenso aus Atomen besteht, daher auch ohne Quantenphysik nicht denkbar wäre.

Vom Nutzen des Zwecklosen III

«Eines Tages, Euer Ehren, werdet Ihr darauf eine Steuer erheben.»
Michael Faraday zum britischen Schatzkanzler über die Bedeutung der Elektrizität

Bisher haben wir uns hauptsächlich fundamentalen Fragestellungen gewidmet. Wir haben gesehen, dass die übliche Sicht, die Welt besäße ihre Eigenschaften, unabhängig von uns und unabhängig von der Beobachtung, so nicht stimmen kann. Hier wurden weltweit, besonders seit den Siebzigerjahren, sehr viele Experimente durchgeführt, die die Quantenphysik auf phantastische Weise bestätigt haben. Die primäre Motivation hinter all diesen Arbeiten, auch für mich selbst, war immer, die Quantenmechanik verstehen zu wollen und möglichst klar und einfach im Experiment zu sehen, wie seltsam die Vorhersagen der Quantenphysik tatsächlich sind.

Bis zum Beginn der Neunzigerjahre war es allen auf diesem Gebiet Tätigen klar, dass sie sich mit ihren Arbeiten weit entfernt von jeder möglichen technischen Anwendung bewegten. Ich gehörte auch dazu, denn ich konnte es mir nicht vorstellen, dass diese Grundlagenforschung, diese fundamentalen Arbeiten mit einzelnen Quanten, je irgendeine praktische Bedeutung bekommen könnten. Wenn mich jemand fragte, wozu das Ganze eigentlich gut sei, lautete meine damalige Antwort: «Es ist zu nichts zu gebrauchen. Von einem praktischen Standpunkt aus gesehen, sind diese Arbeiten sinnlos. Sie sind genauso sinnlos wie etwa ein Shakespeare-Drama oder Beethovens Neunte Symphonie, die beide ebensowenig durch ihre technische Verwertbarkeit motivierbar sind. Wir machen diese Dinge aber trotzdem. Wir haben Leute, die Musikstücke komponieren, Leute, die Dramen und Poesie schreiben, und eben Leute, die Experimente zu den Grundlagen der Quantenphysik durchführen. Offenbar ist es Teil unserer Identität als Mensch, als Mitglied der Spezies Homo sapiens, solche Dinge zu machen. Dazu gehört offenbar auch die Neugier, die reine Neugier, die durch keine praktische Anwendung motiviert sein muss.» Man kann die Neugier, die wir haben, hier aber vielleicht auch evolutionsbiologisch begründen. Unter unseren Vorfahren, lange ehe es den Homo sapiens gab, waren neben denen, die einfach dort blieben, wo sie aufgewachsen waren, andere, die immer wieder schauten, was sich hinter dem nächsten Hügel, hinter dem nächsten Berg befindet. Diese anderen, weil Neugierigen, sind sicherlich für sich selbst ein großes Risiko eingegangen. Für die Evolution, ihre Spezies und damit auch für die Evolution des Menschen haben sie jedoch ganz Wesentliches geleistet, indem sie grundsätzlich neue Möglichkeiten eröffnet haben. Offenbar sind auch der Beitrag und die Leistungen der Grundlagenwissenschaften eine Folge dieser Neugier.

Nichtsdestotrotz hat dann jedoch in den Neunzigerjahren eine für mich völlig überraschende Entwicklung eingesetzt. Plötzlich spricht man von möglichen technischen Anwendungen der quantenphysikalischen Grundlagenforschung. Die Anwendungen liegen in neuen Formen der Informationsübertragung und der Informationsverarbeitung. Möglichkeiten, welche die bisher existierenden nicht nur quantitativ überschreiten, sondern auch qualitativ Neues bieten. Zu den wichtigsten der diskutierten Anwendungsgebiete zählen die *Quantenkommunikation* und der *Quantencomputer*. In der Quantenkommunikation geht es um die Nachrichtenübertragung mit quantenphysikalischen Methoden. Technisch am weitesten entwickelt ist die *Quantenkryptographie*, bei der man Quantenzustände verwendet, um Nachrichten abhörsicher zu übertragen. In der *Quantenteleportation* gelingt es, den Quantenzustand eines Systems vollständig an einen beliebigen anderen Ort zu übertragen, ohne dass die Information, die dieser Zustand enthält, in irgendeiner Form vorliegen muss. Mehr zu all dem in den folgenden Kapiteln.

1. Romeos geheime Nachricht an Julia

In der Kryptographie geht es darum, geheime Nachrichten so zu übertragen, dass sie ein unerlaubter Empfänger grundsätzlich nicht abhören kann. Bei Kryptographie denkt man zunächst immer an

Spione oder militärische Anwendungen. Dazu sei jedoch bemerkt, dass der weitaus überwiegende Teil der verschlüsselten Nachrichten heute in der Wirtschaft übermittelt wird. Es ist ja jede Bank daran interessiert, dass ihre Zahlen der Konkurrenz nicht bekannt sind. Ebenso wäre es eine Katastrophe, wenn wichtige Dokumente eines Wirtschaftsunternehmens allgemein bekannt wären. In der Kryptographie gibt es nun sehr viele verschiedene Möglichkeiten, die technisch angewendet werden. Eine sehr gängige Methode beruht auf der Verwendung eines geheimen Schlüssels. Nehmen wir ein einfaches Beispiel. Romeo möchte an Julia die Nachricht

TREFFE DICH UM MITTERNACHT

übermitteln. Eine sehr einfache Methode, diese Nachricht zu verschlüsseln, wäre, jeden Buchstaben einfach um eine bestimmte Zahl von Stellen im Alphabet zu verschieben. Nehmen wir an, Romeo und Julia hätten vereinbart, dass sie jeden Buchstaben einfach um drei Stellen nach rechts schieben. Das heißt, aus dem A wird ein D, aus dem B wird ein E und so weiter. Damit würde aus der obigen Nachricht «Treffe Dich um Mitternacht» die Geheimnachricht

WUHIIH GLFK XP PLWWHUQDFKW

Diese verschlüsselte Nachricht wird an Julia übersandt, und Julia braucht dann nur jeden Buchstaben wieder um drei Stellen zurückzuschieben, um den Wortlaut der Originalbotschaft lesen zu können. Das Problem mit dieser Verschlüsselungsmethode, die offenbar auf Julius Cäsar zurückgeht und daher Cäsar-Code heißt, ist ein ganz offenkundiges. Wenn man nämlich im Prinzip weiß, wie verschlüsselt wird, das heißt, wenn man weiß, dass dadurch verschlüsselt wird, indem einfach um eine bestimmte Zahl von Stellen verschoben wird, braucht man nur auszuprobieren, welche Verschiebung Sinn ergibt, und man hat sofort die Nachricht.

Das zweite Problem bei diesem Verfahren ist, dass man in keiner Weise erkennen kann, ob die so verschlüsselte Nachricht möglicherweise doch geknackt oder abgehört wurde. Das heißt, wenn Julia die verschlüsselte Botschaft erhält, weiß sie nicht, ob sie nicht etwa auch Tybalt erhalten hat und ihr um Mitternacht auflauert, um das Treffen zu verhindern.

Eine etwas raffiniertere Verschlüsselungsmethode bestünde darin, nicht jeden Buchstaben um eine fixe Stelle zu verschieben, sondern die Anzahl der Stellen für jeden Buchstaben anders zu wählen. Wählen wir zum Beispiel als Schlüssel den Text:

QUANTENPHYSIK UND PHILOSOPHIE

Wir ordnen nun jedem Buchstaben die Zahl zu, die seinem Platz in der Reihenfolge des Alphabets entspricht. Dies ergibt die Zahlenfolge:

17,21,1,14,20,5,14,16,8,25,19,9,11,0,21,14,4,0,16,8,9,12,15,19,15,16,8,9,5

da Q eben der 17. Buchstabe im Alphabet ist etc., für den Raum zwischen den Wörtern haben wir «0» gewählt.

Nun müssen wir noch den Originaltext TREFFE DICH UM MITTERNACHT in eine Zahlenfolge umwandeln. Dies entspricht

20,18,5,6,6,5,0,4,9,3,8,0,21,13,0,13,9,20,20,5,18,14,1,3,8,20

Nun notieren wir die beiden Zahlenfolgen und bilden die Summe:

20	18	5	6	6	5	0	4	9	3	8	0	21	13	0	13	9	20	20	5	18	14	1	3	8	20
17	21	1	14	20	5	14	16	8	25	19	9	11	0	21	14	4	0	16	8	9	12	15	19	15	16
37	39	6	20	26	10	14	20	17	28	27	9	32	13	21	27	13	20	36	13	27	26	16	22	23	36
10	12	6	20	26	10	14	20	17	1	0	9	5	13	21	0	13	20	9	13	0	26	16	22	23	9

Die erste Zeile dieser Tabelle ist die Originalnachricht, die zweite der Schlüssel. In der dritten Zeile sieht man die Summe der beiden und in der letzten Zeile schließlich die endgültig übermittelte verschlüsselte Nachricht, vorläufig noch als Zahlen. In der Summe waren einige der Zahlen größer als 26, jedoch ist 26 die höchste Zahl, die einem Buchstaben entspricht, nämlich Z. Wir ziehen also von all den Zahlen, die größer als 26 sind, 27 ab und erhalten damit die Zahlenfolgen der letzten Zeile. Diese übersetzen wir wieder in Buchstaben, woraus sich die zu übermittelnde Geheimnachricht ergibt:

JLFTZJNTQA JEMU MTIM ZPUWC

Dies ist die verschlüsselte Nachricht, die übermittelt wird. Julia kann die Geheimnachricht nun leicht dadurch entziffern, dass sie den ihr bekannten Schlüssel

QUANTENPHYSIK UND PHILOSOPHIE

auch in eine Zahlenfolge umsetzt und von der ihr übermittelten Geheimnachricht abzieht. Immer wenn weniger als null herauskommt, zählt sie einfach wieder 27 dazu.

Die Aufgabe für Tybalt ist nun etwas schwieriger. Um eine so verschlüsselte Nachricht zu knacken, muss er natürlich den Decodierungsschlüssel, nämlich den Text QUANTENPHYSIK UND PHILOSOPHIE, kennen. Jedoch ist auch so ein Schlüssel durch moderne Computer sehr leicht zu knacken. Denn wenn man weiß, dass sowohl die Nachricht als auch der Schlüssel aus Wörtern bestehen, dann braucht man nur mit einem schnellen Computer alle möglichen Wortkombinationen aus einem umfangreichen Lexikon durchzuspielen, und man hat bald das Geheimnis gelöst. Dieses Problem kann man offenbar nur umgehen, wenn man als Schlüssel eine Buchstaben- oder Zahlenfolge verwendet, die überhaupt keinen Sinn ergibt. Dies wäre eine sogenannte *Zufallsfolge*, also eine Abfolge von Zahlen oder Buchstaben, die rein zufällig aufeinanderfolgen, bei denen es keinerlei Zusammenhang zwischen zwei aufeinanderfolgenden Zahlen oder Buchstaben gibt. Der amerikanische Mathematiker Gilbert Vernam (1890–1960) entdeckte ein solches Verschlüsselungsverfahren im Jahr 1917. Er arbeitete damals bei AT&T an der konkreten Aufgabe, eine Verschlüsselungsmethode zu finden, die nicht von den Deutschen geknackt werden kann. Er konnte beweisen, dass ein solches Verschlüsselungsverfahren absolut sicher ist, wenn zwei Bedingungen erfüllt sind:

Erstens muss der Schlüssel aus einer reinen Zufallsfolge bestehen, und zweitens darf er nur ein einziges Mal verwendet werden. Woher kommt diese zweite Bedingung? Nehmen wir an, dass Romeo und Julia beide im Besitz einer solchen Zufallsfolge sind, die sie aber in zweimal zwei Nächten verwenden. Dann braucht der Abhörer nur die beiden Geheimnachrichten voneinander abzuziehen. Dadurch hat er die Zahlenwerte der Zufallsfolge eliminiert, und es bleibt ihm eine Folge, die die Differenz zwischen den beiden Geheimnachrichten ist. Auch diese kann mit einem modernen Computer sehr schnell geknackt werden, indem man einfach in einem Lexikon alle Kombinationen nachsieht und so lange ausprobiert, bis man zwei sinnvolle Nachrichten erhalten hat. Im Prinzip können also Romeo und Julia Nachrichten so austauschen, dass sie niemand abhören kann, vorausgesetzt, die beiden Bedingungen

Vernams sind erfüllt. Das einzige Problem, das dabei bleibt, ist, dass beide den gleichen Schlüssel verwenden müssen. Der Schlüssel muss also in irgendeiner Form ausgetauscht werden oder vom einen dem anderen übermittelt werden. Dies geschieht wohl am besten, wenn sie sich treffen. Aber was ist, wenn sie sich aus irgendeinem Grund längere Zeit nicht treffen können? Dann brauchen sie einen Übermittler des Schlüssels, dem sie vertrauen können. Und genau darin liegt ein grundsätzliches Problem dieser Verschlüsselungsmethode, denn im Prinzip kann man natürlich nie sicher sein, ob der Schlüssel bei seiner Übermittlung tatsächlich immer in sicheren Händen ist oder ob es nicht doch jemandem gelingt, sich eine Kopie davon zu machen.

Hier setzt nun die *Quantenkryptographie* ein. Die wesentliche Idee bei der Quantenkryptographie ist die, dass man einzelne Photonen, also einzelne Quanten, dafür verwendet sicherzustellen, dass Romeo und Julia einen gemeinsamen Schlüssel besitzen, von dem man sicher weiß, dass ihn ein Abhörer nicht kopiert oder in irgendeiner anderen Form erhalten haben kann. Es gibt verschiedene Grundideen der Quantenkryptographie. In einer Grundidee, die vom Amerikaner Charles Bennett und vom Kanadier Jules Brassard stammt, muss Romeo der Julia einzelne Photonen schicken, von denen ein Teil den Schlüssel enthält. Hier möchte ich nur jene Methode erläutern, die auf *verschränkten Photonen* beruht, die wir ja oben schon besprochen haben. Die Idee geht auf Artur Ekert zurück, dem diese im Jahr 1991 einfiel, als er als junger Physiker an der Universität Oxford in England beschäftigt war; seit kurzem ist er übrigens Professor an der Universität Cambridge.

Die erste Realisierung dieser Methode der Quantenkryptographie gelang einem Team in meiner Arbeitsgruppe an der Universität Innsbruck (mit Thomas Jennewein, Christoph Simon, Gregor Weihs und Harald Weinfurter). Die Grundidee ist relativ einfach: Man nimmt eine Quelle zur Erzeugung verschränkter Photonen. Je eines dieser Photonen erhalten Romeo und Julia. Erinnern wir uns daran, «Verschränkung» heißt, dass die beiden miteinander verschränkten Teilchen für sich noch keine Eigenschaften besitzen. Wird jedoch eine an einem Teilchen gemessen, wird das andere sofort die entsprechende Eigenschaft erhalten. Im Falle des Innsbrucker Quantenkryptographieexperimentes waren die Photonen in der Polarisation verschränkt. Die Polarisation ist diese eigenartige Eigenschaft von Licht, die man mit Hilfe besonderer Sonnenbrillen, den Polaroidbrillen, sehr leicht sehen kann. Wie wir schon gelernt hatten, besteht Licht aus elektromagnetischen Schwingungen. Genauso wie ein Seil, das wir leicht in Schwingungen versetzen können, schwingt auch das elektromagnetische Feld quer zur Ausbreitungsrichtung des Lichts. So eine Polaroidbrille zerlegt nun diese Schwingung des Lichtes in eine horizontal schwingende und in eine vertikal schwingende Komponente. Die eine von den beiden – bei den Brillen meistens die vertikal schwingende – wird durchgelassen, die horizontale wird absorbiert (Abbildung 11). Es gibt nun auch spezielle Polarisatoren, sehr oft Kristalle, bei denen beide Komponenten durchgelassen werden, aber in verschiedenen Richtungen austreten und daher getrennt sind. Quantenphysikalisch verhält sich die Polarisation von Photonen genauso wie der Spin unserer Elementarteilchen, den wir im Bohmschen Experiment gesehen hatten. Die Rolle der beiden Möglichkeiten, dass der Spin entlang jeder beliebigen Richtung entweder hinauf- oder hinunterzeigt, wird hier von der Polarisation übernommen. Diese kann für ein einzelnes Photon nur entlang oder rechtwinkelig zu einer jeden Richtung auftreten. Das heißt, wenn man die Polarisation eines Photons auf diese Weise misst, so gibt es nur zwei Möglichkeiten. Entweder schwingt die Polarisation entlang der Richtung, in der man sie misst, oder rechtwinkelig dazu. Wenn wir nun ein einzelnes, in irgendeiner Weise polarisiertes oder auch unpolarisiertes Photon auf so einen Kristall schicken, kann es entweder von dem Detektor im horizontalen oder vom Detektor im vertikalen Kanal registriert werden. Aber eben nicht in beiden, denn wir haben ja nur ein Photon.

Im Experiment zur Quantenkryptographie erzeugt man genau solche verschränkten Photonenpaare, die jedes für sich aber völlig unpolarisiert sind. Das Interessante hierbei ist aber nun, dass, wann immer wir eines der beiden Photonen messen, es gezwungen wird, eine der beiden Polarisationsrichtungen anzunehmen, entweder horizontal oder vertikal. Das andere Photon, ganz egal, wie weit es weg ist, muss dann aber in unserem Fall genau rechtwinkelig dazu polarisiert sein. Dies entspricht voll dem Fall der verschränkten Teilchen bei Bohm, wo ja auch das einzelne Teilchen keinen Spin hatte. Wird es jedoch gemessen, nimmt es zufällig einen an, und das andere Teilchen hat in dem Fall entgegengesetzten Spin.

Wenn also viele solcher Photonenpaare produziert und gemessen werden, so erhält Romeo zum Beispiel folgende Folge an Polarisationen: HVVHVHHHVHV. Hier haben wir ganz einfach angenommen, dass wir die Richtung so wählen, dass die eine Polarisation einer horizontalen (H) und die andere Polarisation einer vertikalen (V) Schwingungsrichtung entspricht. Julia erhält dazu genau die orthogonale (rechtwinklige) Folge, nämlich: VHHVHVVVHVH. Romeo und Julia haben also beide eine Zufallsfolge zur Verfügung, was, wir erinnern uns, ja eine wichtige Voraussetzung dafür ist, dass ein Quantenkryptographieschlüssel sicher ist. Romeo und Julia können nun ihre Folge in ein und dieselbe Zufallsfolge umsetzen. Sie machen das einfach so, dass sie aus den Polarisationen eine Serie von Nullen und Einsen machen. Romeo macht aus jedem H eine 0 und aus jedem V eine 1 und erhält damit:

0 1 1 0 1 0 0 0 1 0 1

und Julia geht umgekehrt vor. Sie macht aus jedem V eine 0 und aus jedem H eine 1 und erhält genau dieselbe Zahlenfolge. Dies ist nun der Schlüssel, den sie verwenden können, um ihre Nachricht zu verschlüsseln. Wir sehen nun, wir haben anstatt der Zahlen 0 bis 26 vom Kapitelanfang nur mehr die Zahlen 0 und 1 zu Verfügung. Wir müssen nun also auch unsere Nachricht in eine Folge von 0 und 1 übersetzen. Dies ist genau das, was jeder Computer mit jeder Information, die ihm zu Verfügung steht, macht, man spricht hier von einer binären Zahlenfolge. Und im Prinzip gehen Romeo und Julia nun genauso vor wie oben beschrieben. Nehmen wir der Einfachheit an, die zu übermittelnde Geheimnachricht sei 1111100000. Julia addiert dann einfach ihren Schlüssel.

1111100000	Nachricht
1010110010	Schlüssel
0101010010	Verschlüsselte Nachricht

Bei dieser Addition haben wir festgelegt: 1 + 1 = 0. Genauso wie vorher, als wir 27 abgezogen haben, wenn die Zahl zu hoch war, ziehen

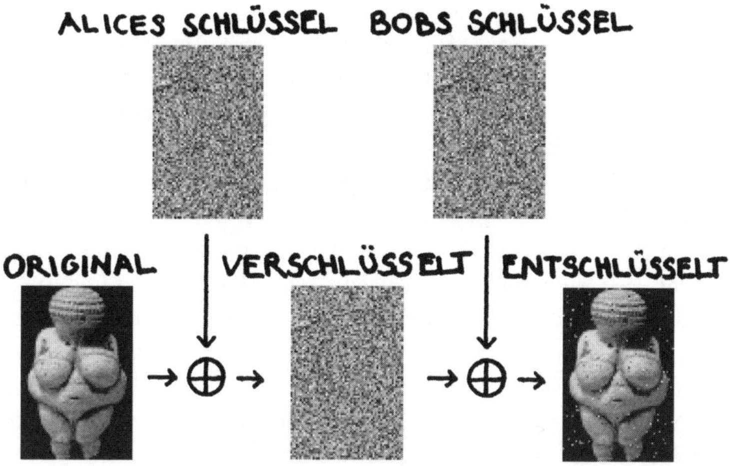

14 Übermittlung einer Geheimnachricht mit Hilfe der Quantenkryptographie. Das Originalbild der Venus von Willendorf wird von Alice mit ihrem hier als Bild mit zufälligen Grauwerten dargestellten Schlüssel vermischt, und das verschlüsselte Bild wird auf irgendeine Weise, das kann vollkommen öffentlich geschehen, an Bob übermittelt. Bob kann mit Hilfe seines Schlüssels wieder das Originalbild erhalten.

wir hier einfach 2 ab. Diese verschlüsselte Nachricht wird nun an Romeo übermittelt, der nun genauso einfach vorgehen kann wie bereits oben beschrieben. Er zieht einfach seinen Schlüssel Bit für Bit von der ihm übermittelten, verschlüsselten Nachricht ab. Nur muss er zusätzlich die kleine Regel beachten: $0 - 1 = 1$, eben die Umkehrung der Regel $1 + 1 = 0$.

Unser Experiment war von genau dieser Art. Wir erzeugten verschränkte Photonen, die zu zwei verschiedenen Messstellen gesandt wurden. Dadurch entstanden zwei identische zufällige Schlüssel. Wir verwendeten diese Schlüssel zur Übersendung einer Geheimnachricht, in diesem Fall das Bild der berühmten Venus von Willendorf (Abbildung 14). Die beiden Schlüssel in der Abbildung sind eindeutig rein zufällige Ansammlungen von Grauwerten, von Pixels. Die beiden Schlüssel entstanden genau auf die soeben diskutierte Weise als Zufallsfolgen auf beiden Seiten. In diesem Fall hießen unsere beiden Mitspieler Alice und Bob. Diese Zufallsfolgen – als Grauwerte dargestellt – ergeben eben die beiden Schlüssel.

Dass sie identisch sind, erkennt man, wenn man genau hinsieht – zum Beispiel tritt an derselben Stelle links oben ein größerer Fleck auf. Das zu übermittelnde Bild der Venus wurde ebenfalls als Digitalbild kodiert und dann auf genau die Weise, wie wir es im Text erklärt haben, mit dem Schlüssel gemischt. Die verschlüsselte Nachricht – das verschlüsselte Bild – enthält keinerlei Information, die man mit Hilfe eines Supercomputers knacken könnte, und wird nun übermittelt. Bob kann mit seinem Schlüssel auf die erwähnte Weise wieder das Originalbild herausbekommen. Wie bei jedem physikalischen Verfahren gibt es auch hier gelegentlich Fehler, zum Beispiel dann, wenn die Korrelationen der verschränkten Photonenpaare zwischen beiden Seiten nicht exakt perfekt sind. Diese Fehler können jedoch, sofern sie nicht zu zahlreich sind, korrigiert werden.

Die wesentliche Leistung der Quantenkryptographie ist nun, dass sie zwei wichtige Dinge auf einen Schlag erledigt. Zum ersten liefert sie eine Zufallsfolge, genau wie es von Vernam für eine sichere Verschlüsselung gefordert wird, wobei klar ist, dass diese Zufallsfolge beliebig lang sein kann. Romeo und Julia können ja ihren Apparat ständig laufen lassen und dadurch eine lange Folge von Nullen und Einsen ansammeln. Der zweite, ganz wichtige Punkt ist, dass der Schlüssel in diesem Verfahren nicht von Romeo zu Julia übermittelt werden muss, weil er bei beiden gleichzeitig entsteht. Denn da die einzelnen Photonen vor der Messung keine Polarisation tragen, wird auch keine Polarisation von der Quelle zu Romeo oder zu Julia übermittelt. Erst die einzelne Messung erzeugt die Polarisation, und dies obendrein rein zufällig, ohne dass es irgendeinen verborgenen Grund dafür gäbe, welche konkrete Polarisation auftritt. Erst in dem Moment der Messung nimmt das zweite Photon genau die orthogonale Polarisation an.

Es kann natürlich immer passieren, dass ein Abhörer versucht, den Schlüssel zu erlangen. Er müsste sich dann irgendwo in die Leitung, entlang der die verschränkten Photonen übermittelt werden, einschalten. Eine einfache Methode wäre, dass er die Photonen, kurz bevor Julia sie bekommt, misst und dann entsprechend dem Messresultat genau so ein Photon wieder auf den Weg zu Julia schickt. Einen solchen Abhörer könnte man aber sehr leicht austricksen. Romeo und Julia brauchen nur – jeder für sich – ständig die Orientierung ihres Polarisators ändern. Hier reicht es, dass sie den Polarisator zwischen zwei Richtungen hin- und herschalten, die um 45 Grad zueinander gedreht sind. Dann werden sie natürlich nur dann perfekte Korrelationen enthalten – das heißt dieselben Resultate auf beiden Seiten –, wenn ihre Polarisatoren zufällig gleich orientiert waren. Sie müssen also nun zusätzlich Information austauschen darüber, wann sie welche Polarisationen gewählt haben, und nur diejenigen Messresultate behalten, wo ihre Orientierungen gleich waren.

Warum schließt dies einen Abhörer aus? Nun, der Abhörer kann auch nur versuchen zu erraten, welche Orientierung gerade gewählt wurde. Hier wird er aber in der Hälfte der Fälle das Falsche erraten. In diesem Fall wird er ein Photon mit der falschen Polarisation auf den Weg schicken, und Romeo und Julia können dies leicht feststellen, da ja ihre Schlüssel jetzt nicht mehr zusammenpassen. Natürlich müssen sie zu diesem Zweck nicht den gesamten Schlüssel veröffentlichen, was ja die ganze Methode ad absurdum führen würde. Es reicht, wenn sie ein paar Bits ihres Schlüssels miteinander vergleichen und feststellen, ob sie exakt gleich sind oder ob ein paar davon verschieden sind. Wenn zu viele Bits verschieden sind, so wissen sie, dass irgendetwas nicht stimmt, und verwenden den Schlüssel einfach nicht zur Verschlüsselung ihrer Nachricht. All diese Kommunikation, all dieser Informationsaustausch kann durchaus öffentlich erfolgen und von jedermann abgehört werden, da er ja keine Information über den Schlüssel enthält. (Diejenigen Bits, die Romeo und Julia vergleichen, werfen sie natürlich nachher weg.)

Ist es eigentlich wichtig, welcher der beiden, Romeo oder Julia, seine Messung zuerst vornimmt? Nein, dies ist vollkommen egal. Wer immer seine Messung zuerst macht, wird ein rein zufälliges Resultat bekommen, der andere dann das entsprechende. Ja, es kommt sogar noch eine Spur interessanter. Nach der Speziellen Relativitätstheorie gibt es nämlich keine absolute Gleichzeitigkeit. Das bedeutet das Folgende: Nehmen wir an, Romeo und Julia messen ihr jeweiliges Photon genau gleichzeitig, dann haben wir mit unserer obigen Argumentation ein wenig Schwierigkeiten. Welche Messung ist jetzt die erste? Es stellt sich heraus, dass auch diese Frage irrelevant ist. Nach der Relativitätstheorie ist es ganz eigenartig: Wenn die Messungen von Romeo und Julia für uns genau gleichzeitig erfolgt sind, dann sind sie das keineswegs auch für jeden anderen Beobachter. Insbesondere nicht für einen Beobachter, der mit einem Raumschiff sehr schnell an den beiden vorbeifliegt. Und es hängt sogar davon ab, in welche Richtung das Raumschiff fliegt, welche der beiden Messungen die frühere ist. Fliegt es in die eine Richtung, nimmt der Astronaut im Raumschiff an, dass Julias Messresultat das erste ist und dieses dann das Messresultat von Romeo bewirkt. Fliegt ein anderer Astronaut in die Gegenrichtung, ist für ihn Romeos Resultat das erste, und dies legt das Resultat für Julia fest. Obwohl also beide Astronauten ein verschiedenes Bild von der zeitlichen Abfolge haben, sind letztlich die beiden Schlüssel, die Romeo und Julia bekommen, immer exakt dieselben.

Wir sehen aus diesem einfachen Beispiel schon, dass uns die Quantenmechanik offenbar auch etwas Neues über die Bedeutung von Raum und Zeit lehrt, insbesondere über die Idee von Ursache und Wirkung. Denn welches Resultat legt nun das andere fest? Welches ist die Ursache, welches die Wirkung – das von Julia oder das von Romeo? Wir sehen, dass also beide Positionen denkbar sind und vom Bewegungszustand des Beobachters abhängen. Hier sehen wir schon die zweite Durchbrechung des Ursache-Wirkung-Prinzips, nachdem wir ja bereits die zentrale Bedeutung des reinen, objektiven Zufalls kennengelernt hatten.

2. Alice und Bob

In Science-Fiction-Romanen und -Filmen werden oft Menschen durch Teleportation von einem Raumschiff auf einen Planeten gebracht oder umgekehrt. Dafür hat sich im Volksmund auch die Bezeichnung «Beamen» eingebürgert. Die Grundidee der Teleportation ist sehr einfach. Man schickt das zu teleportierende Objekt in einen Scanner, der die gesamte Information aus dem Objekt abliest und diese Information an den Empfangsort überträgt, wo das Objekt auf Basis dieser Information wieder zusammengesetzt wird. Es gibt nun verschiedene Versionen der Teleportation, je nachdem, ob das Objekt aus seiner ursprünglichen Materie zusammengesetzt wird, die dann auch irgendwie – genau wird das leider nie erklärt, vielleicht als Energie – an den Empfangsort gesandt wird, oder, auch dies gibt es als Science-Fiction, das Objekt wird aus Materie zusammengesetzt, die sich bereits am Empfangsort befindet. Das für uns Interessante bei all dem ist, dass hierbei immer von einer Trennung zwischen der Substanz und der Information ausgegangen wird. Bei dieser ganzen Prozedur spräche im übrigen nichts dagegen, sie auch zum Klonen zu verwenden. Man könnte ja einfach aus einem Menschen all seine Information herauslesen und mit dieser Information und neuer Substanz, neuen Atomen, neuen Molekülen etc., dann eben genau so einen Menschen wieder zusammensetzen. Ja, in der Science-Fiction wird dies auch tatsächlich so beschrieben, und es wäre nach der klassischen Physik im Prinzip auch durchaus erlaubt.

Allerdings sagt uns die Quantenphysik, dass es mit der gesamten Prozedur sehr grundsätzliche Schwierigkeiten gibt. Diese Schwierigkeiten liegen darin, dass es nie möglich ist, die gesamte Information, die ein System trägt, bei einer Messung herauszuholen, außer man weiß schon vorher, welche Information das System trägt, was natürlich uninteressant ist. Der Grund für dieses Problem ist die Heisenbergsche Unschärfebeziehung, laut der es, wie weiter oben erwähnt, nie möglich ist, Ort und Impuls, also die Geschwindigkeit, eines Teilchens gleichzeitig zu bestimmen. Wir müssen uns erst entscheiden, was von beidem wir wissen wollen, dann bleibt das andere unbestimmt. Wir benötigen aber beides für die vollständige Information über alle Teilchen, aus denen das Objekt besteht. Dies bedeutet, dass die Grundidee des Science-Fiction-Beamens einfach nicht funktionieren kann, dass man nämlich durch irgendeine Methode die gesamte Information aus einem Objekt ausliest, diese irgendwohin überträgt und das Objekt dort wieder zusammensetzt.

Wir müssen also eine Methode finden, die Information, die ein Objekt trägt, von A nach B zu bringen, ohne dass diese Information gemessen wird, ohne dass sie bestimmt wird. Gerade das liefert die Quantenphysik! Die Grundidee hierzu stammt von sechs Physikern, von Charles Bennett und William Wooters aus den USA, Jules Brassard und Claude Crepeau aus Kanada, Richard Josza aus Großbritannien und von Asher Peres aus Israel, eine typische internationale Kooperation, wie sie in der Physik, insbesondere in der theoretischen Physik, sehr oft vorkommt. Das läuft meistens so ab, dass sich ein paar Leute auf einer Konferenz treffen und ein Problem miteinander diskutieren, dann hat einer eine Idee, ein Zweiter kann sie verbessern, ein Dritter sieht eine neue Anwendungsmöglichkeit. Über das Internet bringt ein Vierter schließlich einen neuen Blickwinkel ein und so weiter und so fort. Die elegante Idee unserer sechs Kollegen besteht darin, die quantenmechanische Verschränkung zur Informationsübertragung zu verwenden, ohne dass diese Information vorhanden ist, ohne dass sie ausgelesen wird, ohne dass sie also bestimmt wird. Es wird also in einem gewissen Sinne etwas übertragen, das gar nicht vorliegt.

Nennen wir unsere beiden Mitspieler in der Quantenteleportation Alice und Bob. Alice hat ein Quantensystem in einem bestimmten Zustand, den sie nicht kennt, und möchte, dass auch Bob exakt so ein System hat. Die einfachste Lösung wäre nun, dass Alice Bob einfach ihr Quantensystem schickt, so wie es ist. Wir nehmen aber an, dass aus irgendwelchen Gründen, zum Beispiel durch eine technische Störung zum Zeitpunkt der Übertragung, für Alice und Bob kein Informationskanal zur Verfügung steht, der gut genug ist. Was können Alice und Bob nun machen? Beide wissen ja schon vorher, dass sie eine Teleportation durchführen wollen. Zu diesem Zweck erzeugen sie ein Hilfspaar von verschränkten Teilchen. Dies kann entweder durch Alice gemacht werden oder durch Bob, oder durch einen Dritten. Das ist sekundär. (Wir nehmen an, wir machen Teleportation vorläufig mit einzelnen Teilchen.) Je eines dieser verschränkten Teilchen bekommen Alice und Bob. Wir erinnern uns, «Verschränkung» heißt, keines der beiden Teilchen trägt für sich die Eigenschaften, in denen sie verschränkt sind. Wird jedoch eins von beiden gemessen, erhält es dadurch Eigenschaften, und sofort wird das zweite ebenfalls einen entsprechenden Zustand annehmen. Ein Beispiel dafür waren jene verschränkten Zwillinge, die etwa keine wohldefinierte Haarfarbe besaßen. Wird jedoch ein Zwilling beobachtet, nimmt dieser Zwilling spontan einfach eine Haarfarbe an, zum Beispiel rein zufällig «blond», und das Zwillingsschwesterchen, ganz egal, wie weit weg es ist, bekommt just in diesem Moment dieselbe Haarfarbe.

Im Falle der Teleportation macht Alice nun etwas ganz Besonderes. Sie verschränkt ihr Teilchen, das sie teleportieren will, mit demjenigen Teilchen des verschränkten Paares, das sie erhalten hat. Und was bedeutet dies? Nun, durch die Verschränkung des ursprünglichen Teilchens mit einem der beiden aus dem anfangs verschränkten Hilfspaar gewinnen wir für uns Information, wie sich diese beiden zueinander verhalten. Nehmen wir der Einfachheit halber an, dass das verschränkte Hilfspaar so produziert würde, das beide identisch sind, sofern sie gemessen werden. Und nehmen wir weiter an, dass die Verschränkung, die Alice durchführt, dazu führt, dass ihre beiden Teilchen wieder so verschränkt sind, dass sie identisch sind. Daraus folgt unmittelbar, dass Bobs Teilchen nun identisch ist mit dem Original, das Alice hatte. Bobs Teilchen trägt alle Eigenschaften des Originals, es ist keinerlei Unterschied zum Original feststellbar.

Ist es nun das Original? Man könnte argumentieren, dass es ja ursprünglich ein anderes Teilchen war. Es wurde ja als eines der beiden im Hilfspaar in der separaten Quelle und völlig getrennt vom Original erzeugt. Wir müssen uns also jetzt die philosophische Frage stellen, was ist ein Original? Woran erkennen wir, dass wir ein Original vor uns haben? Oder umgekehrt: Wenn uns jemand ein Teilchen gibt und behauptet, dies sei das Original, wie können wir dann feststellen, dass es tatsächlich das Original ist? Offenbar besteht die einzige Möglichkeit darin, festzustellen, ob es sich im selben Zustand wie das Original befindet. Wenn es also mit dem Original in allen Eigenschaften übereinstimmt, natürlich in allen Eigenschaften und nicht nur in einem Teil davon, dann ist es ja sinnlos zu behaupten, es sei nicht das Original.

Denken wir im Gegensatz dazu etwa an eine Kopie, selbst an eine gute Farbkopie. Die wird sich immer in gewissen Eigenschaften vom Original unterscheiden, und wenn es nur kleine Details im Farbdruck sind oder im verwendeten Papier, so wie bei den Geldfälschern, die versuchen, durch Farbkopien Falschgeld herzustellen. Das mag zwar sehr echt aussehen, aber meistens fühlt es sich schon in der Hand etwas anders an. Dazu kommt, dass viele Eigenschaften, die Schutzmerkmale darstellen, gar nicht kopiert werden können, wie etwa ein Hologramm im Geldschein, ein superfeiner Druck, Bilder, die man nur gegen das Licht gehalten sieht, und so weiter. Auch bei einem Fax verhält es sich so. Ein Fax übermittelt zwar sehr schön Buchstaben und Zeichnungen, es ist aber immer sofort mit bloßem Auge erkennbar, dass es nicht das Original ist. Hätten wir aber einen Farbkopierer, der so gut kopiert, das keinerlei Unterschiede feststellbar sind, nicht einmal mit den besten Methoden, oder besäßen wir ein Fax, das so genau kopieren kann, dass man auch hier keinen Unterschied zum Original feststellen kann, dann bedeutete dies, wir hätten das Original nicht kopiert, sondern geklont: Wir hätten zwei Originale vor uns.

Wir lernen aber von der Quantenmechanik, dass so etwas grundsätzlich nicht möglich ist. Perfektes Kopieren (Klonen) würde mit sich bringen, dass man plötzlich zwei identische Systeme vor sich hat, die beide dieselbe Information tragen, die Information wäre also verdoppelt. Diese «wundersame Vermehrung von Information» ist in der Quantenmechanik nicht erlaubt. Was geschieht dann also in unserer Teleportation? Wir haben vorher erklärt, dass Bobs Teilchen nach erfolgreicher Teleportation alle Eigenschaften besitzt, die das Original hatte. Haben wir dann plötzlich zwei identische Klone vor uns? Die Antwort darauf finden wir sofort, wenn wir uns noch einmal überlegen, was «Verschränkung» bedeutet. Das Original wurde ja mit einem der beiden Teilchen von Alice verschränkt und hat dadurch all seine Eigenschaften verloren. Es ist dadurch ein Teilchen ohne Eigenschaften geworden, viel mehr noch ohne Eigenschaften als der «Mann ohne Eigenschaften» in Robert Musils berühmtem Roman. Kurz gesagt, das Original verschwindet, wir haben ein neues Teilchen mit allen Eigenschaften des Originals an einem anderen Platz, folglich kann es sich also nur um das teleportierte Original handeln.

Man kann dies auch auf andere Weise begründen. Nehmen wir an, die ganze Apparatur einschließlich Alice und der Quelle der verschränkten Photonen wären in eine Box eingebaut, die ein Loch hat, wo wir ein Photon hineinschicken können, und ein zweites Loch, aus dem ein Photon herauskommt. Immer wenn wir ein Photon in die Box hineinsenden, wird am anderen Ende genau ein Photon mit exakt diesen Eigenschaften austreten, und es gibt keinerlei Möglichkeiten, festzustellen, dass mit diesem Photon irgendetwas gemacht wurde. Dies ist genauso, als wäre das Originalphoton einfach direkt hindurchgeschickt worden. Es macht daher weder physikalisch noch philosophisch Sinn, beim teleportierten Photon von etwas anderem als dem ursprünglichen Original zu sprechen.

Ein kleiner Punkt muss noch beachtet werden. In unserer Diskussion hat die Zeit bisher überhaupt keine Rolle gespielt. Dies bedeutet, dass das teleportierte Photon sofort, sobald Alice ihre Verschränkung durchgeführt hat, die Eigenschaften des Originals besitzt. Nun könnte Bobs Photon aber beliebig weit von Alice entfernt sein. Gelänge es damit nicht, Information beliebig schnell zu übertragen, insbesondere schneller als mit Lichtgeschwindigkeit? Die Antwort darauf ist, dass der Prozess der Verschränkung des Originals, der bei Alice durchgeführt wird, nicht ganz so einfach ist, wie ich ihn vorher dargestellt habe. In Wirklichkeit gibt es für zwei Photonen nicht nur diesen einen verschränkten Zustand, den ich erwähnte, sondern darüber hinaus noch drei andere. Und Alice hat keine Möglichkeit, zu beeinflussen, welcher dieser vier verschränkten Zustände tatsächlich auftritt. Das Resultat ist rein zufällig, und Alice hat keinerlei Einfluss darauf, welche der Verschränkungsarten als Messresultat vorliegt. Eine Konsequenz davon ist, dass nur in einem der vier Fälle, nämlich in dem, den ich oben diskutiert habe, Bobs Photon sofort die Eigenschaften des Originals besitzt. In allen anderen Fällen muss Bobs Photon gedreht werden, und die Art der Drehung hängt davon ab, welches Resultat Alice erhalten hat. Das heißt, Alice muss Bob mitteilen, welches Messresultat sie bekommen hat, und Bob muss dann sein Teilchen entsprechend drehen. Diese Mitteilung ist aber «klassische Information», das heißt ein Informationstyp, der ganz normal zum Beispiel über das Radio oder über Funk läuft und nicht schneller als Lichtgeschwindigkeit sein kann. Bob muss also sein Teilchen in irgendeiner Form aufbewahren und warten, bis er Alices Messresultat erhalten hat, um sein Teilchen entsprechend drehen zu können – und dies kann höchstens mit Lichtgeschwindigkeit erfolgen. Die Situation ist also äußerst diffizil. Die Information wird zwar unverzüglich (instantan) von einem Teilchen auf das andere übertragen, diese instantane Informationsübertragung ist aber nicht echte Informationsübertragung, die von Alice und Bob zur tatsächlichen Übermittlung von Information verwendet werden kann, und damit besteht auch kein Konflikt mit der Relativitätstheorie.

In unserem ersten Experiment 1997 in Innsbruck (mit Dirk Bouwmeester, Jian-Wei Pan, Manfred Eibl und Harald Weinfurter) gelang die Übertragung der Polarisation eines Photons mit Hilfe der Teleportation über eine Entfernung von etwa einem Meter.

Mittlerweile gibt es Teleportationsexperimente, die andere Eigenschaften von Photonen übertragen, nämlich die Art und Weise, wie nicht ein einzelnes Photon, sondern ein ganzer Laserstrahl schwingt. In unserem Laboratorium in Wien findet derzeit ein Experiment zur Teleportation über eine Entfernung von etwa 800 Metern quer über die Donau statt.

Abgesehen von ihrer konzeptiven Bedeutung, insbesondere was die Natur der Information betrifft, wird Teleportation wichtig sein für Informationsübertragung zwischen den künftigen Quantencomputern einer völlig neuen Computergeneration. Wenn wir einen Quantencomputer haben, dessen Output im allgemeinen ein quantenmechanischer Zustand ist, so würden wir ja einen Teil der Information, den dieser Zustand trägt, vernichten, wenn wir ihn beobachten, also messen würden. Teleportieren wir ihn aber direkt zum Input eines anderen Quantencomputers, so geht keine Information verloren.

Wir sehen also, wie die verschiedenen neuen Ideen der Informationsübertragung und Informationsverarbeitung, die die Quantenphysik eröffnet, wunderschön ineinander greifen. Auf der einen Seite ermöglicht der Quantencomputer das Brechen von Geheimcodes, die auf der Faktorisierung großer Zahlen bestehen. Auf der anderen Seite liefern gerade die Quantenphysik durch die Quantenkryptographie eine neue Methode, Geheiminformationen so sicher zu übertragen, dass sie nicht einmal durch Quantencomputer geknackt werden können, eben weil die Verschlüsselungssicherheit durch die Quantenphysik garantiert ist. Und schließlich liefert die Quantenteleportation eine interessante Möglichkeit, wie künftige Quantencomputer miteinander verlustfrei Information austauschen können.

3. Die ganz neue Generation

«Information ist physikalisch.»
Rolf Landauer

Alle Computer sind informationsverarbeitende Maschinen. Das Interessante ist, dass jedwede Information, die solch ein Computer verarbeitet, in jedem Computer in ein und derselben Weise dargestellt werden kann, nämlich in Form von Bits. Ein Bit ist die kleinste

Menge an Information und kann nur den Wert «0» oder «1» haben. Sämtliche Information, die in einem Computer vorhanden ist, ist aus solchen Bits zusammengesetzt, ganz egal, ob das nun eine mathematische Zahl ist, der Text eines Briefes, ein Foto oder sogar das Programm selbst, nach dem der Computer abläuft. Sie alle sind nichts anderes als massenhafte Anhäufungen von sehr vielen Bits, von denen jeder Eintrag «0» oder «1» sein kann. Alle diese Unmengen an Bits in einem Computer müssen in irgendeiner Weise physikalisch verwirklicht werden. Es gibt nun sehr viele verschiedene Möglichkeiten, ein Bit in einem physikalischen System zu realisieren. Die einfachste Möglichkeit ist, als physikalisches System einen elektrischen Schalter zu nehmen. Wenn dieser Schalter geschlossen ist und Strom durchfließt, so bezeichnen wir das als «1». Ist der Schalter offen, und es fließt kein Strom, bezeichnen wir das als «0». Wir können auch sagen, dass der Bitwert «1» der Schalterstellung «ein» und der Bitwert «0» der Schalterstellung «aus» entspricht. In diesem Sinne ändern wir zum Beispiel jedes Mal, wenn wir in einem Zimmer das Licht ein- oder ausschalten, den Zustand eines physikalischen Systems, nämlich des Schalters, der einem bestimmten Bitwert entspricht. Diese Änderung der Schalterstellung hat dann weitere physikalische Wirkungen, nämlich insbesondere die, dass das Licht an- oder ausgeht. Die ersten Computer waren tatsächlich aus solchen, allerdings elektrisch betätigten Schaltern aufgebaut. Natürlich kommt man mit solchen Schaltern nicht sehr weit und kann nicht sehr viele Operationen verwirklichen, jedoch ist das Prinzip das gleiche wie in modernen Hochgeschwindigkeitscomputern.

Auch in modernen Computern gibt es sehr viele verschiedene Möglichkeiten, einzelne Bits zu realisieren, sei es im Computer selbst oder in den Speichermedien. Als eine im Prinzip relativ einfache Möglichkeit seien hier die CDs erwähnt. Hier werden die Bits durch kleine Grübchen in der CD physikalisch («körperlich») verwirklicht. Man kann diese auch sehen, indem man eine CD ins Sonnenlicht hält, wo man unter bestimmten Winkeln farbige Reflektionen beobachten kann. Diese farbigen Reflektionen sind ein Zeichen für die vielen verschiedenen bitdarstellenden Grübchen, und hierbei ist es wieder vollkommen gleichgültig, ob diese Information etwa eine Beethovensymphonie darstellt oder ein neues Computerprogramm, alle werden auf dieselbe Weise auf der CD festgehalten.

Was ändert sich nun durch die Quantenphysik an diesen Überlegungen? Um ein einzelnes Bit physikalisch darzustellen, benötigen wir ein Quantensystem, das in zumindest zwei verschiedenen Zuständen existieren kann. Diese beiden Zustände können wir in genau derselben Weise wie unseren elektrischen Schalter mit den Bitwerten «0» und «1» identifizieren. Nehmen wir wieder ein einfaches physikalisches Beispiel, etwa die Polarisation eines Photons, eines Lichtteilchens. Ist das Photon horizontal polarisiert, so möge dies etwa dem Bitwert «0» entsprechen, ist es vertikal polarisiert, dann entspricht es in diesem Fall dem Bitwert «1». Es ist übrigens klar, dass es völlig willkürlich ist, welchen physikalischen Zustand wir mit welchem Bitwert bezeichnen. Wir müssen nur sichergehen, dass die beiden Zustände, die den beiden Bitwerten entsprechen, leicht unterscheidbar sind und nicht verwechselt werden können. Und dass wir alle, wenn wir z. B. die Photonen für den Informationsaustausch verwenden wollen, darin übereinkommen müssen, dieselbe Zuweisung von Bitwerten an dieselben Zustände vorzunehmen, denn sonst können wir ja die Information nicht identifizieren. Das wäre dann genauso, als würden wir zwar alle dieselben Buchstaben des Alphabets verwenden, aber dennoch würde zum Beispiel das «A» für den einen Leser etwas anderes bedeuten als für den anderen.

Die neuen Möglichkeiten des Quantencomputers entstehen nun aus den zwei wesentlichen Eigenschaften der Quantenphysik, die wir bereits erwähnt haben: der Superposition und der Verschränkung. Unter Superposition hatten wir die Tatsache verstanden, dass ein Quantensystem in der Überlagerung verschiedener Zustände existieren kann (bei unserem Doppelspaltexperiment waren das die Überlagerung des Zustandes, dass das System durch den einen Spalt geht, und des Zustandes, dass das System durch den anderen Spalt durchtritt). Für unser Bit heißt das, dass ein Quantensystem, das in den Zuständen existieren kann, die «0» und «1» entsprechen, auch in einer Überlagerung dieser beiden Zustände vorliegen kann, also in einer Überlagerung oder Superposition von «0» und «1». Dazu kommt noch, dass die Anteile von «0» und «1» durchaus verschieden groß sein können. Diese Überlagerung verschiedener Werte der Information ist etwas, was bisher bei Computern nicht verwirklicht werden konnte, da alle existierenden Computer nach den Prinzipien der klassischen Physik funktionieren. Die Überlagerung ist deshalb etwas qualitativ vollkommen Neues. Vom amerikanischen Physiker Ben Schumacher wurde daher vorgeschlagen, für ein Bit in der Quantenphysik, also ein Quantenbit, den neuen Namen *Qubit* einzuführen. Damit kennzeichnet man die Tatsache, dass ein Quantenbit eben in diesem eigentümlichen Überlagerungszustand existieren kann.

Welche Rolle kann nun die Verschränkung im Quantencomputer spielen? Wir haben oben gesehen, dass Verschränkung diese seltsame Weise ist, in der zwei oder mehr Quantensysteme auch über große Entfernungen miteinander zusammenhängen können. Um ihre Bedeutung im Fall des Quantencomputers zu sehen, müssen wir uns die Information vorstellen, die in wenigstens zwei Qubits gespeichert sein kann. Sind dies klassische Bits, so gibt es für jedes der beiden die Möglichkeit, «0» oder «1» zu sein. Dies ergibt also die vier Kombinationen «00», «01», «10» sowie schließlich «11». Das bedeutet, dass ein System aus zwei klassischen Bits gerade in vier verschiedenen Zuständen existieren kann, in mehr nicht. Ganz anders ist die Situation im Fall von zwei Qubits. Hier kann sich ja nun schon jedes der beiden Qubits in einer beliebigen Superposition von «0» und «1» befinden, wobei wir unter beliebiger Superposition wieder verstehen, dass alle verschiedenen Anteile von «0» und «1» tatsächlich möglich sind. Es gibt für jedes einzelne der beiden Qubits unendlich viele Möglichkeiten und damit auch unendlich viele Möglichkeiten für ihre beidseitige Kombination. Dies bedeutet vorläufig aber noch keine Verschränkung. Um die Verschränkung ins Spiel zu bringen, überlegen wir uns folgende Situation. Nehmen wir an, wir wüssten von irgendwoher, dass die beiden Qubits gleich sind, und wir wüssten konkret, dass sie entweder beide «0» oder beide «1» darstellen: Anders formuliert, wüssten wir also, dass wir entweder die Kombination «00» oder die Kombination «11» vor uns haben. Wären das klassische Bits, würden wir sagen, dass eben eine der beiden Möglichkeiten «00» oder «11» jeweils mit einer 50:50-Wahrscheinlichkeit vorliegt. Nicht so jedoch bei Qubits. Wir hatten ja beim Doppelspalt gesehen, dass, wann immer es zwei oder mehr Möglichkeiten eines Zustandes eines Quantensystems gibt, und wenn keinerlei Information darüber existiert, welcher der beiden Zustände tatsächlich vorliegt, wir mit einer Superposition zu rechnen haben.

Was heißt das nun im Fall unserer Qubits? Wir waren davon ausgegangen, dass wir wissen, dass sie entweder «00» oder «11» sind. Wenn keine weitere Information vorhanden ist, müssen wir daher von einer Superposition dieser beiden Möglichkeiten ausgehen. Wir haben damit eine höchst eigenartige Situation vor uns. Keines der beiden Qubits hat einen wohldefinierten Wert. Wird jedoch eins von beiden gemessen, liefert es rein zufällig den Wert «0» oder «1», und das zweite Qubit wird automatisch im selben Moment genau denselben Wert annehmen. In einem gewissen Sinn ist es also so, dass diese Qubits selbst keine wohldefinierte Information mehr tragen. Nicht nur wir wissen nicht, welche Information sie tragen, es ist überhaupt nicht und in keiner Weise festgelegt. Sie tragen jedoch eine gemeinsame Information: dass sie beide identisch sein müssen, falls sie jemals gemessen werden sollten.

Dies hat für den Quantencomputer eine interessante Konsequenz. Denken wir etwa daran, dass den binär dargestellten Bitwerten «00» die Zahl «0» entspricht und den Bitwerten «11» die Zahl «3», denn «11» entspricht $1 \times 2 + 1 \times 1 = 3$. Füttern wir also etwa den Quantencomputer mit zwei Qubits, die sich in der Überlagerung von «00» und «11» befinden, dann füttern wir ihn in Wirklichkeit mit einer Überlagerung von zwei verschiedenen Zahlen, nämlich «0» und «3». Der Quantencomputer wird nun seine Rechnungen mit diesen beiden Inputs gleichzeitig durchführen, eben wieder in einer Überlagerung. Das bedeutet, der ganze Quantencomputer befindet sich nun in einer sehr komplizierten Überlagerung entsprechend den verschiedenen Prozessen, die ablaufen, wenn wir ihn mit «0» oder mit «3» füttern.

An seinem «Ausgang» wird er uns nun eine Überlagerung der Rechenresultate für den Input «0» und für den Input «3» liefern. Wir haben also beide Resultate gleichzeitig vorliegen und müssen sie nicht hintereinander in den Computer eingeben. Das einzige Problem ist daher, dass wir eben am Output eine Überlagerung der beiden Möglichkeiten vor uns haben. Bei einer Messung des Outputs würden wir rein zufällig entweder die Antwort für «0» oder die Antwort für «3» bekommen. Ganz wesentlich bleibt jedoch, dass dann, wenn wir nach gewissen gemeinsamen Eigenschaften verschiedener Inputs oder verschiedener Zahlen suchen, diese durch einen Quantencomputer sehr viel schneller gefunden werden können als durch einen klassischen Computer. Man füttert ihn einfach mit einer Überlagerung aller verschiedenen Inputs und fragt dann am Output des Computers nach dieser gemeinsamen Eigenschaft.

Diese etwas abstrakte Darstellung hat interessanterweise ganz konkrete Konsequenzen in bestimmten mathematischen Rechenverfahren, die man auch «Algorithmen» nennt. Ein berühmtes Problem in der Mathematik ist die Zerlegung einer Zahl in ihre Primfaktoren, zum Beispiel $15 = 3 \times 5$. Für kleine Zahlen ist es offenbar kein Problem, die Faktorisierung, das ist die Zerlegung in Primzahlen, durchzuführen. Die Frage ist, ob es auch für sehr große Zahlen eine schnelle Möglichkeit der Zerlegung gibt. Es stellt sich nun heraus, dass es de facto bei einer sehr, sehr langen und großen Zahl keinen schnelleren Weg gibt als im wesentlichen einfach auszuprobieren, durch welche Primzahlen sie geteilt werden kann (wir gehen davon aus, dass man alle zur Zerlegung notwendigen Primzahlen bereits kennt). Und es gibt keine Möglichkeit, zumindest ist keine bekannt, dieses Verfahren wesentlich zu beschleunigen.

Peter Shor hat nun im Jahre 1994 herausgefunden, dass ein Quantencomputer eine beträchtliche Beschleunigung jenes Zerlegens ermöglichen würde. Ein zentraler Punkt bei der Faktorisierung durch einen Quantencomputer ist die Anwendung verschränkter Zustände. Und die Bedeutung der Entdeckung Shors liegt unter anderem genau darin, dass die eben erwähnte, prinzipielle Schwierigkeit bei der Zerlegung großer Zahlen in Primfaktoren heute zur Verschlüsselung geheimer Nachrichten verwendet wird. Man verwendet zur Verschlüsselung einfach so große Zahlen, dass ihre Zerlegung in Primfaktoren in keinen modernen Computern in absehbarer Zeit gelöst werden kann. Wenn Shors Algorithmus jedoch in einem Quantencomputer verwirklicht werden sollte, wäre eben diese Verschlüsselungsmethode auf einen Schlag obsolet. Es gibt natürlich auch noch andere Vorteile eines Quantencomputers, doch auf deren Diskussion müssen wir hier verzichten. Wichtig ist jedoch die grundsätzliche Erkenntnis, dass es Algorithmen gibt, die auf einem Quantencomputer sehr viel schneller ablaufen würden als auf einem klassischen Computer.

Ob solche Quantencomputer allerdings in absehbarer Zeit verwirklicht werden und wie sie aussehen werden, ist eine offene

Frage. Gegenwärtig gibt es hierzu ein großes internationales Wettrennen, und es ist klar, dass dieses Wettrennen den zentralen Grundstein für eine neue Technologie legt.

Genug von all diesen technischen Dingen. Wenden wir uns nun im Rest des Buches wieder der philosophischen Bedeutung dieser Experimente zu. Es ist meine Überzeugung, dass die dadurch notwendigen Änderungen unseres Weltbildes so groß sein werden, dass alle möglichen technischen Konsequenzen im Vergleich dazu klein erscheinen.

Einsteins Schleier IV

«Es geht darum, alles so einfach wie möglich zu machen.
Aber nicht einfacher.»
Albert Einstein

1. Symbol und Wirklichkeit

Wir haben nun schon einige wichtige Experimente in der Quantenphysik diskutiert und so seltsame Begriffe kennen gelernt wie *Superposition* und *Verschränkung*. Wir haben auch gesehen, dass der Zufall in der Quantenphysik eine ganz wesentliche Rolle spielt. Wenden wir uns nun der Frage zu: Wie ist das Ganze zu verstehen, und was bedeutet es? Albert Einstein hatte ja zur Idee Louis de Broglies gemeint, er habe eine Ecke des großen Schleiers gelüftet. Aber was ist hinter dem Schleier, hinter dem sich das wahre Gesicht der Natur verbirgt? Wie sieht die Welt wirklich aus?

Hierzu eine Bemerkung: Die Quantenphysik in ihrer modernen Formulierung ist etwa 70 bis 80 Jahre alt. Am Anfang war diese Theorie sehr spekulativ, aber im Laufe der Zeit wurden immer mehr und mehr Experimente durchgeführt, die ihre Vorhersagen auf wunderbare Weise bestätigten, und zwar mit unglaublich hoher Präzision, was sehr wichtig ist, um den Physiker von der Richtigkeit der Theorie zu überzeugen. Das heißt, wann immer der theoretische Physiker etwas ausrechnet und dabei – hoffentlich – keinen Fehler macht, kann er diese Berechnung mit beliebiger Genauigkeit durchführen. Wenn dann die Experimentatoren überprüfen, ob es sich tatsächlich so verhält, so finden sie die Vorhersagen des Theoretikers sehr genau bestätigt. Man muss dem vielleicht noch hinzufügen, dass die Begriffe «Theorie» und «Experiment» in der Physik etwas anderes und sehr viel Präziseres bedeuten als etwa im täglichen Leben. Im üblichen Sprachgebrauch versteht man unter

Theorie oft etwas rein gedanklich Zusammengebasteltes, häufig mit wenig Bezug zur Wirklichkeit. Man verwendet ja oft auch die Worte «Das ist reine Theorie» und meint damit, dass sich hier jemand in seinen Gedanken etwas vom Alltag entfernt hat, dass das Ganze wenig Bedeutung besitzt. Robustere Naturen drücken das weniger charmant aus: Menschen, die mit beiden Beinen im Leben stehen und sich auskennen, brauchen keine Theorien, brauchen vor allem keine solchen Spinnereien.

Doch in der Physik ist eine Theorie etwas ganz anderes. Hier geht es vielmehr konkret darum, die Wirklichkeit zu beschreiben. Sie werden nun vielleicht sagen: Wozu braucht der Theoretiker dann so viele Gleichungen und Formeln, und warum spricht er so kompliziert, wenn er doch nur die Wirklichkeit beschreiben möchte? Die Sprache des theoretischen Physikers ist tatsächlich die Mathematik, und es ist eine bis heute nicht wirklich verstandene Tatsache, warum sich die Natur mit mathematischen Formeln so gut beschreiben lässt. Wie geht der theoretische Physiker vor? Zuerst muss er sich einen Ausgangspunkt für seine Überlegungen suchen. Dies kann entweder irgendeine Grundidee sein, und man will die beobachtbaren Konsequenzen dieser Idee sehen, oder es ist der Versuch, ein bestimmtes Experiment genauer zu beschreiben. In allen diesen Fällen nimmt der Theoretiker eine mathematische Beziehung als Ausgangspunkt. In dieser mathematischen Beziehung, zum Beispiel $E = mc^2$, stehen im allgemeinen keine oder nur wenige Zahlen, aber dafür viele Buchstaben. Was bedeuten diese Buchstaben? Warum verwendet man überhaupt Buchstaben in einer Gleichung? Warum besteht eine Gleichung nicht nur aus Zahlen, wie das zum Beispiel bei der Gleichung $2 + 3 = 5$ der Fall wäre? Diese Gleichung versteht ja jeder sofort. Ursprünglich hatte sie wohl so etwas bedeutet wie zum Beispiel: Zwei Sack Korn und drei Sack Korn sind zusammen fünf Sack Korn, eine Beschreibung, die vielleicht irgendein Steuereintreiber vor fünftausend Jahren in Mesopotamien, im Zweistromland zwischen Euphrat und Tigris, dem heutigen Irak, verwendet hat, wo sich nach unserem heutigen Verständnis eine der Wiegen unserer Kultur befindet. Dort haben Menschen zum ersten Mal, zumindest zum ersten Mal nachweislich, in einer Form, die wir heute noch an den archäologischen Überresten erkennen können, Zahlen verwendet. Dies war einfach durch die Entstehung organisierter Staatswesen mit Städten notwendig geworden. Solche Staatswesen benötigen bis heute – sehr zum Leidwesen ihrer Bürger – Beiträge des Einzelnen zur Allgemeinheit, auch Steuern genannt. Um Steuern einnehmen zu können, muss man das Vermögen der Bürger kennen. Man muss wissen, womit sie Geschäfte machen, und man muss als Finanzminister wissen, wo man ihnen durch Erheben von Steuern gerade noch so viel weh tun kann, dass sie nicht wirklich sauer werden, auswandern oder überhaupt ihre Geschäfte ruiniert werden.

Wie kommen wir aber von den Zahlen in der Gleichung $2 + 3 = 5$ zu den Buchstaben in der Gleichung $E = mc^2$? Es ist wohl eine der größten Leistungen des menschlichen Geistes, entdeckt zu haben, dass solche Gleichungen, wie wir sie gerade diskutieren, nicht nur für konkrete Zahlen gelten, sondern dass man, sozusagen als Zahlen-Platzhalter, auch Buchstaben in einer Gleichung verwenden kann. Dies ist die Entdeckung der Algebra durch arabische Mathematiker. Die Buchstaben in einer Gleichung können nun irgendetwas bedeuten. Manchmal bedeuten sie nur eine konkrete Zahl, für die sie stehen. Wenn wir etwa $3 + 2 = a$ schreiben, so weiß jeder sofort, dass a lediglich für die Zahl 5 steht, denn nur für die Zahl 5 ist diese Gleichung richtig. Hier würde a also nur den Platz einer bestimmten Zahl einnehmen und keine weitere Bedeutung haben. Für den mesopotamisch-sumerischen Steuereintreiber kann die Gleichung $3 + 2 = a$ die Antwort auf die Frage bedeuten:

«Wenn mir der erste Bauer drei Sack Korn gibt und der zweite Bauer zwei Sack, wie viel Sack habe ich dann insgesamt, wie viel Sack kann ich insgesamt als Steuer erheben?»

Dann würde die Zahl a für die Zahl der Säcke stehen, die der Steuereintreiber fordert.

Gleichungen in der Physik haben keine andere Bedeutung. Sie stellen Beziehungen zwischen Dingen her, die wir in der Welt beobachten können, wie es etwa die Säcke Korn unseres Steuereintreibers waren, und sie stellen diese Beziehungen mit Hilfe allgemeiner Symbole dar. Dies sind im allgemeinen Buchstaben unseres lateinischen Alphabets. Oft werden auch griechische oder sogar hebräische Buchstaben herangezogen.

In diesem Sinne interpretieren wir jetzt die berühmte Gleichung

$E = mc^2$. Wofür sehen die Symbole E, m und c in dieser Gleichung? Hier sehen wir schon etwas sehr Wichtiges. Diese Symbole müssen von irgendjemandem in ihrer Bedeutung festgelegt werden, sonst kann ja diese ganze Gleichung überhaupt nichts heißen. Ohne die Festlegung der konkreten Bedeutung eines jeden Symbols wüsste sonst niemand, der diese Gleichung später liest, etwas mit ihr anzufangen. Albert Einstein, der diese Gleichung formulierte, hat den Symbolen E, m und c eine ganz eindeutige Bedeutung gegeben. Der Buchstabe E steht für Energie, m für Masse, und c steht für die Lichtgeschwindigkeit. Das kombinierte Symbol c^2 bedeutet nichts anderes, als dass c einmal mit sich selbst multipliziert wird, also c^2 ist gleich c x c. Die berühmte Gleichung Einsteins heißt also:

«Energie ist gleich Masse mal Lichtgeschwindigkeit mal Lichtgeschwindigkeit.»

Damit haben wir zwar die Symbole der Gleichung übersetzt, jedoch noch immer nicht verstanden, was sie tatsächlich bedeutet, ja, wir können sie noch nicht einmal in unserer Realität anwenden. Wir benötigen also noch weitere Werkzeuge. Zum ersten müssen wir angeben, in welchen Einheiten wir die verschiedenen Größen messen. So war es ja auch schon bei unserem mesopotamischen Zahlenbeispiel. Wenn der Steuereintreiber von einer bestimmten Anzahl von Säcken mit Korn spricht, so muss er sagen, wie groß ein Sack ist, wieviel da drinnen sein soll, und all dies muss eben allgemein bekannt sein. Er wird natürlich versuchen, diese Säcke möglichst groß zu machen, damit er entsprechend viel Steuern einnehmen kann. Der Bauer wird dagegen versuchen, möglichst kleine Säcke zu verwenden. Also brauchen wir jemanden, der festlegt, wie groß ein Sack Korn sein soll. Im europäischen Mittelalter waren häufig Zeichen an Kirchen angebracht, die den Leuten solche Einheitsgrößen mitteilten. Dies sieht man heute noch am Stephansdom im Zentrum von Wien. Dort sehen wir zwei verschiedene Längenmaße, die benutzt werden können, um eine bestimmte Menge Stoff abzumessen, sowie eine runde Scheibe, die die Größe angibt, die ein Brotlaib mindestens haben muss, wenn ihn ein Bäcker seinen Kunden verkaufen möchte.

Im Fall unserer Gleichung brauchen wir Maßeinheiten, mit denen wir die Energie E, die Masse m und die Lichtgeschwindigkeit c messen können. Hier ist man nun übereingekommen, die Masse in Kilogramm (kg) anzugeben. Die Geschwindigkeit messen wir in Metern pro Sekunde, und für die Energie gibt es die weniger bekannte Einheit Joule. Was bedeutet dann die Gleichung $E = mc^2$? Diese Gleichung hat zumindest zwei verschiedene Interpretationsebenen. In der ersten Ebene bedeutet sie, dass jeder Masse auch einer bestimmte Energie entspricht. Wichtig an der Gleichung $E = mc^2$ ist auch noch die Tatsache, dass die Lichtgeschwindigkeit sehr hoch ist. Das Licht breitet sich mit einer Geschwindigkeit von etwa 300 Millionen Metern pro Sekunde aus, das heißt, in jeder Sekunde legt Licht die Entfernung von 300 Millionen Metern oder 300 000 Kilometern zurück, fast achtmal um die Erde herum. Die Einsteinsche Gleichung bedeutet daher etwas sehr Interessantes. Jeder Masse m, selbst wenn sie sehr, sehr klein ist, entspricht eine große Menge an Energie. Nehmen wir die Masse eines winzigkleinen Wassertröpfchens von einem Millimeter Durchmesser – sie entspricht nach der Einsteinschen Formel einer Energie von etwa 50 000 000 Joule. Darunter kann man sich sehr leicht etwas Konkretes vorstellen. Diese Energie reicht aus, um zum Beispiel 100 Liter Wasser zum Kochen zu bringen. Eine der Konsequenzen von Einsteins Formel ist also, dass man ungeheure Energiemengen gewinnen kann, wenn man Masse direkt in Energie umzuwandeln versteht. Dies ist der Grund, warum eine Atombombe, die relativ klein ist, so verheerende Wirkung hat. Es wird zwar weniger als ein Tausendstel der Masse der Atome in einer Atombombe in Energie umgewandelt, aber dies reicht aus, um zu so ungeheuren Explosionen bzw. Zerstörungen zu führen.

Rekapitulieren wir kurz: Wir haben zum Verständnis unserer physikalischen Gleichung $E = mc^2$, die wir als Beispiel nehmen, zuerst gesehen, dass für jedes Symbol in dieser Gleichung etwas ganz Bestimmtes steht, nämlich Energie, Masse oder Geschwindigkeit. Wir haben weiter gesehen, dass dies zu einer ganz konkreten physikalischen Aussage mit unmittelbaren Konsequenzen führt: nämlich dass Masse in ungeheure Mengen an Energie umgewandelt werden kann. Wir haben unsere Gleichung also erfolgreich interpretiert in dem Sinne, was sie für die Beschreibung von Beobachtungen bedeutet. Wenn wir z. B. die Masse eines Körpers bestimmen wollen, so müssen wir ja bestimmte Beobachtungen machen. Wir müssen die Masse zum Beispiel auf eine Waage legen und abwägen. Wenn wir Geschwindigkeit bestimmen wollen, müssen wir einfach schauen, wie schnell das Objekt, dessen Geschwindigkeit wir wissen wollen, und sei es ein Lichtimpuls, eine bestimmte Strecke durchwandert und so weiter.

Es ist nun eine unglaublich interessante Tatsache, dass man Größen – die man in der Wirklichkeit beobachten kann oder messen kann, wie zum Beispiel die Masse eines Wassertröpfchens oder die Geschwindigkeit eines Lichtimpulses – jeweils mit Zahlen versehen kann, die über mathematische Beziehungen miteinander verbunden sind. Diese Tatsache, dass Mathematik so wichtig für unsere Naturbeobachtung ist – und wir Physiker sprechen auch dann von «Natur», wenn damit nichts Lebendiges gemeint ist –, ist wohl eine der wichtigsten Entdeckungen der Menschheit, eine Entdeckung, die nur in unserer abendländischen Kultur gemacht wurde. Es ist heute schwer vorstellbar, wie überraschend diese Entdeckung eigentlich ist. Warum verhält sich die Natur nach mathematischen Gesetzen? Wir können ja mathematische Gesetze nicht nur in dem Spezialfall anwenden, den wir gerade besprochen haben. Sie gelten vielmehr umfassend. Die Bahnen der Planeten um die Sonne, die Entstehung der Sterne, die Tatsache, dass Flugzeuge fliegen können und nicht einfach herunterfallen, das Gleichgewicht zwischen Raubtieren und Beutetieren in einem Ökosystem und vieles mehr – all das wird oder kann durch mathematische Gesetze beschrieben werden. Albert Einstein hat einmal davon gesprochen, dass es völlig unverständlich sei, dass die Mathematik so wirkungsvoll in der Beschreibung der Natur ist. Er hat es sogar als eigentlich unvernünftig bezeichnet, dass die Mathematik, die ja nur aus der Beschäftigung mit Zahlen kommt, in der Natur eine so präzise Entsprechung hat. Man kann die Qualität dieser Entsprechung nicht hoch genug einschätzen. So bedeutet die Einsteinsche Beziehung $E = mc^2$ nicht nur, dass Masse in irgendeiner Weise Energie entspricht, sondern sie gibt sogar einen präzisen, in Zahlen ausgedrückten Zusammenhang zwischen beiden an. Wenn ich also so und so viel Gramm Masse in Energie umwandle, dann kann ich ganz exakt ausrechnen, wieviel Energie ich dabei erhalte.

Der Theoretiker geht nun so vor, dass er von irgendeiner mathematischen Gleichung aus startet und anhand dieser Gleichung den

Zusammenhang zwischen irgendwelchen beobachtbaren Größen berechnet. Ein Beispiel wäre etwa die Art und Weise, wie man aus mechanischen Grundgesetzen die Planetenbahnen berechnen kann. Man benötigt hierzu nichts anderes als das mathematische Gesetz der Schwerkraft sowie das sogenannte Massenträgheitsgesetz und erhält daraus bereits einen mathematisch präzisen Zusammenhang zwischen der Zeit, die ein Planet benötigt, um auf seiner Umlaufbahn einmal die Sonne zu umrunden, und seinem Abstand von der Sonne. Diesen theoretisch vorhergesagten Zusammenhang kann man dann sehr genau überprüfen, indem man die Planetenbewegungen genau beobachtet. Man stellt dann fest, dass die Planetenbahnen genau den Berechnungen entsprechen, das heißt, die Theorie drückt offenbar einen wirklichen Sachverhalt aus. Stellen wir fest, dass die Berechnungen nicht genau stimmen, so muss irgendetwas an unseren theoretischen Überlegungen, also an den Gleichungen, von denen wir ausgegangen sind, falsch sein. Genau eine solche Abweichung hatte man tatsächlich bei der Planetenbahn des innersten Planeten unseres Sonnensystems, beim Merkur, gefunden, und diese Abweichung konnte erst durch Einstein in seiner Allgemeinen Relativitätstheorie erklärt werden.

Eine physikalische Theorie ist also nicht etwas Diffuses, sondern ganz im Gegenteil etwas Hochpräzises. Sie geht von bestimmten Grundannahmen aus und berechnet dann mit Hilfe der Mathematik neue Resultate, die ganz konkrete experimentelle Ergebnisse, ganz konkrete Beobachtungen vorhersagen, und dies nicht nur grob, sondern in einer präzisen Weise, die exakt nachgemessen werden kann. Eine physikalische Theorie ist eben nichts Diffuses, nichts, was nur ein reines Gedankengebilde wäre, kein Phantasiegebilde, das nichts mit der Wirklichkeit zu tun hat, sondern ganz das Gegenteil. Hier geht es darum, mit sehr genauen und sehr exakten mathematischen Methoden Aussagen über die Welt und Aussagen über die Wirklichkeit zu machen, die genau überprüft werden können. Entsprechend kann eine physikalische Theorie natürlich auch jederzeit widerlegt werden.

Damit sind wir bei der Rolle des Experiments selbst angelangt. Auch das physikalische Experiment hat einen ganz anderen Stellenwert als etwa das Experiment im täglichen Leben. Man spricht ja vereinfacht oft davon, man solle im Leben keine Experimente machen. Man solle nicht sinn- oder ziellos irgendwie herumexperimentieren oder herumprobieren, nur um des Probierens willen, denn da komme ja doch nichts heraus.

Das physikalische Experiment ist etwas ganz anderes. Hier versucht der Physiker sozusagen der Natur auf die Schliche zu kommen. Er versucht herauszufinden, wie sich die Natur verhält. Dazu bedarf es nicht eines blinden Herumexperimentierens, sondern wohlüberlegter experimenteller Anordnungen, die man auch Versuchsanordnungen nennt. Jedes gute Experiment ist eine Frage an die Natur. Es ist die Aufgabe des Experimentators, diese Frage so präzise wie möglich in seinem Experiment zu verwirklichen und der Natur die Möglichkeit zu geben, eine möglichst genaue Antwort zu liefern. Diese Frage kann vielfältiger Natur sein. Zum Beispiel kann die Frage etwa so lauten: «Stimmt der Zusammenhang zwischen Energie und Masse wirklich so präzise, wie er von Einstein in seiner berühmten Gleichung vorhergesagt wurde?» Wenn man dies überprüfen möchte, dann sieht man tatsächlich nach, ob die Gleichung $E = mc^2$ auch für Naturbeobachtungen wirklich präzise stimmt. Wenn wir also eine Masse m in Energie umwandeln, kommt dann wirklich exakt die berechnete Energie E heraus, so wie sie vorhergesagt wurde? Es ist sofort offenkundig, dass ein solches Experiment sehr diffizil angelegt und sehr präzise durchgeführt werden muss, eben sehr klare Überlegungen erfordert.

Es gibt aber noch andere Arten von Experimenten, die ebenso präzise ablaufen. Man kann zum Beispiel nach dem Wert einer physikalischen Größe in einem neuen Zusammenhang fragen, den noch niemand zuvor beobachtet hat und für den es auch noch keine Theorie gibt. Dies galt etwa für die Experimente, mit denen man die Lichtgeschwindigkeit bestimmt hatte. Hier musste man einfach den Wert einer noch unbekannten Größe, nämlich der Schnelligkeit der Ausbreitung eines Lichtimpulses, so genau wie möglich messen.

Im Falle der Messung der Lichtgeschwindigkeit stellte sich heraus, dass man immer auf exakt dieselbe Zahl stieß. Deshalb ist man übereingekommen, die Lichtgeschwindigkeit als eine weitere fundamentale Naturkonstante, also als eine physikalische Größe, einzuführen, die überall im ganzen Universum genau gleich ist. So wie bei der Naturkonstanten h, dem Planckschen Wirkungsquantum, das wir früher bereits besprochen hatten, ist es auch bei der Lichtgeschwindigkeit nicht möglich, ihren genauen Wert, ihre genaue Größe aus irgendeiner Theorie abzuleiten. Soviel wir heute wissen, ist sie einfach naturgegeben. Aber es ist nicht auszuschließen, dass eines Tages jemand eine Theorie aufstellt, mit der es möglich ist, genau zu erklären, warum die Lichtgeschwindigkeit gerade so groß ist, wie sie ist, und nicht anders. Vielleicht wird das eines Tages gelingen, heute ist es jedenfalls noch Zukunftsmusik.

Damit wissen wir nun, was eine physikalische Theorie und was ein physikalisches Experiment ist und dass zwischen beiden ein klarer Zusammenhang besteht. Dieser Zusammenhang wird durch die genaue Interpretation der mathematischen Formeln, die der Theoretiker aufstellt, geliefert. Dies ist eine Interpretation in dem Sinne, dass eben jedem mathematischen Symbol eine bestimmte physikalische Größe, die wir dann im Experiment beobachten können, exakt entspricht. Diese Art der Interpretation möchte ich Interpretation ersten Grades nennen. Sie ist notwendig, damit Theorien nicht als reine Gedankengespinste in der Luft hängen und damit physikalische Theorien ihre experimentelle Überprüfung finden. Auch für den Experimentator ist diese Interpretation einer Formel wichtig, denn nur so hat er etwas, was er im Experiment beobachten kann, und nur so kann er gewissermaßen System in seine Experimente bringen.

Es gibt aber auch noch eine andere Art von Interpretation. Diese Interpretation geht weit darüber hinaus, den Zusammenhang zwischen Experiment und Theorie herzustellen. Sie stellt Fragen wie etwa die: Was bedeutet diese Gleichung eigentlich wirklich, über die wir gerade diskutieren, zum Beispiel die Gleichung $E = mc^2$? Welche fundamentalen grundlegenden Konzepte über unsere Welt stecken dahinter? Wie können wir diese Theorie philosophisch verstehen? Ist das nur ein mathematischer Zusammenhang, der irgendwie recht hübsch und von der Natur «bestätigt» ist, oder steckt viel mehr dahinter? Es geht also hierbei um eine Interpretation auf einer höheren Ebene, gewissermaßen um eine metaphysische Interpretation, die zu beantworten sucht, welchen Sinn, welche Bedeutung eine Theorie hat, was daraus für unser Weltbild folgt. Diese Interpretation nenne ich eine Interpretation zweiten Grades. Nehmen wir wieder das Beispiel der Gleichung $E = mc^2$. Was kann hier an Tieferem dahinterstecken? Nun, die Beantwortung dieser Frage ist natürlich sehr, sehr schwierig, denn hier verlassen wir notwendigerweise den Bereich des mathematisch Beweisbaren und begeben uns auf eine Ebene, in der es um Bedeutung geht, um Sinn, um Intuition, um Verständnis, um Klarheit, um Einsicht, um tiefere Bedeutung – für manche Menschen sind dies religiöse Fragen.

Um bei unserem Beispiel zu bleiben – die moderne Interpretation der Gleichung $E = mc^2$ ist für viele Physiker die, einfach zu sagen, dass Energie und Masse in Wirklichkeit dasselbe sind, sozusagen die zwei Seiten ein und derselben Medaille. Man spricht deshalb auch von der *Masse-Energie-Äquivalenz*. Äquivalenz bedeutet ja, dass zwei Dinge vollkommen gleichwertig sind, dass sie genau dieselbe Bedeutung besitzen. Man sagt also, dass Energie nur eine andere Ausformung der Masse ist und Masse nur eine andere Ausformung der Energie. Man kann die Frage noch um eine Ebene tiefer setzen und fragen, woher denn das Ganze kommt. Nun, wir wissen, die Beziehung $E = mc^2$ wurde von Albert Einstein aus seiner Relativitätstheorie abgeleitet. Es ist dies die Theorie, die zu einem völlig neuen Verständnis von Raum und Zeit geführt hat. Wir haben hier gelernt, dass Raum und Zeit nicht zwei verschiedene Begriffe sind, sondern ebenso ineinander überführt werden können wie Energie und Masse. Wir sprechen deshalb auch von einem *Raum-Zeit-Kontinuum*. Auf dieser Ebene bedeutet die Gleichung $E = mc^2$, dass Raum und Zeit eine Einheit sind. Nun haben wir damit bereits eine sehr tiefe Ebene der Interpretation erreicht. Wir können nun weiter fragen: Warum sind Raum und Zeit eine Einheit? Warum sprechen wir von einem Raum-Zeit-Kontinuum? Nun, diese Frage müssen wir offen lassen. Denn hierzu haben wir bis heute noch keine tieferen, adäquaten Antworten gefunden.

Zusammenfassend haben wir also gesehen, dass es verschiedene Ebenen der Interpretation gibt, von denen wir zwei grundsätzlich unterscheiden können. Die erste Ebene war die Ebene der Interpretation der Symbole der Theorie in dem Sinne, dass wir genau angeben müssen, was den Symbolen im Experiment entspricht. Und die zweite Ebene war die Frage des Verständnisses, der tieferen Bedeutung. Diese beiden Ebenen der Interpretation diskutieren wir jetzt für die Quantenphysik.

2. Deutungsmodelle der Quantenphysik

Auch im Falle der Quantenphysik haben wir es auf der ersten Ebene der Interpretation mit mathematischen Symbolen zu tun, deren Bedeutung im Experiment sehr klar ist, auf der zweiten Ebene jedoch divergieren die Meinungen extrem. Kehren wir zu diesem Zweck kurz zu unseren früheren Diskussionen des Doppelspaltexperimentes zurück. Rekapitulieren wir kurz das Wesentlichste (Abbildung 3). Wenn beide Spalte offen sind, so erhalten wir Interferenzstreifen, wenn nur einer offen ist, so ist das Bild am Beobachtungsschirm einheitlich grau. Wir haben auch gesehen, dass das Experiment, wenn es mit einzelnen Photonen durchgeführt wird,

3 Das Doppelspaltexperiment (Bild nach Niels Bohr).

dieselben Interferenzstreifen liefert. Die klassische Erklärung geht hier von einer Welle aus, die durch beide Spalte tritt. Diese beiden Teilwellen führen zu Interferenzen. Das heißt, die Wellen verstärken sich an den hellen Stellen und löschen sich gegenseitig an den dunklen Stellen aus. Die Rolle der Welle übernimmt in der Schrödingerschen Form der Quantenmechanik, auch als «Wellenmechanik» bezeichnet, die von ihm so bezeichnete *Wellenfunktion*. Als Symbol für die Wellenfunktion hat Schrödinger den griechischen Buchstaben Ψ (Psi) eingeführt. Schrödinger hat eine mathematische Gleichung gefunden, mit deren Hilfe man sich in bestimmten Situationen ausrechnen kann, wie die Wellenfunktion Ψ in konkreten Situationen aussieht und wie sie sich im Laufe der Zeit – in einem bestimmten Experiment oder in dem von uns ausgewählten System – ändert. Diese Schrödingergleichung ist sicherlich eine der wichtigsten Gleichungen, die jemals gefunden wurde, gestattet sie doch, wie schon erwähnt, das Verhalten von vielen Materialien und physikalischen Systemen zu verstehen, wie zum Beispiel von Halbleitern oder von Lasern.

Im Doppelspaltexperiment spricht man dann genauso von Überlagerung oder Superposition, nicht der Teilwellen, sondern der beiden Teilwellenfunktionen, die man erhält, wenn jeder einzelne der beiden Spalte offen ist. Diese Wellenfunktion darf man sich aber nun nicht mehr als wirkliche realistische Welle vorstellen, weshalb man von *Wahrscheinlichkeitswellen* spricht.

Das ist offenbar ein sehr abstraktes Konzept. Seine Bedeutung ist nach Max Born ausschließlich die, dass die Intensität der Wahrscheinlichkeitswelle die Wahrscheinlichkeit angibt, das Teilchen an einer bestimmten Stelle zu finden. Mathematisch berechnet man $|\Psi|^2$, das heißt, der Betrag von Ψ wird quadriert, um eine Wahrscheinlichkeit zu liefern. Diese Interpretation der Wellenfunktion wurde interessanterweise nicht von Schrödinger formuliert, sondern erst von Max Born. Das Konzept ist natürlich etwas allgemeiner, man kann nämlich nicht nur die Wahrscheinlichkeit berechnen, ein bestimmtes Teilchen irgendwo zu finden, sondern auch die Wahrscheinlichkeit dafür, dass es eine gewisse Energie hat, oder die Wahrscheinlichkeit dafür, dass ein Atom ein Photon aussendet und so weiter und so fort. Diese Wahrscheinlichkeitsinterpretation von Ψ ist das wichtigste Hilfsmittel, mit dem man die Verbindung zwischen den Formeln der Quantenphysik und der Beobachtung im Experiment herstellt. Es ist dies sozusagen die erste Stufe der Interpretation.

Die klare Formulierung der Wahrscheinlichkeitsinterpretation bedeutet auch hier, dass die Vorhersagen der Quantentheorie im Experiment sehr genau überprüft werden können und auch sehr genau überprüft wurden. Die Quantenphysik hat interessanterweise trotz Unschärfebeziehung, Wahrscheinlichkeit und all den Interpretationsproblemen die am präzisesten überprüfte theoretische Vorhersage überhaupt geliefert, die bisher in der Physik gemacht wurde und die zudem die genaueste experimentelle Bestätigung gefunden hat. Sie sei wegen ihrer eindrucksvollen Präzision hier kurz erwähnt.

Es handelt sich um das magnetische Moment des Elektrons. Wie praktisch alle Elementarteilchen trägt auch das Elektron ein – natürlich nur sehr kleines – magnetisches Feld. Dies wird zahlenmäßig durch sein magnetisches Moment beschrieben. Das magnetische Moment kann man sich in einer gewissen Analogie zum Magnetfeld einer Kompassnadel vorstellen. Der Quantentheorie gelingt es nun, dieses magnetische Moment des Elektrons unglaublich genau zu berechnen. Und zwar beträgt nach dem heutigen theoretischen Verständnis das magnetische Moment des Elektrons $1159{,}652460(12)(75)\cdot 10^{-6}$ Einheiten. Die genaue Bedeutung der Einheiten ist hier nicht wichtig. Interessant ist vielmehr, dass Experimentatoren dieses magnetische Moment des Elektrons sehr genau gemessen haben. Das derzeitige experimentelle Resultat ist $1159{,}6521869(41)\cdot 10^{-6}$ Einheiten. Wenn wir diese beiden Zahlen miteinander vergleichen, die theoretische Vorhersage und das experimentelle Resultat, sehen wir also eine sehr präzise Übereinstimmung. An den beiden Zahlen, die Sie jetzt gerade sehen, sind die ersten sieben Ziffern vollkommen identisch. Wir sprechen in unserem Jargon davon, dass sie Übereinstimmung auf sieben signifikante Stellen besitzen. Die ganz kleinen Abweichungen am Ende sind nach unserem heutigen Verständnis wohl einerseits darauf zurückzuführen, dass die Experimente eine gewisse kleine Ungewissheit haben, und andererseits, dass die theoretische Berechnung nicht weit genug fortgeschritten ist. In den nächsten Jahren sind sicherlich noch weitere Stellen zu erwarten. Bei der theoretischen Berechnung des magnetischen Moments wird übrigens auch das Superpositionsprinzip verwendet, allerdings in einer etwas abstrakteren Weise. Man untersucht, auf welche Möglichkeiten ein magnetisches Moment zustande kommen kann, und überlagert dann alle diese Möglichkeiten. Aber allein schon die jetzige Übereinstimmung ist einmalig und nur dadurch möglich, dass sowohl Theorie als auch Experiment in diesem Bereich ungeheuer weit fortgeschritten sind. Sie ist eine Bestätigung dafür, dass die Quantentheorie offenbar tatsächlich imstande ist, eine genaue Abbildung der Natur zu liefern. Sie ist auch ein sichtbares Kompliment für die Leistungen der Experimentalphysiker, die es durch ständige Fortschritte in ihrer Arbeit möglich gemacht haben, eine Zahl, die Größe dieses magnetischen Moments des Elektrons, so genau zu messen.

Daneben gibt es unzählige weitere experimentelle Bestätigungen der Theorie und bis heute kein einziges Experiment, das der Quantentheorie widerspricht. Wir können also mit großer Sicherheit davon ausgehen, dass die Quantentheorie damit auf so solider Grundlage steht, dass sie nicht nur heute ein zentraler Punkt unserer Naturbeschreibung ist, sondern diese Rolle auch in der Zukunft spielen wird. Die Frage, die wir aber noch immer nicht beantwortet haben – ja, wir haben sie noch nicht einmal klar gestellt und die verschiedenen Möglichkeiten diskutiert –, ist die, was uns diese Theorie nun eigentlich über die Natur erzählt. Was ist ihre tiefere Bedeutung? Was können wir daraus für das Wesen der Welt lernen? Was sehen wir, wenn wir Einsteins Schleier, der das Antlitz der Natur verbirgt, zurückziehen?

Dass die Quantenmechanik, gelinde gesagt, philosophisch nicht unbedeutend ist, war eigentlich von Anfang an klar. Nicht klar war, was sie konkret bedeutet – in diesem philosophischen Sinn, im Hinblick auf unser Weltbild. Wir werden gleich sehen, dass es an Interpretationsvorschlägen nicht gemangelt hat. Ganz im Gegenteil, viele Physiker haben offenbar besonderen Ehrgeiz daran gesetzt, ihre Phantasie unter Beweis zu stellen, und haben eine ganze Menge verschiedener Interpretationen der Quantenphysik geliefert. Ein paar davon werden wir diskutieren, und wir werden sehen, dass alle, bis auf eine, in irgendeiner Form Annahmen über die Welt machen, die nicht notwendig sind.

Wie bereits erwähnt, war vielen der an der Entwicklung der Quantenphysik und der Quantentheorie Beteiligten sehr bald klar, dass diese neue Theorie etwas ganz fundamental Neues ist. Zu den ersten gehörten auch hier bereits Max Planck und Albert Einstein. Von Max Planck haben wir ja schon gehört, dass er, als er zu seiner mathematischen Erklärung der Hohlraumstrahlung fand, von einem Akt der Verzweiflung sprach. Er hat anschließend sehr lange versucht, eine alternative theoretische Erklärung zu finden, die ohne die Annahme von Quanten auskommt. Offenbar wollte er die Konsequenzen vermeiden, die mit dieser Annahme verbunden sind. Es ist ihm dies jedoch nicht gelungen. Der erste, der explizit über die Interpretationsprobleme der Quantentheorie sprach, war wieder Albert Einstein. Er drückte bereits sehr früh sein Unbehagen über die neue Rolle aus, die der Zufall in der Quantenphysik spielt. Wir sprachen schon früher in diesem Buch darüber. Es handelt sich hierbei darum, dass der Zufall in der Quantenphysik eine neue Qualität hat. Er ist nicht in irgendeiner Form erklärbar, sondern die einzelnen Ereignisse sind an und für sich zufällig, während eine nähere Erklärung grundsätzlich nicht möglich ist. Einstein hat diese Kritik später wiederholt wie auch noch andere Arten kritischer Einwände gegen die neue Quantenphysik erhoben.

Wenden wir uns aber nun der Interpretationsfrage zu und diskutieren wir einige der Ansätze, die von verschiedenen Physikern vorgeschlagen wurden. Als zentrales Problem wird allgemein das Superpositionsprinzip angesehen. Wir erinnern uns: Das Superpositionsprinzip besagt, dass Dinge in einer eigenartigen Überlagerung von verschiedenen Möglichkeiten existieren können. Im Falle des Doppelspalts hieß es, dass das Fullerenmolekül in einer Überlagerung der Möglichkeit existiert, dass es durch einen Spalt geht, und der, dass es durch den anderen Spalt geht. Im Falle von Schrödingers Katze ist diese Bedeutung des Superpositionsprinzips sozusagen auf die Spitze getrieben. Hier existiert die arme Katze in einer Überlagerung der Möglichkeiten «tot» und «lebendig». Zunächst haben wir hier offenkundig ein Sprachproblem bzw., präziser ausgedrückt, viele Möglichkeiten, uns ungenau und falsch auszudrücken. Sehr häufig verwenden selbst Physiker Worte wie: «Beim Doppelspalt geht das Teilchen durch beide Spalte gleichzeitig» oder Aussagen wie: «Die Katze ist gleichzeitig tot und lebendig.» Klar, dass solche Aussagen sehr provokant klingen, dass sie zu einem weltanschaulichen Haareraufen veranlassen. Was soll denn das heißen, dass ein Teilchen gleichzeitig durch zwei Öffnungen tritt? Was soll es bedeuten, dass eine Katze gleichzeitig tot oder lebendig ist? Das macht offenbar überhaupt keinen Sinn! Auf der anderen Seite haben wir aber das Superpositionsprinzip, das offenbar korrekt ist. Wir haben ja eben gesehen, dass die Quantenphysik gerade wegen der Präzision ihrer experimentellen Vorhersagen und ihrer phantastisch genauen Bestätigungen wohl eine richtige Theorie ist. Das Superpositionsprinzip, das einen Kern der quantenmechanischen Aussagen darstellt, wird deshalb wohl immer ein zentraler Teil unserer Naturbeschreibung bleiben, selbst wenn diese Naturbeschreibung durch den Fortschritt der Wissenschaft signifikante Änderungen erfahren sollte.

Wenn wir also den Fall von Schrödingers Katze nehmen, so erhebt sich die Frage: Was bedeutet es, wenn wir davon sprechen, dass der Zustand der Katze eine Überlagerung der Zustände «tot» und «lebendig» ist? Und wie kommt es dazu, dass wir, wenn wir eine Messung durchführen, wenn wir die Katze beobachten, dann entweder das eine oder das andere feststellen? Wir stellen entweder fest, dass die Katze tot ist, oder, dass die Katze lebendig ist. In genau derselben Weise ist beim Doppelspalt vorzugehen. Das Teilchen befindet sich in einer Überlagerung der Möglichkeit, dass es durch den oberen Spalt geht, und der Möglichkeit, dass es durch den unteren Spalt geht. Es «weiß selbst nicht», ob es durch den oberen oder durch den unteren Spalt fliegt. Machen wir also eine Messung, stellen wir also Detektoren auf, die imstande sind, den Weg zu bestimmen, so werden wir immer feststellen, dass jedes Fulleren entweder den einen oder den anderen Weg nimmt. Wie kommt es dazu, dass von diesen vielen Möglichkeiten, die alle in der quantenmechanischen Beschreibung enthalten sind, plötzlich nur mehr eine Möglichkeit vorhanden ist? Wie gibt es das, dass diese Überlagerung plötzlich zusammenbricht und verschwindet?

Die Antwort: Der quantenmechanische Zustand wird durch die Beobachtung sozusagen verringert. Man nennt dies auch «reduziert». Man spricht vom Problem der Reduktion des quantenphysikalischen Zustands und bezeichnet dies auch als das Messproblem. Zum ersten ist das Messproblem genau die Frage, was tatsächlich geschieht, wenn von den vielen Möglichkeiten, die sich in einer Überlagerung befinden, im Experiment dann eine konkrete Möglichkeit auftritt. Wenn wir den Weg des Fullerens durch das Doppelspaltexperiment messen, dann ist es nicht mehr in einer Überlagerung der beiden Möglichkeiten, sondern wir finden es in einem der beiden Wege. Sobald wir die Katze beobachten, ist sie eben nicht mehr in einer Überlagerung von tot und lebendig, sondern entweder tot oder lebendig. Die zweite Frage ist die, warum bei einer Messung von den vielen Möglichkeiten sich gerade die eine, die man beobachtet, realisiert und nicht eine andere. Mit welcher Wahrscheinlichkeit welches Messresultat auftritt, darüber besteht ja kein Zweifel. Das wird durch die Wahrscheinlichkeitsinterpretation klar geliefert. Fraglich ist aber, was wirklich geschieht, wie wir die Katze wirklich sehen sollen.

Eine bemerkenswerte Lösung bietet die *Viele-Welten-Interpretation* von Hugh Everett an. Diese Interpretation geht davon aus, dass der quantenmechanische Zustand immer eine vollständige Darstellung der Wirklichkeit ist und davon bei einer Messung auch nichts verlorengeht. Die Katze ist also sowohl tot als auch lebendig. Und wie kann bei der Messung nichts verlorengehen? Ganz einfach – dann, wenn man annimmt, dass jede der Möglichkeiten realisiert wird. Wenn wir also eine Beobachtung durchführen, wird es eine Welt geben, in der die Katze nach der Beobachtung lebendig ist, und eine andere Welt, in der die Katze tot ist. Bei jeder Messung, bei jeder Beobachtung, spaltet sich also das Universum in mehrere Universen, und in jedem einzelnen dieser Universen ist eine der Möglichkeiten, wie sie von der Quantenphysik vorhergesagt wird, verwirklicht. Nach dieser Interpretation findet die Tatsache, dass wir zum Beispiel in einem konkreten Experiment finden, dass die Katze eindeutig lebendig ist, eine einfache Erklärung. Ebenso findet unsere Beobachtung, dass das Teilchen eben durch den oberen Spalt getreten ist und nicht durch den unteren – eine sehr einfache Erklärung. Mit dem Universum spaltet sich auch unser Bewusstsein, und in jedem dieser Universen gibt es einen Fortläufer unseres eigenen Bewusstseins. In einem Universum wird dieser Fortläufer feststellen, dass die Katze tot ist, im anderen wird er feststellen, dass die Katze springlebendig ist.

Diese Interpretation definiert sozusagen das Problem weg. Sie erklärt ganz einfach, dass das Problem nicht existiert, allerdings zu einem sehr hohen Preis. Der Preis ist zuerst, dass diese Interpretation sehr unökonomisch ist – es ist nicht gerade einfach, sich diese Milliarden und Abermilliarden von Universen vorzustellen, die durch die ständig ablaufenden quantenmechanischen Prozesse entstehen. Aber man könnte ja sagen, die Natur ist nun mal verschwenderisch, wie dies uns die Biologie immer wieder demonstriert. Ein ganz zentrales Problem dieser Interpretation ist aber das, dass sie in keiner irgendwie denkbaren Weise beweisbar ist. Wir haben keinerlei Möglichkeit zu beweisen, dass es diese parallelen Universen tatsächlich gibt. Wir haben keinen Zugang zum Ich in einem Paralleluniversum, das die Katze lebendig sieht, während ich hier in dieser Welt die Katze tot sehe.

Die Viele-Welten-Interpretation verstößt gegen eine grundsätzliche Annahme, die sich in der Ideengeschichte immer wieder als extrem erfolgreich herausgestellt hat. Es ist dies die einfache Annahme, dass man nicht Dinge, Größen oder Entitäten erfinden soll, für die es keine Notwendigkeit gibt. Dies ist *Occams Rasierklinge.* William von Occam war ein Philosoph des Mittelalters, der mit seiner Rasierklinge alles Überflüssige an der Philosophie wegschneiden wollte. Wozu also die vielen Welten erfinden, wenn es andere Interpretationen gibt, die ohne diese vielen Welten auskommen?

Die Viele-Welten-Interpretation löst also keines der Interpretationsprobleme, die wir haben. Insbesondere erklärt sie uns nicht, warum das eigene Bewusstsein, das wir in diesem einen Universum haben, gerade die von uns beobachtete Abfolge der Ereignisse sieht. Ob die Katze nun als tot oder lebendig beobachtet wird, ist eben auch in der Viele-Welten-Interpretation nur rein zufällig, und es hilft uns absolut nichts, zu wissen, dass es angeblich andere Universen gibt, wo die Katze in anderen Zuständen beobachtet wird. Ein weiteres Problem der Viele-Welten-Interpretation ist, dass sie zu nichts Neuem führt. Es gibt keine physikalischen Ansätze, die ohne die Viele-Welten-Interpretation nicht auch möglich wären. Wozu also in den sauren Apfel beißen?

Ganz anders die vom amerikanisch-britischen Physiker David Bohm vorgeschlagene Interpretation mit Hilfe eines Quantenpotentials. Während die Viele-Welten-Interpretation die Superposition sehr ernst nimmt, indem sie unterstellt, dass sie immer und überall verwirklicht ist und bei einer Messung auch nicht verschwindet, geht Bohm den entgegengesetzten Weg. Er sagt, dass kein System jemals in einer Superposition existiert. Bohm schlägt vor, dass die Teilchen in einem quantenmechanischen Experiment immer Teilchen sind und niemals Welle.

Wie ist dann aber zum Beispiel das Doppelspaltexperiment zu verstehen? Wie alle braven Teilchen verfolgen nach Bohm auch die Teilchen im Doppelspaltexperiment immer ihre eigenen wohldefinierten Bahnen. Jedes Teilchen tritt also nur durch einen der beiden Spalte. Wie erklärt Bohm aber dann das Auftreten des Interferenzbildes? Wir erinnern uns, das waren die hellen und dunklen Streifen, die wir dadurch erklärt haben, dass jedem Teilchen auch eine Wahrscheinlichkeitswelle zukommt. Das ist aber ein quantenmechanisches Bild. Bohm sieht dies anders. Für Bohm ist die Welle nichts anderes als ein Hilfsmittel, um eine neue physikalische Größe auszurechnen, die er vorschlägt, ein sogenanntes *Quantenpotential.* Dieses Quantenpotential wirkt wie ein Führungsfeld, es lenkt und leitet jedes Teilchen auf seinem Weg durch den Apparat. Es bewirkt im Konkreten, dass mehr Teilchen zu den hellen Streifen des Interferenzbildes geführt werden als zu den dunklen Streifen, wenn beide Spalte offen sind. Das Quantenpotential hängt natürlich davon ab, ob beide Spalte tatsächlich offen sind oder nur einer. Im letzteren Fall führt es nicht zu den Interferenzstreifen.

Albert Einstein hatte etwas Ähnliches bereits viel früher diskutiert. Er hatte damals von sogenannten *Gespensterwellen* gesprochen, welche die einzelnen Teilchen entlang ihres Weges leiten. David Bohm war also überzeugt, als er im Jahr 1952 seine neue Interpretation vorschlug, dass Albert Einstein davon begeistert sein würde. Zu seiner großen Enttäuschung hat Einstein sie als «zu billig» bezeichnet.

Worin liegen nun die wichtigsten Probleme der Bohmschen Interpretation? Ein zentrales Problem ist wieder seine Nichtüberprüfbarkeit, genauso wie bei der Viele-Welten-Interpretation. Wollte man verfolgen, welche Bahn das einzelne Teilchen im Doppelspaltexperiment tatsächlich nimmt, müsste man etwa zusätzliche Detektoren entlang der Teilchenbahnen aufbauen. Damit würde man aber das Quantenpotential verändern, und die Teilchen würden ganz andere Bahnen nehmen.

Ein ganz wichtiges weiteres Problem der Bohmschen Interpretation tritt für den Fall von verschränkten Teilchen auf. Hier mussten wir ja die Tatsache zur Kenntnis nehmen, dass die Beobachtung an einem Teilchen sofort und in unmittelbarer Weise die möglichen Beobachtungsresultate an einem anderen Teilchen beeinflusst. Wir hatten das so beschrieben, dass die Messung an einem Teilchen das andere Teilchen in einen wohldefinierten Zustand projiziert, ganz egal, wie weit es entfernt ist. Das Bohmsche Quantenpotential erreicht dies auf die Weise, dass es sich aufgrund einer einzigen Beobachtung im ganzen Raum, ja im ganzen Weltall sofort ändert. Dieses Potential, von dem man annimmt, dass es durchaus real existiert, ist also nicht den Beschränkungen der Lichtgeschwindigkeit unterworfen – eine sehr unplausible Annahme. Es gibt noch weitere Argumente gegen die Bohmsche Interpretation, die jedoch wegen ihres technischen Charakters in diesem Buch keinen Platz haben sollen.

Ein wichtiges Argument gegen das Quantenpotential liefert aber wieder Occams Rasierklinge. Wenn wir, was tatsächlich der Fall ist, genausoviel ohne das Quantenpotential erklären können wie mit ihm, dann ist es wohl überflüssig.

Während also die Viele-Welten-Interpretation die Quantensuperposition sehr ernst nimmt und meint, dass alle Zweige einer Überlagerung gleichzeitig und immer existieren, während die Bohmsche Interpretation die gegenteilige Position einnimmt, nämlich dass diese Superpositionen überhaupt nicht existieren, gibt es auch Ansätze, die versuchen, die Existenz von Superpositionen zwar zu akzeptieren, jedoch ihre Bedeutung auf den Bereich der mikroskopischen Welt einzuschränken, ihnen sozusagen die Schärfe zu nehmen. Man braucht dazu Mechanismen, die erreichen, dass, obwohl Superpositionen für mikroskopische Teilchen existieren – also für sehr kleine Teilchen –, dies für große Systeme, zum Beispiel für Katzen oder ganz allgemein für Objekte unserer makroskopischen Welt, nicht der Fall ist. Solche Ansichten scheinen ja auch dadurch gestützt zu werden, dass man ja in der Tat keine makroskopischen Superpositionen beobachtet. Eine Billardkugel ist nur an einem Ort, und eine Katze ist entweder tot oder lebendig und so weiter. Dieses Phänomen, dass Quantensuperpositionen verlorengehen, nennt man *Dekohärenz*, und wir können makroskopische Superpositionen dann ausschließen, wenn wir einen Mechanismus kennen, der bewirkt, dass Dekohärenz für hinreichend große Systeme immer auftreten muss. Oder wenn wir zumindest argumentieren können, dass sie aus praktischen Gründen immer auftreten wird. Es ist schon jetzt klar, dass die letztere Ansicht die Gefahr in sich trägt, nur derzeit gültig zu sein. Wir haben ja in der kurzen Zeit, seit es möglich ist, Experimente mit individuellen Quantensystemen durchzuführen, und das ist erst etwa in den letzten dreißig Jahren wirklich der Fall, bereits einen unglaublichen Fortschritt in der Experimentiertechnik gemacht. Und es ist keineswegs abzusehen, wie das Ganze noch weitergehen wird, also für wie große Systeme wir tatsächlich noch Superpositionen beobachten werden können. Klar ist, dass solche Versuche der Erklärung womöglich ein Ablaufdatum haben, das allerdings noch niemand kennt. Das Ablaufdatum ist der Tag, an dem es tatsächlich gelingt, Quantensuperpositionen von wirklich großen Objekten im Experiment zu beobachten. Dies ist sicher dann erreicht, wenn Quantensuperpositionen von Objekten beobachtet werden, die man mit bloßem Auge sehen kann. Wie lange es bis dahin allerdings noch dauern wird oder ob dies jemals möglich sein wird, ist völlig ungewiss.

Wohin auch immer die zukünftige experimentelle Entwicklung gehen wird, wir reden hier über den heutigen Stand der Interpretationsdiskussion. In dem eben diskutierten Bereich gibt es – nämlich unter den Leuten, die sagen, dass wir nie Superpositionen makroskopischer Objekte beobachten werden – im wesentlichen zwei verschiedene Schulen, zwei verschiedene Arten von Ansichten. Die eine Schule sagt, dass solche makroskopischen Superpositionen prinzipiell theoretisch ausgeschlossen sind, dass sie also grundsätzlich nie auftreten dürfen. Die zweite Schule sagt, dass, obwohl solche Superpositionen vielleicht theoretisch erlaubt sind, sie nie praktisch beobachtet werden können, da es nicht möglich sei, makroskopische Systeme in solche Superpositionszustände zu versetzen. Und falls sie doch auftreten, würden sie sehr schnell zerstört werden.

Wie könnte man nun prinzipiell erreichen, dass Superpositionen von makroskopischen Systemen nie auftreten können? Die bestehende Quantentheorie bietet keine Möglichkeit, solche Superpositionen auszuschließen. Nirgendwo in der Theorie kommt vor, dass Superpositionen prinzipiell nur für sehr kleine Systeme, sehr kleine Teilchen etc. möglich wären. Man muss also die Theorie ändern, wenn man solche Superpositionen prinzipiell und für immer und ewig ausschließen möchte. In diesen Theorien, wie sie von den italienischen Physikern Giancarlo Ghirardi, Alberto Rimini und Tullio Weber sowie vom Amerikaner Philip Pearle vorgeschlagen wurden, nimmt man ganz einfach eine spontane Reduktion des quantenmechanischen Zustandes an. Das heißt, auch wenn sich die Welle eines Zustandes ausbreitet, wie etwa im Falle des Doppelspaltes, wird sie von Zeit zu Zeit auch ohne Beobachtung reduziert werden. Also wird das Teilchen nach einer solchen spontanen Reduktion nicht mehr über den ganzen Raum gefunden werden können, sondern nur mehr in einem engen Bereich. Es breitet sich von dort neu aus.

In diesen Theorien wird nun einfach postuliert, ohne weiteren Beweis, dass diese spontane Reduktion umso häufiger auftritt, je größer das betrachtete System ist. Für ein einzelnes Elementarteilchen ist sie so selten, dass sie im Lauf der Lebensdauer des Universums praktisch nie vorkommt, für ein Staubkörnchen bereits so oft, dass wir das Staubkörnchen nie in einer Überlagerung sehen werden können, geschweige denn Schrödingers bedauernswerte Katze. Wir haben es hier also genaugenommen nicht mit einer Interpretation zu tun, sondern mit einer Änderung der quantenmechanischen Theorie. Es ist nicht mehr die Theorie von Heisenberg und Schrödinger, sondern eine modifizierte. Es könnte nun durchaus der Fall sein, dass die Natur so beschaffen ist. Künftige Experimente werden hier die Entscheidung liefern. Es gibt aber keinerlei Hinweis dafür, dass die Quantentheorie gerade dort zusammenbrechen wird – im Sinne dieser spontanen Reduktionstheorien, derer gibt es nämlich mehrere –, wo es weltanschaulich und konzeptiv wünschenswert ist, nämlich an der Grenze zwischen mikroskopischen und makroskopischen Systemen. Hier ist also vielleicht zu sehr der Wunsch Vater des Gedankens. Ich selbst gehe davon aus, dass die Experimente gar nicht so weit entfernt sind, die diese Theorien eindeutig widerlegen werden.

Die zweite Möglichkeit ist, wie erwähnt, die, dass man sagt, makroskopische Superpositionen werden zwar prinzipiell von der Theorie nicht ausgeschlossen, aber sie werden tatsächlich nie beobachtet werden, weil sie im Grunde nie auftreten bzw., falls sie auftreten sollten, sofort wieder verschwinden würden. Es handelt sich hier um eine Interpretation mit Hilfe des Begriffs der Dekohärenz. Was *Kohärenz* ist, sieht man am einfachsten wohl wieder am Beispiel des Doppelspaltes. Wir haben gesagt, dass je eine Welle durch eine der beiden Öffnungen des Doppelspaltsystems durchtritt. Diese beiden Wellen interferieren in der Beobachtungsebene in der Weise, dass sie einander an manchen Stellen auslöschen, an anderen Stellen sich gegenseitig verstärken. Eine solche Auslöschung oder Verstärkung ist aber nur möglich, wenn diese beiden Wellen schön regelmäßig schwingen und in einer festen Beziehung zueinander stehen. Im Falle der Auslöschung, also der destruktiven Interferenz, müssen sie genau entgegengesetzt schwingen, sodass sie sich auslöschen. Im Falle der Verstärkung, also der konstruktiven Interferenz, müssen sie gleichsinnig schwingen und sich dadurch gegenseitig verstärken. Wenn dies der Fall ist, dass sie in einer festen Weise relativ zueinander schwingen, dann spricht man von kohärenten Wellen oder allgemein von vollständiger *Kohärenz.* In der quantenmechanischen Superposition ist es also von ganz wesentlicher Bedeutung, dass die Zustände, die in einer solchen Superposition auftreten, kohärent zueinander sind. Für den Fall des Doppelspalts haben wir dies gerade diskutiert, es gibt Kohärenz aber genauso für den Fall der Schrödingerschen Katze. Auch hier müssen die Zustände «tot» und «lebendig» kohärent zueinander sein.

Nun kann es aber durchaus sein, dass unser quantenmechanisches System im Laufe der Zeit diese Kohärenz verliert. Dies kann durch Wechselwirkung mit der Umgebung auftreten. Eine solche Wechselwirkung mit der Umgebung kann viele verschiedene Formen annehmen. Eine kann sein, dass wir das System einfach beleuchten, um zum Beispiel im Fall des Doppelspalts zu sehen, wo sich das Teilchen befindet. Durch diese Beleuchtung stören wir das System. Wir stören die feste Beziehung der beiden Teilwellen in der Weise, dass sie nicht mehr in einer festen Beziehung zueinander schwingen. Dadurch werden sie einander nicht mehr voll auslöschen können oder nicht mehr so verstärken wie vorher. Wir verlieren also die Kohärenz. Der Effekt ist, dass das Interferenzbild am Beobachtungsschirm verschwindet. Wir erhalten letztendlich ein einheitliches Grau ohne Streifen. Dieser Mechanismus ist eben die Dekohärenz. In Fortführung dessen, was wir früher gesehen haben, können wir ganz allgemein sagen, dass Dekohärenz dann auftritt, wenn vom System Information darüber in die Umgebung getragen wird, in welchem Zustand es sich befindet. Solange eine solche Information nicht vorliegt, gilt kohärente Superposition.

Im Falle von Schrödingers Katze gibt es auch zahlreiche andere Dekohärenz-Mechanismen, zum Beispiel die Tatsache, dass jedes hinreichend große System an die Umgebung Wärmestrahlung aussenden wird, außer seine Temperatur befindet sich am absoluten Nullpunkt. Dies gilt sicherlich für Katzen, die natürlich eine warme Körpertemperatur haben müssen, weit weg vom absoluten Nullpunkt, abgesehen davon, dass die Katze atmet, also mit den Molekülen der Luft in Wechselwirkung tritt, und so weiter und so fort. Eine Katze ist also keineswegs ein abgeschlossenes System. Es wird ständig von der Umgebung gestört, und daher werden seine quantenmechanischen Zustände kaum miteinander kohärent sein. Es ist nun leicht vorstellbar, dass diese Dekohärenz umso stärker ist, je größer ein System ist. Denn je größer es ist, desto mehr Möglichkeiten hat es, mit der Umgebung in Wechselwirkung zu treten. Überdies wird Dekohärenz auch umso stärker sein, je höher die Temperatur eines Systems ist, denn es wird umso mehr Wärmestrahlung aussenden, je wärmer es ist. Von den Anhängern dieser Dekohärenz-Interpretation wird nun argumentiert, dass kleine Systeme nur deshalb kohärent sind, also das Doppelspaltexperiment mit Elementarteilchen nur deshalb funktioniert, weil diese eben sehr wenige Möglichkeiten haben, von der Umgebung gestört zu werden. Je größer ein System wird, desto wahrscheinlicher ist jedoch diese Störung, das heißt, umso stärker wird die Dekohärenz. Nun, dies ist zweifellos ein sehr sinnvolles Argument, und es wird im allgemeinen wohl zutreffen, dass dies der Grund ist, warum wir im Alltag, im täglichen Leben, keine quantenmechanischen Superpositionen sehen, warum es keine Katzen gibt, die in einer Überlagerung von «tot» und «lebendig» sind etc.

Es bedeutet dieses Argument jedoch keineswegs, dass dies im Prinzip immer so sein muss. Man kann dieses Argument vielmehr auch als eine Herausforderung an den Experimentator sehen, sich genau zu überlegen, über welche Mechanismen Dekohärenz tatsächlich stattfindet, und sich zu überlegen, ob es nicht doch möglich ist, Experimente zu erfinden, bei denen makroskopische Systeme eben nicht so gestört werden, dass sie ihre Kohärenz verlieren. Auch hier stellen unsere Experimente zur Interferenz der Fußballmoleküle einen sehr wichtigen Schritt dar. In diesem Experiment war es tatsächlich so, dass die Moleküle, eben weil sie auf einer Temperatur von etwa 650 °C waren, Wärmestrahlung aussandten. Sie waren also nicht von der Umgebung isoliert. Jedoch wurden Interferenz und damit Kohärenz tatsächlich beobachtet. Die Wechselwirkung mit der Umgebung war so beschaffen, dass es zwar zu einer Störung der Fullerenmoleküle kommt, diese Störung jedoch zu gering ist, um zu Dekohärenz zu führen. Auch hier ist wohl zu erwarten, dass es lediglich eine Frage des experimentellen Fortschrittes ist, wann Kohärenz und damit quantenmechanische Superposition bereits für so große Objekte nachgewiesen werden, dass man nicht mehr davon sprechen kann, dass Quantensuperposition nur auf die Mikrowelt beschränkt ist.

Über die eben zitierten Positionen hinaus gibt es noch eine große Anzahl anderer Standpunkte, Zwischenstufen, Verfeinerungen, Abwandlungen der einen oder anderen Art. Die beschriebenen Positionen stellen jedoch sehr charakteristische Eckpunkte der Debatte dar. Sie reichen vom Extrem des sozusagen wortwörtlichen Ernstnehmens der Superposition in der Viele-Welten-Interpretation bis hin zur vollständigen Leugnung ihrer Existenz in der Bohmschen Sichtweise. Eine Art Mittelposition nehmen die letzten beiden Ansichten ein, nach denen Superpositionen zwar in der Mikrowelt existieren, aber in der Makrowelt entweder aus grundsätzlichen Gründen oder rein praktisch nie beobachtet werden können.

Bei jeder dieser Sichtweisen habe ich Gründe angeführt, warum ich nicht von ihnen überzeugt bin und sie nicht für die endgültige Lösung des Problems halte. Meine Überzeugung ist es, dass sich diese Wege entweder als nicht fruchtbringend oder als falsch erweisen werden. Dabei ist mir selbstverständlich eine Gefahr bewusst: Bei der Darstellung von Standpunkten, die man nicht teilt, neigt man wohl unvermeidlich dazu, diese überspitzt darzustellen und vielleicht sogar Fehler zu machen. Genau dieses Problem sehe ich immer wieder, wenn die sogenannte Kopenhagener Interpretation, über die wir als nächstes sprechen werden, von ihren Gegnern diskutiert wird. Ich kann sie dann oft nicht einmal mehr wiedererkennen. Ich hoffe sehr, dass mir dieser Fehler bei der obigen Darstellung nicht passiert ist. Sollte dies doch geschehen sein, klopfe ich gleich hier reuig an meine Brust.

Darüber hinaus gibt es noch eine grundsätzlich verschiedene Position, die oft als *Kopenhagener Interpretation* bezeichnet wird – von ihren Gegnern als *orthodox*. Dies ist die Interpretation, die in enger Diskussion unter den Gründern der Quantenmechanik in den späten Zwanziger- und frühen Dreißigerjahren des zwanzigsten Jahrhunderts entstand. Sie heißt Kopenhagener Interpretation, weil ihr zentraler Kopf der dänische Physiker Niels Bohr war, an dessen Institut in Kopenhagen die meisten dieser Diskussionen stattfanden. Es sei erwähnt, dass es unter den Protagonisten, zu denen Physiker wie Max Born oder Werner Heisenberg gehörten, in verschiedenen Details durchaus divergierende Ansichten gab. Und selbst im Lebensverlauf eines einzelnen Physikers sind bei genauer Beobachtung Änderungen der individuellen Standpunkte auszumachen. Ich werde jedoch nun versuchen, die meiner Ansicht nach zentralen Punkte zu diskutieren.

3. Die Kopenhagener Interpretation

Wir werden nun ein wenig die Grundzüge dieser Kopenhagener Interpretation betrachten. Die hier erörterte Interpretation geht im wesentlichen auf Niels Bohr zurück, wobei bedacht werden sollte, dass Bohr seine Position im Laufe seines Lebens mehrfach geändert hat. In der folgenden Darstellung werde ich vor allem den früheren Arbeiten von Bohr folgen, insbesondere den Artikeln in den Zeitschriften *Nature* im Jahr 1928 sowie *Physical Review* 1935. Es ist klarerweise unvermeidlich, dass ich gleichzeitig auch meine eigene Interpretation der Bohrschen Sicht mit einfließen lasse bzw. lassen muss. Falls daher jemand der Meinung ist, dass seine oder ihre Sichtweise der Kopenhagener Interpretation nicht in meiner Darstellung enthalten ist, so bitte ich an dieser Stelle um Verständnis und hoffe, dass meine Darstellung dennoch auf Interesse stößt.

Eine zentrale Position nimmt die Frage ein, was über die Natur tatsächlich gesagt werden kann. Wir sind mit Bohr also nicht so sehr interessiert an den mathematischen Formulierungen der Theorie und den damit verbundenen Schwierigkeiten, sondern an fundamentalen Fragen über das, was wir als Physiker tatsächlich tun, wenn wir über Naturbeobachtungen sprechen. Ein wichtiger Punkt hier ist, dass offenbar jede Aussage, die wir treffen, eine Aussage ist, die wir mit Hilfe klassischer Konzepte formulieren. Im täglichen Leben ist dies uns allen eine große Selbstverständlichkeit. Wenn wir die Welt um uns beobachten, so sprechen wir von Gegenständen, von Objekten, deren Existenz nicht in Frage gestellt wird und die existieren – unabhängig davon, ob wir sie beobachten oder nicht. Wir nehmen ferner ohne weiteres an, dass die Gegenstände, die wir beobachten, kontinuierlich existieren. Das heißt, wenn wir den Mond heute sehen und wenn wir ihn gestern gesehen haben, so nehmen wir automatisch an, ohne daran auch nur einen Gedanken zu verschwenden, dass der Mond dazwischen auch existiert haben muss. Wir haben ihn halt nur nicht während dieser Phase beobachtet. Wir hätten ihn aber ohne weiteres beobachten können – außer, er befand sich gerade unter dem Horizont. Unabhängig davon ist es aber vollkommen gleichgültig, ob wir ihn beobachtet haben oder nicht oder ob wir ihn hätten beobachten können oder nicht. Der Mond geht in aller Ruhe seine Bahn und kümmert sich nicht darum, was wir tun. Zur Beschreibung des Mondes verwenden wir unsere klassische Sprache. Mit der klassischen Sprache meinen wir die Sprache der klassischen Physik, die in ihren Grundkonzepten wohl mit unserer Alltagssprache übereinstimmt. Es ist eine Sprache, die von der objektiven Existenz von Gegenständen ausgeht, sowie davon, dass es kein Problem darstellt, den Weg dieser Objekte in Raum und Zeit zu beschreiben, und dass es auch kein Problem darstellt, sich diesen Weg vorzustellen, unabhängig davon, ob das Objekt, das wir betrachten, tatsächlich auch beobachtet wird. Genau dies stellt aber im Falle von Quantensystemen ein großes Problem dar. Wir haben ja im Falle des Doppelspalts bereits gesehen, welche Probleme es gibt, wenn wir uns die Frage stellen, welchen der beiden Wege das Teilchen nimmt. Wenn es einen Weg eingeschlagen hat, woher weiß es dann, ob der zweite Weg offen ist oder nicht?

Wenn wir also Phänomene an sehr kleinen, atomaren Systemen beschreiben, so geraten wir in eine grundsätzliche Schwierigkeit – wegen des Quantenpostulats. Wir erinnern uns, es war dies die Aussage, dass etwa Licht einer bestimmten Frequenz nur in Quanten auftritt und das kleinste Quant an Energie gerade die Größe hat, die man sich durch Multiplikation des Planckschen Wirkungsquantums mit der Frequenz errechnen kann. Wegen dieses Quantenpostulats kommt es also zu einer unvermeidbaren Störung atomarer Systeme bei ihrer Beobachtung, da wir zur Beobachtung ja selbst wieder nur Quanten verwenden können. Diese Störung kann nicht beliebig klein gemacht werden. Und sie ist auch nicht kontrollierbar. Selbst wenn das System vor der Störung wohldefinierte Eigenschaften gehabt haben sollte, wird sein Zustand nach der Störung nicht mehr eindeutig sein. Dies bedeutet aber wiederum, dass es grundsätzlich unmöglich ist, einem quantenmechanischen System Eigenschaften zuzuordnen, die es vor der Beobachtung gehabt haben soll. Selbst wenn wir den Zustand nach der Wechselwirkung messen, so wird der Rückschluss auf den Zustand vorher nicht eindeutig sein. Eine andere Sichtweise sagt, dass durch die Wechselwirkung des Systems mit den Beobachtungsinstrumenten eine Verschränkung der Eigenschaften der beiden auftritt, sodass man nicht mehr isolieren kann, was jetzt zu wem gehört.

Als konkretes Beispiel analysieren wir nun ein Gedankenexperiment, das von Werner Heisenberg erdacht wurde, das *Heisenbergsche Gammamikroskop*. Gedankenexperimente spielen in der Physik immer wieder eine sehr große Rolle. Man überlegt sich einfach ein Experiment und argumentiert aufgrund der bekannten physikalischen Gesetze, wie dieses Experiment ablaufen sollte. Zum Beispiel kann man ein Gedankenexperiment dazu benutzen, um neue, verblüffende Vorhersagen einer physikalischen Theorie zum ersten Mal zu diskutieren und sich konkret vorzustellen. Heisenberg wollte ein anschauliches Beispiel für die nach ihm benannte Unschärfebeziehung liefern. Uns dient es jedoch gleichzeitig auch als Beispiel für die unkontrollierbare und unvermeidbare Störung des gemessenen Systems durch die Messung selbst.

In Abbildung 15 (Heisenberg-Mikroskop) sehen wir den Grundgedanken diskutiert. Die Aufgabe ist zuerst einmal, den Ort eines

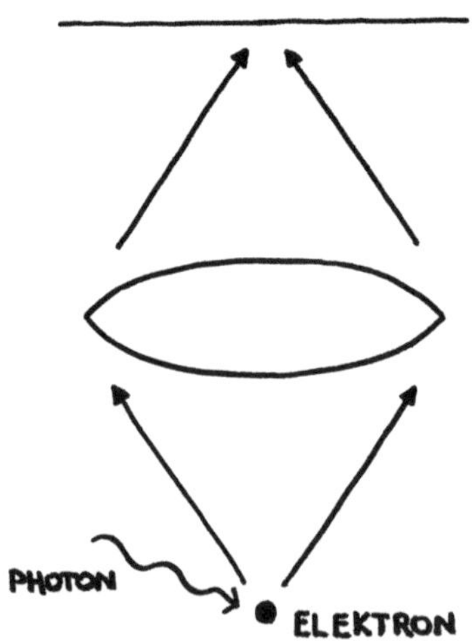

15 Das Heisenberg-Mikroskop. Mit Hilfe des Mikroskops wird festgestellt, wo sich das Elektron befindet. Dazu wird das Elektron mit Licht, im Extremfall nur mit einem einzelnen Photon, beleuchtet. Das Photon wird am Elektron gestreut, tritt durch die Linse und erreicht die Abbildungsebene an einer bestimmten Stelle entsprechend dem Ort des Elektrons.

Elektrons festzustellen. Und wie kann eine solche Feststellung grundsätzlich ablaufen? Wie können wir feststellen, wo sich ein mikroskopisch kleines Objekt befindet? Dazu verwenden wir natürlich ein Mikroskop. Ein Mikroskop liefert uns im allgemeinen ein vergrößertes Abbild von einem kleinen Gegenstand, der sich vor der Objektlinse des Mikroskops befindet. Um den Gegenstand überhaupt zu sehen, müssen wir ihn beleuchten. Dies gilt genauso unter dem Mikroskop wie im täglichen Leben. Beleuchten heißt, dass wir auf den Gegenstand Licht scheinen lassen. Dieses Licht wird dann vom Gegenstand zum Teil absorbiert, also aufgenommen werden, ein anderer Teil wird in irgendeiner Form zurückgeworfen, reflektiert. Das zurückgeworfene Licht sammeln wir dann entweder direkt im Auge oder über ein Mikroskop, eine Lupe, ein Teleskop oder ein sonstiges Hilfsmittel. Unser Auge formt dann ein Abbild des Gegenstandes auf der Netzhaut, das direkt ins Gehirn geleitet wird.

Um also unser Elektron sehen zu können, müssen wir es mit Licht beleuchten. In der Abbildung leuchten wir also mit von links einfallendem Licht. Wir sammeln schließlich das vom Elektron gestreute Licht mit Hilfe der Linse ein und lenken es mit der Linse auf einen Bildschirm. Auf diesem Bildschirm entsteht dann ein Abbild in genau derselben Weise, wie wir etwa mit Hilfe einer einfachen Linse ein Abbild der Sonne auf einem Blatt Papier erzeugen können. Leuchten wir also nun mit einem starken Lichtstrahl auf das Elektron. Alles Licht, das vom Elektron gestreut wird, wird von der Linse gesammelt, und wir erhalten an einem ganz bestimmten Punkt auf dem Beobachtungsschirm unser Abbild. Aus dessen Lage können wir schließen, wo sich das Elektron befindet. Genaugenommen müssten wir sagen, wir erhalten Information darüber, wo sich das Elektron befunden hat, denn das Auftreffen von so viel Licht auf das Elektron lenkt es ab. Wir können uns vorstellen, dass das Elektron durch jedes einzelne auftreffende Photon gestoßen wird. Wir werden uns deshalb etwas gewitzter anstellen und weniger Photonen verwenden. Je weniger Photonen wir verwenden, desto kleiner wird die Störung des Elektrons sein. Die Grenze hierfür ist natürlich, dass wir ein einzelnes Photon benutzen.

Was wird dieses einzelne Photon machen? Wir haben schon vorher gelernt, aber nicht ausdrücklich betont, dass die optischen Gesetze für die Ausbreitung einzelner Photonen genau dieselben sind wie die optischen Gesetze für intensive Lichtwellen. (Zur Vorsicht sei erwähnt, dass dies für sehr, sehr intensive Lichtwellen nicht mehr gilt, nämlich dann, wenn diese beginnen, die Eigenschaft des

Mediums, durch das sie durchtreten, wesentlich zu verändern.) Unser einzelnes Photon wird also an genau derselben Stelle des Beobachtungsschirms einen Lichtblitz auslösen wie vorher der intensive Lichtstrahl. Wir wissen dann aus diesem einzelnen Lichtblitz, wo sich das Elektron befunden hat, und die Störung ist so klein wie möglich, da wir nur ein einzelnes Photon verwenden. Nun, werden wir sagen, haben wir das Problem im wesentlichen im Griff, denn ein einzelnes Photon macht eben eine sehr kleine Störung, und wir können uns sicherlich diese Störung in irgendeiner Form ausrechnen, diese Störung bei unserer Berechnung berücksichtigen und sie daher sozusagen eliminieren. Gilt dies nun wirklich so?

Das Problem ist, wie wir sehen werden, dass die Größe dieser Störung grundsätzlich nicht bestimmbar ist. Dazu betrachten wir die Abbildung noch einmal genauer und stellen uns nun die Frage: «Welchen Weg nimmt das Photon von dem Moment, wo es am Elektron gestreut worden war, bis zum Auftreten des Lichtblitzes am Beobachtungsschirm?» Hier können wir uns vorstellen, dass es im Prinzip sehr viele verschiedene Wege genommen hat. Zwei extreme Wege wären diejenigen, die wir in der Abbildung gezeichnet haben. Dazwischen gibt es natürlich alle möglichen anderen Wege. Was ist der wesentliche Unterschied zwischen beiden Wegen? Im Falle des einen Wegs wurde das Photon um einen sehr kleinen Winkel abgelenkt, im Falle des anderen Weges um einen großen Winkel. Dies bedeutet aber etwas sehr Wichtiges für die Störung, dass nämlich in dem Fall, in dem das Photon den einen Weg nimmt, es auf das Elektron einen kleinen Stoß ausübt. Es kommt zu einer kleinen Änderung der Geschwindigkeit des Elektrons, zu einer kleinen Änderung des Impulses. Dieser Impuls kann natürlich auch gleich null gewesen sein. Im anderen Falle, wo das Elektron den anderen Weg nimmt, kommt es zu einem großen Stoß für das Elektron, zu einer großen Änderung der Geschwindigkeit, zu einer großen Änderung des Impulses, und alle dazwischenliegenden Möglichkeiten sind auch vorhanden. Dies bedeutet aber, dass wir nicht wissen, wie groß die Störung des Elektrons tatsächlich ist. Wir können dies im Prinzip nicht sagen. Man könnte aber sagen, nun, dann verwenden wir eben eine Linse, die viel kleiner ist, also viel weniger Licht einsammelt, sodass der Winkel zwischen den beiden Strahlen so klein wie möglich wird.

In dem Fall, in dem die beiden Strahlen fast zusammenfallen, wäre die Störung und damit die Impulsänderung fast genau gleich für alle Strahlen. Dies stimmt vollkommen. Der Preis, den wir hierfür jedoch bezahlen, ist, dass wir dann aber die genaue Lage des Elektrons sehr viel schlechter bestimmen können. Bei jedem Mikroskop gilt, dass sein Auflösungsvermögen vom Öffnungswinkel des Lichts abhängt, das vom Mikroskop noch eingesammelt wird. Je größer dieser Öffnungswinkel, bei uns der Winkel zwischen den beiden dargestellten Strahlen, ist, also je mehr Licht eingesammelt wird, desto schärfer wird die Abbildung des Mikroskops, desto besser sein Auflösungsvermögen. Dies ist der wesentliche Grund dafür, dass man bei allen Mikroskopen mit der vordersten Linse so nahe wie möglich an das zu betrachtende Objekt herangeht.

Das Auflösungsvermögen eines Mikroskops hängt überdies von der Wellenlänge des verwendeten Lichtes ab. Jedes Licht hat seine bestimmte Wellenlänge, rotes Licht eine etwas längere, blaues Licht eine kürzere. Die Wellenlänge des sichtbaren Lichtes liegt wie schon erwähnt zwischen etwa 0,4 Tausendstel eines Millimeters für violettes Licht und 0,7 Tausendstel eines Millimeters für rotes Licht. Je kürzer nun die Wellenlänge des verwendeten Lichtes ist, desto besser ist das Auflösungsvermögen, d. h., umso kleinere Gegenstände kann man wahrnehmen. Für unseren Fall bedeutet dies, je kürzer die Wellenlänge, desto genauer kann man die Position des Elektrons beobachten. Nun kann man sich natürlich auch elektromagnetische Wellen vorstellen – Licht ist ja nichts anderes als eine elektromagnetische Welle –, mit Wellenlängen sehr viel kleiner als die des sichtbaren Lichtes. Die kürzesten Wellenlängen haben die sogenannten Gammastrahlen, die bei Kernreaktionen von Atomkernen ausgesendet werden. Aus diesem Grunde wird man im Heisenbergschen Gedankenexperiment Gammastrahlen verwenden, um die Position des Elektrons so genau wie möglich bestimmen zu können. Damit zahlt man wieder einen Preis: je kürzer die Wellenlänge, desto größer der Impulsübertrag auf das Elektron und damit wieder umso größer die Störung.

Zusammengefasst bedeutet dies in unserem Fall: Je genauer wir die Position des Elektrons wissen wollen, umso größer muss der Öffnungswinkel des Mikroskops sein und umso kleiner die Wellenlänge des Lichts. Umso unkontrollierter wird dann die Störung des

Elektrons, umso unbekannter wird die Änderung seiner Geschwindigkeit, also umso unbekannter auch sein vorheriger Impuls. Umgekehrt, je genauer wir die Störung, je exakter wir die Impulsänderung kennen, umso schlechter kennen wir die Position des Elektrons, denn dazu müssten wir ja den Öffnungswinkel sehr klein machen und Licht großer Wellenlänge wählen.

Wir könnten aber noch immer sagen, dass, obwohl wir die Störung nicht genau bestimmen können, diese Störung verschiedene Werte annehmen kann, die aufgetretene Störung also in jedem Fall einen bestimmten Wert hat. Aus diesem Grund wäre es sinnvoll, dem Teilchen, in unserem Fall dem Elektron, wohldefinierte Eigenschaften zuzuordnen, die es vor seiner Beobachtung besaß. Hier setzt nun ein zentraler Punkt der Kopenhagener Interpretation an. Es ergibt sich die Frage, ob es überhaupt Sinn machen kann, von Eigenschaften eines Systems zu sprechen, die gar nicht bestimmt werden können. Wenn wir uns im Falle unseres Elektrons für ein Mikroskop mit hoher Auflösung entscheiden und damit eine große Variation der Störung unvermeidlich in Kauf nehmen, dann können wir die Geschwindigkeit des Elektrons vor dem Stoß gar nicht kennen.

Wir könnten aber noch immer der Ansicht sein, das Elektron habe sehr wohl eine wohldefinierte Geschwindigkeit gehabt. Die Kopenhagener Interpretation sagt nun, dass es sinnlos sei, von Eigenschaften zu reden, die wir gar nicht kennen können. Daher dürfen wir dem Elektron nicht einmal nur rein gedanklich eine wohldefinierte Geschwindigkeit vor der Beobachtung zuweisen. Denn selbst die Eigenschaften, die wir Teilchen in Gedanken zuweisen, hängen davon ab, welches Experiment man macht. Im Falle einer großen Mikroskoplinse hat es dann keinen Sinn, von einer wohldefinierten Geschwindigkeit des Teilchens zu sprechen. Man könnte allerdings ein anderes Experiment durchführen, nämlich eines mit einer sehr kleinen Linse – mit kleinem Öffnungswinkel –, bei der die Störung besser bekannt ist. Dann könnte man die Geschwindigkeit des Elektrons vor der Wechselwirkung genauer messen. Das ist zwar möglich, aber eben auch ein anderes Experiment. An einem Elektron können wir nur eines der beiden Experimente durchführen, und wir müssen uns entscheiden, welches es sein soll. Unsere Wahl legt dann fest, welche der zwei physikalischen Größen wir genau bestimmen können, entweder den Ort des Elektrons, indem wir ein sehr großes Auflösungsvermögen wählen – womit aber seine Geschwindigkeit prinzipiell nicht definierbar wäre –, oder wir versuchen die Störung klein zu halten, können so die Geschwindigkeit definieren, müssen jedoch darauf verzichten zu wissen, wo sich das Elektron tatsächlich befindet, da das Auflösungsvermögen des in dieser Experimentvariante verwendeten Mikroskops notwendigerweise schlecht ist. Ohne Auswahl des Experiments macht es aber nicht einmal in Gedanken Sinn, einem Teilchen irgendwelche wohldefinierten Eigenschaften zuzuweisen.

Was wir eben getan haben, war, in Worten die Heisenbergsche Unschärfebeziehung zu erörtern. Das Gleiche nochmals ein bisschen quantitativer: Die Heisenbergsche Unschärfebeziehung besagt, dass das Produkt aus der Ungenauigkeit des Ortes eines Objekts und der Ungenauigkeit des Impulses nicht kleiner sein kann als $h/2\pi$, also das Plancksche Wirkungsquantum, dividiert durch zweimal die Zahl Pi (π), jedoch wird jene Grenze nur in ganz besonderen Fällen erreicht. Oft kann man davon ausgehen, dass das Produkt der beiden Unschärfen etwa h ist.

Die zentrale Aussage der Kopenhagener Interpretation für das Heisenbergsche Mikroskop ist nun, dass es sich hier nicht nur um eine Beschränkung unseres Vermögens handelt, den Ort und den Impuls eines Elektrons oder allgemein eines beliebigen Teilchens zu bestimmen, sondern die Bedeutung der Aussage liegt vor allem darin, dass es ganz und gar falsch ist, so zu sprechen, als ob diese Teilchen zwar einen wohldefinierten Ort und Impuls hätten, wir diese aber nicht messen könnten. Die Kopenhagener Interpretation besteht vielmehr darauf, dass es sinnlos ist, über Dinge zu sprechen, die man im Prinzip nicht wissen kann. Die Heisenbergsche Unschärfebeziehung sagt also, dass ein Teilchen nicht gleichzeitig einen wohldefinierten Ort und einen wohldefinierten Impuls besitzen kann.

Ein weiterer Punkt, der sehr wichtig ist, sei hier noch angemerkt. Er hängt wesentlich mit der schon erörterten Frage zusammen, ob die Teilchen die Eigenschaften, die wir nicht beobachten können, zwar besitzen, wir sie aber nur nicht sehen, oder ob diese Eigenschaften grundsätzlich unscharf sind. Wir hatten etwas salopp davon gesprochen, dass das Photon nach der Streuung des Elektrons einen der beiden gezeichneten Wege nimmt oder allgemein einen Weg dazwischen. Wir haben also das etwas naive Bild eines Teilchens entworfen, das tatsächlich einen bestimmten Weg verfolgt. Ein solches Bild würde aber gerade der Schlussfolgerung, die wir eben gezogen haben, widersprechen. Diese Schlussfolgerung war ja, dass wir Systemen nicht Eigenschaften zuordnen sollen, die wir in dem konkreten Experiment gar nicht bestimmen können. Wir dürfen daher unserem Photon nach seiner Streuung am Elektron keinen bestimmten Weg zuordnen, den es zurücklegt, bis es auf dem Beobachtungsschirm auftritt. Es sind also alle nur denkbaren Wege vollkommen gleichberechtigt.

Was bedeutet diese Gleichberechtigung? Sie bedeutet nichts anderes, als dass der Quantenzustand des Photons eine Überlagerung aller nur möglichen Wege darstellt. Es ist dies genauso eine Art von Superposition, wie wir sie schon im Falle des Doppelspaltexperimentes kennengelernt hatten. Dort handelte es sich um eine Superposition der beiden möglichen Wege durch die beiden Spalte. Hier ist es nun eine Superposition von, genaugenommen, unendlich vielen verschiedenen Wegen. Die einzige Bedingung ist nur, dass jeder dieser Wege durch die Linse führen muss. Es ist sogar noch etwas komplizierter, da jeder dieser möglichen Wege des Photons einem bestimmten Impulsübertrag an das Elektron entspricht. Wir haben also einen sehr komplizierten verschränkten Zustand zwischen Elektron und Photon. Dieser verschränkte Zustand ist ebenfalls eine Superposition. Wir treffen also wieder auf einen überaus wichtigen, zentralen Aspekt unserer gesamten Analyse, nämlich den, dass dieses grundsätzliche Nichtfestgelegtsein von Eigenschaften im Falle des Weges des Photons nach der Streuung am Elektron direkt zu einem ganz wichtigen Punkt in unserer Quantenbeschreibung führt, nämlich zur Superposition.

Dies ist ein wesentlicher Punkt, der nicht stark genug betont werden kann. Es ist in unserem Experiment nicht möglich, dem beobachteten quantenmechanischen System, in unserem Fall dem Elektron, und dem Beobachtungsmittel, hier dem Photon, eine voneinander unabhängige Existenz im üblichen physikalischen Sinn zuzuordnen. Die beiden sind auf ganz enge Weise miteinander verknüpft. Diese Art von Verknüpfung ist die von Erwin Schrödinger in die Diskussion der Quantenphysik eingeführte Verschränkung. Vor der Wechselwirkung führten das Elektron und das Photon ein gewissermaßen fröhliches Leben mit voneinander unabhängigen Existenzen. Nach der Streuung, nach der Wechselwirkung, sind sie miteinander verschränkt. Jede Impulsänderung des Elektrons ist mit einer bestimmten Impulsänderung des Photons fest verbunden. Das Elektron und das Photon führen also nach der Wechselwirkung keine voneinander unabhängige Existenz mehr. Sie hören auf, individuelle Objekte mit ihren jeweils eigenen, wohldefinierten Eigenschaften zu sein.

Worauf es bei der Messung, bei der Beobachtung jedoch immer ankommt, ist, dass wir letztendlich von einem Sinneseindruck sprechen können. Denn ohne einen Sinneseindruck gibt es keine Beobachtung. Im Falle des Heisenbergschen Gammamikroskops ist dieser Sinneseindruck letztlich der Eindruck des Lichtblitzes, der auf dem Beobachtungsschirm auftritt. Darüber können wir miteinander sprechen. Es ist eine unmittelbare Erfahrung. Wovon wir weiter noch sprechen können, sind die Elemente des experimentellen Aufbaus, so etwa die Linse sowie der Ort, an dem sich diese Linse befindet, sicherlich auch noch die Quelle, mit der wir unsere Elektronen erzeugen, die Lichtquelle, aus der das Photon kommt, das am Elektron gestreut wird, und die für den gesamten Aufbau benötigten Teile des notwendigerweise klassischen Apparates, die das Ganze zusammenhalten. Genaugenommen können wir nur über diese klassischen Objekte sprechen. Alles andere sind unsere mentalen Konstruktionen. Die physikalische Geschichte, die wir daraus konstruieren und die wir weiter oben erzählt haben, ist nichts anderes als genau dies. Es läuft alles darauf hinaus, dass der Zustand, den die Quantenphysik den Systemen dann zuordnet – wie zum Beispiel die Superposition des Photons in allen diesen Möglichkeiten –, zu nichts anderem dient, als eine Verbindung zwischen klassischen Beobachtungen herzustellen. Diese klassischen Beobachtungen sind etwa Beobachtungen am Messaufbau, an Eigenschaften des Apparates, in diesem Fall Eigenschaften der Elektronenquelle, wann ist sie geöffnet, wann tritt ein Elektron heraus und so weiter und so fort, von Eigenschaften des Mikroskops und schließlich einer klassischen Beobachtung, nämlich des Lichtblitzes, den wir mit unserem Auge sehen können. Letztlich ist der einzige Zweck des quantenmechanischen Zustandes der, uns aufgrund unseres Wissens über den gesamten experimentellen Aufbau ausrechnen zu können, welche Beobachtungsresultate mit welcher Wahrscheinlichkeit auftreten können.

4. Die falsche und die tiefe Wahrheit

Wichtig in der Kopenhagener Interpretation ist der von Niels Bohr eingeführte Begriff der *Komplementarität.* Komplementarität bedeutet kurz gesagt, dass zwei Begriffe einander ausschließen in dem Sinne, dass eine genaue Kenntnis sowohl der einen Größe als auch der anderen Größe grundsätzlich nicht möglich ist.

Solche uns nun ja bereits geläufigen Begriffspaare sind zum Beispiel Ort und Impuls eines Teilchens oder der Weg im Doppelspaltexperiment und das Interferenzbild. Am Fall des Heisenbergschen Gammamikroskops sieht man, dass die Komplementarität letztlich eine prinzipielle Konsequenz der Beschränkung unserer experimentellen Möglichkeiten darstellt. Das Problem ist nämlich, dass wir zur Bestimmung der beiden durch Komplementarität aufeinander bezogenen Größen «Ort» und «Impuls» zwei ganz verschiedene Apparate benötigen. Für die Bestimmung des Ortes benötigen wir ein Mikroskop mit sehr hohem Auflösungsvermögen, bei dem Licht unter einem großen Winkel eingesammelt wird, für die Bestimmung des Impulses ein Mikroskop mit sehr geringem Auflösungsvermögen. Es ist aber grundsätzlich kein Mikroskop möglich, das beides gleichzeitig besitzt: ein großes und ein kleines Auflösungsvermögen, also ein Mikroskop, bei dem gleichzeitig ein großer und ein kleiner Winkel gestreuten Lichts eingesammelt wird. Komplementarität ist letztlich eine Konsequenz der Tatsache, dass zur Beobachtung der beiden Größen, in unserem Fall Ort und Impuls, makroskopische klassische Apparate notwendig sind, die einander ausschließen.

Auf der anderen Seite sei angemerkt, dass auch der mathematische Formalismus der Quantenphysik, auf dessen Darstellung in diesem Buch bewusst gänzlich verzichtet wird, genau dieser Tatsache Rechnung trägt. Dieser Formalismus ist so beschaffen, dass es nicht einmal mathematisch möglich ist, einen quantenmechanischen Zustand eines Elektrons anzugeben, bei dem Ort und Impuls gleichzeitig wohldefiniert sind. Es kann also auch rein mathematisch kein Elektron geben, das gleichzeitig einen wohldefinierten Ort und einen wohldefinierten Impuls besitzt. Dies gilt natürlich nur so lange, als die Grundgesetze der Quantenphysik in der Form, wie sie von Heisenberg und Schrödinger hergeleitet wurden, gültig bleiben. Wir hatten aber schon angemerkt, wie exakt die Vorhersagen der Quantenmechanik in der Natur anzutreffen sind, und haben deshalb vermutet, dass es sehr unwahrscheinlich ist, dass die quantenphysikalischen Grundgesetze sich in irgendeiner Form als falsch herausstellen könnten.

Ein weiteres interessantes Beispiel ist die Komplementarität zwischen Weg und Interferenzbild im Doppelspaltexperiment. Wir haben ja bereits mehrfach gesehen, dass es nicht möglich ist, gleichzeitig den Weg zu kennen, den ein Teilchen durch einen solchen Aufbau nimmt, als auch das Interferenzbild zu beobachten. Weg und Interferenzbild sind also zueinander komplementär. Die Komplementarität ist in diesem Falle wieder die Konsequenz der Unmöglichkeit eines gleichzeitigen Aufbaus zweier verschiedener makroskopischer Apparate. Um den Weg zu kennen, benötigen wir einen Apparat, der den Weg bestimmt, also zum Beispiel je einen Detektor bei jedem Spalt. Um dagegen das Interferenzbild sehen zu können, ist eine wesentliche Voraussetzung, dass der Weg prinzipiell unbekannt ist, dass er also auf keinen Fall bestimmt wird. Es ist aber völlig unmöglich, einen Apparat zu bauen, mit dem der Weg gleichzeitig bestimmt und nicht bestimmt wird.

Besonders interessant ist Komplementarität im Falle von verschränkten Teilchen. Dies sieht man besonders gut an unserem Beispiel des Doppel-Doppelspaltexperiments. Wir konnten uns ja dort über die Größe der Quelle aussuchen, ob wir Einteilcheninterferenzen sehen, also Interferenzen für jedes einzelne Teilchen für sich, oder Zweiteilcheninterferenzen, also nur das Interferenzbild, wenn wir beide Teilchen gleichzeitig hinter ihrem jeweiligen Doppelspalt messen. Das entscheidende Kriterium war hier die Größe der Quelle. War die Quelle klein, kam es zu Einteilcheninterferenzen, war sie groß, zu Zweiteilcheninterferenzen. Eine Quelle kann nun eben nicht gleichzeitig klein und groß sein. Auf diese Weise sehen wir, dass die beiden Arten von Interferenz wieder zueinander komplementär sind. Generell gilt, dass wir uns auch hier entscheiden müssen, ob wir ein Einteilchenphänomen oder ein Zweiteilchenphänomen beobachten wollen.

Es gibt nun sehr viele andere Beispiele von Komplementarität in der Quantenphysik, und es scheint eine Grundannahme zu sein, dass es zu jedem physikalischen Begriff zumindest einen gibt, der mit ihm komplementär verbunden ist. Dies muss nicht unbedingt nur ein Begriffspaar sein, es kann auch eine Vielzahl von Möglichkeiten sein. Als Beispiel sei hier der Drehimpuls eines Teilchens um seine Achse erwähnt. Der Drehimpuls drückt im wesentlichen aus, wie schnell sich ein Objekt um eine Achse dreht. In der Quantenphysik ist die Situation natürlich wieder etwas diffiziler, dem Drehimpuls entspricht, wie schon erwähnt, der sogenannte Spin eines Elementarteilchens, der als ein Analogon des Drehimpulses verstanden werden kann. Die Grundaussage der Komplementarität ist nun die, dass zum Spin um eine bestimmte Drehachse alle Spins um Achsen komplementär sind, die sich in der Ebene befinden, die orthogonal auf diese Drehachse orientiert ist. Es sind also alle drei Spins entlang drei beliebigen Achsen, die zueinander rechtwinkelig orientiert sind, komplementär zueinander.

Für Niels Bohr war Komplementarität eines der tiefsten Konzepte, die wir in unserer Naturbeschreibung haben. Er hat versucht, diese Komplementarität auch auf Begriffe außerhalb der Physik anzuwenden. Eine besonders nette Anwendung ist sein Satz, dass «Wahrheit» und «Klarheit» eines Ausdrucks zueinander komplementär seien. Auch hat er versucht, den Begriff Komplementarität auf lebende Systeme auszudehnen. Hier meinte er etwa, dass das Leben einer Zelle oder eines Lebewesens und die genaue Kenntnis seiner Funktionen zueinander komplementär seien. Das impliziert, dass wir nur die Funktionen eines toten Systems genau kennen können – seine Details, seinen Aufbau, seine Funktionsweise etc. Wir wissen heute, dass dieses Bild falsch ist, dass Niels Bohr seine Position in diesem Zusammenhang gelegentlich überzogen hat. Dies soll ihm jedoch keineswegs zum Vorwurf gemacht werden, da es ja sicherlich ein wesentlicher Bestandteil der erfolgreichen wissenschaftlichen Methode ist, zu versuchen, den Gültigkeitsbetreff neuer Konzepte so weit wie möglich auszudehnen. Nur so lernt man seine Grenzen kennen und kann damit wieder auf Neues stoßen. Hierzu können wir mit einem sehr schönen Zitat Bohrs schließen, das an Tiefe und Ironie wohl kaum zu übertreffen ist: «Das Gegenteil einer jeden Wahrheit ist falsch, jedoch ist das Gegenteil einer tiefen Wahrheit wieder eine tiefe Wahrheit.»

5. Einsteins Irrtum

Es wurde schon früher erwähnt, dass Albert Einstein von Anfang an die tiefen konzeptiven Probleme erkannt hatte, die mit der neuen Quantentheorie einhergehen. Insbesondere die Rolle des Zufalls wollte er nicht akzeptieren. Es ist daher kein Wunder, dass Einstein der Meinung war, man müsse eine tieferliegende Erklärung der Quantenphänomene finden können. Noch ist es weiter verwunderlich, dass er mit der Bohrschen Sichtweise auf keinen Fall einverstanden sein konnte. Insbesondere konnte er natürlich nicht die Sichtweise akzeptieren, dass es physikalische Größen geben soll – also Eigenschaften von Systemen, von Teilchen –, die uns nicht nur unbekannt sind, sondern grundsätzlich nicht festgelegt sind, dass etwa im Fall des Doppelspaltes dann, wenn wir das Interferenzbild beobachten können, die komplementäre Größe, der Weg, den das Teilchen genommen hat, nicht einmal als Eigenschaft des Teilchens gedacht werden darf.

Albert Einstein versuchte daher, diese Argumentation von Grund auf auszuhebeln. Sein Ziel war, zu zeigen, dass es in gewissen Experimenten doch möglich ist, die zwei zueinander komplementären Größen zu beobachten. Er tat dies nicht in einer abstrakten Weise, sondern anhand sehr cleverer Gedankenexperimente.

Die Diskussionen zwischen Albert Einstein und Niels Bohr fanden hauptsächlich im Umfeld verschiedener Konferenzen zwischen 1927 und 1930 statt. Jahre später hat Niels Bohr diese Diskussionen aus seiner Sichtweise in dem Artikel «Discussions with Einstein» niedergeschrieben, der in dem wunderbaren Sammelband «Albert Einstein: Philosopher – Scientist» 1948 erschienen ist. Die Abbildung des Doppelspaltexperiments (Abbildung 3) ist einer der Skizzen nachgezeichnet, die Bohr dabei angefertigt hat. Was an dieser Skizze besonders bewundernswert ist, ist ihr hoher Realismus. Niels Bohr hat sogar die Schrauben gezeichnet, mit denen der ganze Apparat zusammengehalten wird! Dies ist offenbar nicht rein zufällig, sondern es entspricht der Sichtweise Bohrs, nach der der makroskopische klassische Apparat im Zentrum der Überlegungen stehen muss, da es nur dieser Apparat ist, über den wir in Wirklichkeit tatsächlich klare Aussagen treffen können.

Die Argumentation anhand der Bohrschen Abbildung ist sehr einfach. Wenn beide Spalte offen sind, sehen wir das Doppelspaltinterferenzbild: Schließen wir einen der beiden, dann gibt es natürlich keinerlei Frage darüber, dass wir den Weg wissen, aber es ist dann auch sehr trivial festzustellen, dass dann das Interferenzbild nicht auftreten kann. Einstein modifiziert in einer Attacke den Apparat, indem er eine Anordnung vorschlägt, der zufolge seiner Meinung nach das Interferenzbild auftritt, wir aber für jedes einzelne Teilchen genau den Weg bestimmen können. Dazu nimmt Einstein an, dass der erste Spalt, der Eintrittsspalt für den ganzen Apparat, nicht fest verbunden, also nicht fest mit dem Rest verschraubt ist – wir sehen erneut die Wichtigkeit der Schrauben (!) –, sondern frei beweglich (Abbildung 16).

16 Doppelspaltexperiment mit beweglichem Eintrittsspalt, nach einem Vorschlag von Albert Einstein (Bild nach Niels Bohr).

Einstein schlägt nun vor, dass dieses Experiment tatsächlich mit einzelnen Teilchen durchgeführt wird, eben in der Weise, dass wir immer nur ein einzelnes Teilchen kontrolliert durch den Apparat schicken. Bevor ein Teilchen durchgeschickt wird, bringen wir den Eingangsspalt zur Ruhe. Dann schicken wir ein Teilchen durch und registrieren, an welcher Stelle es auf dem Beobachtungsschirm auftrifft. Natürlich sei bemerkt, dass bei weitem nicht jedes Teilchen, das durch den ersten Spalt tritt, es auch durch die anderen beiden Spalte schafft. Aber wir betrachten nur diejenigen, die bis zum Beobachtungsschirm durchkommen.

Ist das Teilchen in der Beobachtungsebene registriert, dann muss es nach Einstein ja einen der beiden Wege genommen haben, entweder den oberen oder den unteren. Wenn es also anfangs parallel zur Grundplatte des gesamten Aufbaus dahergekommen ist, so muss es beim Durchtritt durch den Eintrittsspalt abgelenkt worden sein, eben entweder nach oben oder nach unten. Sein Impuls muss also eine Änderung erhalten haben, und dies kann nur aus einem Rückstoß resultieren, den der Eintrittsspalt erhalten hat. Fliegt das Teilchen durch den oberen Spalt, dann hat der Eintrittsspalt einen Stoß nach unten erhalten und umgekehrt. Wir stellen nun also fest, ob sich die Platte mit dem Eintrittsspalt nach dem Durchtritt des ersten Teilchens und seiner Registrierung auf dem Beobachtungsschirm nach unten oder nach oben bewegt. Dazu haben wir beliebig viel Zeit. Es könnte ja so sein – und wird im allgemeinen auch so sein –, dass der Stoß, den das Teilchen auf den Eintrittsspalt überträgt, überaus winzig ist, wir also lange warten müssen, bis wir eine Verschiebung des Eintrittsspaltes beobachten können. Aber wir haben ja Zeit. Im Endeffekt – wenn wir endlich wissen, ob der Eintrittsspalt nach oben oder nach unten davonfliegt – haben wir dann bestimmt, welchen Weg das Teilchen genommen hat. Den Ort, auf dem es am Beobachtungsschirm auftritt, haben wir ja schon zuvor festgestellt. Anschließend bringen wir den Eintrittsspalt wieder in der Ausgangsposition zur Ruhe und wiederholen dasselbe Experiment mit dem nächsten Teilchen. Auf diese Weise sammeln wir allmählich sehr viele Teilchen auf dem Beobachtungsschirm an und sollten nach Einstein dort allmählich, Teilchen für Teilchen, das Interferenzbild mit den Interferenzstreifen aufbauen. Gleichzeitig hätten wir damit auch gleich eine Liste erhalten, nach der wir für jedes einzelne Teilchen wissen, welchen Weg es genommen hat.

Auf den ersten Blick scheint diese Argumentation durchaus vernünftig und stichhaltig zu sein. Wenn sie richtig wäre, dann hätte Bohr mit seiner Komplementarität natürlich unrecht. Wo liegt also der Knackpunkt? Warum ist Einsteins Sichtweise seines eigenen Gedankenexperimentes falsch? Es sei vielleicht zunächst daran erinnert, dass ein wirkliches Experiment grundsätzlich nie falsch sein kann. In einem Experiment machen wir einen bestimmten physikalischen Aufbau, und wir werden dann irgendwelche Phänomene beobachten, die einfach einen naturgesetzlichen Ablauf widerspiegeln. Falsch kann immer nur unsere Interpretation eines Experimentes sein. Es kann sein, dass schon der Ansatz unserer Fragestellung fehlerhaft ist, es kann sein, dass wir das Experiment falsch analysieren oder dass wir irgendwelche wichtigen Details übersehen und so weiter und so fort. Genauso ist es bei einem Gedankenexperiment. Wenn wir uns alle Schritte korrekt nach den Naturgesetzen überlegen, können wir nur zu einem richtigen Schluss kommen. Das heißt, wir können nur zu einem Schluss kommen darüber, wie sich die Sache in einem tatsächlich durchgeführten Experiment verhalten würde und nicht nur in einem Gedankenexperiment. Aber wir können uns natürlich bei der Vorhersage der Ergebnisse, die das Gedankenexperiment wohl liefern wird, falsche Bilder machen, wenn wir wichtige Punkte übersehen. Das heißt, unsere Vorhersage, wie das Ergebnis des Gedankenexperiments aussehen wird, kann durchaus falsch sein. Genau hier muss die Kritik an Einstein ansetzen. An irgendeiner Stelle seines Gedankenganges muss ein Fehler sein. Falls Sie Spaß daran und Zeit haben, machen Sie doch hier eine Pause, und denken Sie selbst einige Zeit darüber nach, worin der Fehler Einsteins bestehen könnte.

Wie schon erwähnt, muss man bei einer Analyse eines Gedankenexperiments alle Naturgesetze, die für das Experiment notwendig sind, heranziehen, wobei es natürlich klar ist, dass es unter Umständen so sein kann, dass man ein dafür notwendiges Naturgesetz nicht kennt oder dass es noch gar nicht entdeckt worden ist und man daher notwendigerweise auf der Basis des bestehenden Wissens einen Fehler macht. Dies war jedoch bei Einstein nicht der Fall, wie Niels Bohr in seiner Antwort auf Einstein auch zeigen konnte.

Der grundsätzliche Fehler, den Einstein gemacht hatte, war der, anzunehmen, dass man den Spalt genau in seiner Mittelposition zur Ruhe bringen kann. Wir sehen schon, hier werden zwei Dinge verlangt, die nach der Quantenmechanik verboten sind. Es wird angenommen, dass der Eintrittsspalt gleichzeitig in Ruhe ist, also die Geschwindigkeit null hat, und dass er sich an einem genau festgelegten Ort befindet. Es wird also verlangt, dass die Unschärfe des Orts und die Unschärfe seines Impulses gleichzeitig null sind. Dies ist aber nach der Quantenmechanik, wie dies in der Heisenbergschen Unschärfebeziehung ausgedrückt wird, grundsätzlich nicht möglich. Der Fehler, den Einstein gemacht hat – und dies ist ein Fehler, der bis heute sehr oft immer wieder gemacht wird –, war, zu übersehen, dass die quantenphysikalischen Gesetze in diesem Fall auch auf den Eintrittsspalt angewendet werden müssen. Einsteins Fehler ist allerdings verzeihlich, da dieser Spalt mit seiner Platte, in der er sich befindet, und dem Aufhängemechanismus offenkundig ein makroskopisches System ist, auf das klassische Gesetze vermeintlich angewendet werden können. Wir werden nun die Bohrsche Argumentation im Detail erörtern.

Wir erinnern uns, das Ziel ist, aus dem Rückstoß des Schirms darauf zu schließen, ob das Teilchen zum oberen oder zum unteren Spalt abgelenkt wurde. Dies bedeutet automatisch, dass die Impulsunschärfe unseres Schirms am Anfang einen bestimmten Wert nicht überschreiten darf. Die Impulsunschärfe darf, konkret gesagt, nicht größer sein als der Unterschied zwischen dem Impuls, den der Schirm bekommt, wenn das Teilchen nach oben abgelenkt wird, und dem Impuls, wenn das Teilchen nach unten abgelenkt wird. Denn wenn der Impuls des Schirms am Anfang schon unschärfer ist als dieser Unterschied, können wir aus der Ablenkung des Schirms nicht mehr schließen, in welcher Weise das Teilchen abgelenkt wurde.

Wo kommt bei dieser Überlegung die Komplementarität ins Spiel? Wie immer, haben wir auch hier wieder die Wahl zwischen zwei verschiedenen experimentellen Anordnungen, zwischen zwei verschiedenen experimentellen Bedingungen. Diese betreffen ganz einfach die Frage, wie groß die Impuls- und die Ortsunschärfe des Schirms gehalten werden, bevor wir das Teilchen hindurchschicken. Wir können uns ja entscheiden – und dies ist die freie Wahl des Experimentators –, dass entweder der Ort des Schirms gut festgelegt ist, aber dann der Impuls unscharf bleibt; oder der Impuls ist gut festgelegt, aber dann bleibt der Ort unscharf. Im ersteren Fall, wo der Ort gut festgelegt ist und der Impuls unscharf, bekommen wir offenbar ein Interferenzbild, aber wir können nicht mehr angeben, welchen Weg das einzelne Teilchen genommen hat. Im umgekehrten Fall, wenn die Impulsunschärfe klein genug gehalten wird, sodass wir den Weg jedes einzelnen Teilchens angeben können, stellen wir nun die Frage: Was geschieht mit dem Interferenzbild? Die geringe Impulsunschärfe bedingt ja notwendigerweise eine größere Ungenauigkeit in der Position des Schirms. Diese Ungenauigkeit in der Position des Schirms bedeutet, dass man nicht genau weiß, wo die einzelnen Teilchen in den Apparat eingetreten sind. Entsprechend der Ortsunschärfe kann dies eine verschiedene Position des Eintrittsschirms weiter oben oder weiter unten bedeuten. Sehen wir uns jetzt jedoch die Abbildung an, dann zeigt sich, dass, wenn wir uns den Eintrittsschirm nach oben verschoben vorstellen, das Interferenzbild gegengleich nach unten verschoben ist. Die Streifen sind also etwas nach unten gewandert. Genauso wandern die Streifen nach oben, wenn der Eintrittsschirm etwas nach unten verschoben ist. Nachdem der Ort an sich unscharf ist, falls der Impuls genügend gut festgelegt ist, bedeutet dies, dass das Interferenzbild verwaschen wird. Wir können es uns sozusagen als Mischung vieler Interferenzstreifen verschiedener Lagen vorstellen, sodass der Unterschied zwischen hell und dunkel letztlich verlorengeht. Das Interessante ist nun, und dies konnte Niels Bohr quantitativ mittels der Unschärfebeziehung zeigen, dass es hier eine genaue Komplementarität gibt. Wenn wir den Weg, den das Teilchen nimmt, genau kennen, dann ist das Interferenzbild vollkommen verschwommen. Wenn wir ein klares Interferenzbild erhalten, dann können wir überhaupt keine Aussage über den Weg des Teilchens machen.

Nehmen wir also an, wir bringen den beweglichen Schirm vollkommen zur Ruhe, bevor wir ein Teilchen durchschicken, sodass er sich überhaupt nicht bewegt. Dann können wir nach der Heisenbergschen Unschärfebeziehung nicht sagen, wo der Schirm ist, und wir werden kein Interferenzbild erhalten. Andererseits können wir sicherstellen, dass der Eintrittsspalt an einer wohldefinierten Stelle ist, zum Beispiel an der Stelle, wo ihn die Feder im Gleichgewicht hält. Dann ist aber seine Impulsunschärfe maximal, das heißt, der Schirm kann nicht in Ruhe sein, sondern er wird sich bewegen. Dies ist eben eine Konsequenz der Unschärfebeziehung, dass kein Objekt gleichzeitig in Ruhe sein kann und an einem wohldefinierten Ort. Die Impulsunschärfe ist aber jetzt so groß, dass wir dann zwar das Interferenzbild erhalten, aber nicht wissen können, welchen Weg das Teilchen genommen hat.

Hier begegnet uns aber noch ein zusätzlicher interessanter Aspekt der Komplementarität. Die beiden bisher diskutierten Fälle sind nämlich nur Extremfälle, nämlich diejenigen Fälle, in denen wir eine der beiden komplementären Größen genau festlegen. Natürlich gibt es auch Zwischenmöglichkeiten. Im konkreten Fall können wir etwa die Impulsunschärfe am Anfang so festlegen, dass es zwar nicht mehr eindeutig, aber doch ungefähr möglich ist, aus dem Rückstoß zu schließen, welchen Weg das Teilchen genommen hat. Wir könnten etwa eine Situation erreichen, in der wir sagen können, mit 70%iger Chance hat das einzelne Teilchen den oberen Weg genommen. Es könnte aber auch mit 30%iger Chance den unteren Weg genommen haben. Für ein anderes Teilchen wäre dies dann vielleicht umgekehrt und so weiter. In diesem Fall erhalten wir dann ein Interferenzbild, das nicht mehr ganz scharf ist, sondern etwas ausgewaschen. Generell gilt, je weniger wir über den Weg kennen, desto schärfer wird das Interferenzbild. Je unschärfer das Interferenzbild ist, desto mehr können wir über den Weg aussagen. Komplementarität ist also keine Ja-Nein-Situation. Zwei Begriffe schließen einander nur aus, wenn wir einen der beiden mit absoluter Genauigkeit kennen wollen. Komplementarität lässt also auch Zwischenstufen zu in der Weise, dass wir von zwei möglichen Größen jede ein wenig kennen können, aber keine mit voller Genauigkeit.

Wie ist aber nun im Sinne dieser Diskussion das ursprüngliche Doppelspaltexperiment zu verstehen (Abbildung 3), bei dem der Eintrittsspalt fest mit der Bodenplatte verbunden ist? Hier werden wir offenbar Interferenzstreifen erhalten. Wie steht es dann mit dem Impulsübertrag? Denn jedes Teilchen, das durch den Eintrittsspalt tritt, wird ja, je nachdem, durch welchen der beiden Doppelspalte es geht, nach oben oder unten abgelenkt. Sein Impuls ändert sich daher. Nun gilt aber in der gesamten Physik, dass Impuls erhalten bleibt. Wenn sich aber der Impuls des Teilchens ändert, muss sich auch ein anderer Impuls ändern, um dies auszugleichen. Im eben besprochenen Fall wird der Impuls auf die gesamte Anordnung übertragen, von der wir annehmen, dass sie fest mit dem Rest der Welt, also mit unserem Laboratorium, mit dem Gebäude und so fort, verbunden ist. So ist eine Bestimmung der Impulsübertragung und damit eine Wegbestimmung wieder nicht möglich.

Mit seiner Argumentation hat Niels Bohr also ganz klar die Debatte gegen Einstein gewonnen. Die Frage selbst übt offenbar eine sehr große Faszination auf viele Menschen aus, keineswegs nur auf Physiker. Es gibt immer wieder Vorschläge von Gedankenexperimenten, die behaupten, durch irgendeine clevere Anordnung doch gleichzeitig Weginformation über das Interferenzbild zu erhalten oder in anderen Fällen zwei komplementäre Variablen gleichzeitig zu messen. Mit diesen Vorschlägen verhält es sich genauso wie mit den Vorschlägen für den Bau von Perpetuummobile-Maschinen, also von Maschinen, die sich ohne äußere Energiezufuhr ewig bewegen sollen. Es gibt hier auch sehr ingeniöse Vorschläge, die jedoch bei ihrer genaueren Betrachtung nicht haltbar sind. Bei einer sorgfältigen Analyse eines jeden Experimentes stellt sich heraus, dass es einfach generell unmöglich ist, zwei komplementäre Größen gleichzeitig genau zu bestimmen.

Ein letzter Punkt in der obigen Debatte verdient noch weitere Beachtung. Es ist dies die Tatsache, dass hier offenbar zwei verschiedene Arten von Komplementarität direkt miteinander verbunden sind. Die Komplementarität zwischen Weg und Interferenzbild für das Teilchen ist direkt gekoppelt an die Komplementarität zwischen Ort und Impuls des Eintrittsspalts. Dagegen wird manchmal argumentiert, dass – da die Quantenmechanik selbst zu ihrer eigenen Rettung hinzugezogen wird – man sich in der Argumentation sozusagen im Kreis bewege. Aber gerade so muss es ja sein. Die Quantenphysik ist eine umfassende Theorie, deren Gültigkeitsbereich man nicht irgendwo einschränken darf. In dem Moment, wo man dies täte, beginge man einen entscheidenden Fehler.

Einstein hat im übrigen nicht gleich aufgegeben, sondern seine Argumentation immer weiter verfeinert und kompliziertere Gedankenexperimente vorgeschlagen. In einem dieser Experimente sah es am Anfang fast so aus, als ob Einstein nicht widerlegt werden könnte. Es war dies erst möglich, nachdem Niels Bohr Einsteins eigene Allgemeine Relativitätstheorie hinzuzog, um die Komplementarität zu retten. Dies ist insofern faszinierend, als es eben zeigt, dass man zur korrekten Beschreibung von Phänomenen alle Naturgesetze beachten muss. Hier musste Einstein ansehen, wie seine eigene Relativitätstheorie gegen seine eigene Argumentation gegen die Quantenphysik verwendet wurde.

Was ist also nun die tiefere Bedeutung der Komplementarität, worauf weist sie hin? Es ist ja offenbar so, dass wir von zwei komplementären Größen nicht beide genau kennen können. Noch genauer gesagt, ein physikalisches System kann offenbar nicht alle Information tragen, um zwei komplementäre Größen gleichzeitig genau zu repräsentieren. Es scheint all dies auf eine fundamentale Rolle der Information hinzudeuten. Dieser fundamentalen Rolle werden wir uns nun widmen, und wir werden versuchen, dies nicht nur auf eine rein qualitative Weise, wie wir dies bisher getan haben, zu tun, sondern auch quantitativ. Dazu ist es allerdings noch notwendig, dass wir uns mit einem sehr einfachen experimentellen Aufbau vertraut machen, dem Mach-Zehnder-Interferometer, mit dem sich diese Informationszusammenhänge sehr schön darstellen und analysieren lassen.

6. Wahrscheinlichkeitswellen

Wir hatten bereits mehrfach das Doppelspaltexperiment erwähnt. Dieses Experiment wurde ja in der Quantenmechanik anfangs als Gedankenexperiment eingeführt und später für sehr viele verschiedene Arten von Teilchen tatsächlich durchgeführt. Wir erinnern uns – die wesentliche Aussage dort war, dass man die Interferenzstreifen «hell» und «dunkel» sehr leicht verstehen kann als Überlagerung von Wellen, die durch die beiden Spalte getreten sind. Wir erinnern uns auch, dass man aber in Schwierigkeiten kommt, sobald man weiß, dass es sich bei der verwendeten Strahlung, sei es Licht oder Elektronen, seien es Neutronen oder aber auch unsere Fullerene, um einzelne Teilchen handelt. Dem «gesunden Menschenverstand» zufolge kann ein einzelnes Teilchen ja nur einen Weg nehmen. Es muss sich also entscheiden, ob es durch den oberen oder unteren Spalt geht. Trotzdem sagt die Quantenphysik voraus, was man auch im Experiment beobachtet, nämlich dass die Interferenzstreifen auch dann auftreten, wenn man so geringe Intensität in der Strahlung verwendet, dass immer nur ein Teilchen unterwegs ist und registriert wird. Das Problem tritt also auf, wenn wir uns fragen: Woher weiß denn ein einzelnes Teilchen, das, sagen wir, durch den oberen Spalt geht, ob der untere auch offen ist oder nicht? Wir haben gesehen, dass die Antwort darauf lautet, dass man von dem Weg eines Teilchens gar nicht sprechen darf, außer man führt tatsächlich ein entsprechendes Experiment durch, das gestattet, den Weg zu bestimmen. Ist jedoch diese Weginformation vorhanden, dann tritt kein Interferenzbild mehr auf.

Während das Doppelspaltexperiment wie in einer Nussschale alles Notwendige für eine qualitative Aussage enthält, hat es für eine quantitative Analyse einen gewissen Nachteil, nämlich den, dass das Teilchen an vielen verschiedenen Punkten auf der Beobachtungsebene auftreten kann und die mathematische Beschreibung zwar klar und eindeutig ist, jedoch für unsere Darstellung – insbesondere für das mathematische Verständnis der Bedeutung von Information – etwas zu kompliziert ist. Wir erläutern daher im folgenden eine experimentelle Anordnung, die für eine solche Diskussion geeigneter ist, jedoch genau alle konzeptiven Elemente und Probleme enthält wie der ursprüngliche Doppelspalt. Es handelt sich um das sogenannte *Mach-Zehnder-Interferometer.*

Ganz allgemein ist ein Interferometer eine Vorrichtung, die es gestattet, sehr genau Interferenzen, also Überlagerungen (Superpositionen), von Wellen auszumessen. In der großartigen Entwicklung, die die optischen Wissenschaften im 19. Jahrhundert erlebten, wurden gegen Ende des Jahrhunderts auch eine große Zahl verschiedener Interferometer für Licht entwickelt. Allen diesen Interferometern ist gemein, dass das Licht zumindest zwei verschiedene Wege nehmen kann und die Wellen, die auf beiden Wegen gekommen sind, dann überlagert werden, sodass es eben zur Interferenz kommt, sei diese konstruktiv oder destruktiv, also zur Verstärkung oder Auslöschung der Wellen untereinander führt. Solche Interferometer sind für sich allein schon faszinierend, sie haben aber auch eine sehr große Anzahl von wichtigen Anwendungen gefunden, wovon die technisch wichtigste wohl die ist, dass sich in fast allen modernen Verkehrsflugzeugen ein solches Lichtinterferometer befindet, mit dem die Bewegungen des Flugzeugs sehr genau gemessen werden können. Dies ist unerlässlich für eine präzise Navigation und verhindert Zusammenstöße oder Irrflüge. Auch diese Interferometer sind in ihrer Grundkonzeption Erweiterungen des Mach-Zehnder-Interferometers, über das wir jetzt sprechen.

Das Mach-Zehnder-Interferometer heißt so, weil es im Jahre 1896 unabhängig voneinander vom Prager Physiker Ludwig Mach, Sohn des berühmten Ernst Mach, und vom Züricher Physiker Ludwig Zehnder entwickelt wurde. Sein Aufbau ist denkbar einfach, wie wir anhand von Abbildung 17 sehen. Wir benötigen lediglich vier Spiegel, von denen zwei Spiegel alles Licht zurückwerfen, das auf sie einfällt. Zwei Spiegel sind, wie man früher sagte, «halbversilbert», heute sagt man «halbreflektierend». Diese Spiegel sind so beschaffen, dass sie genau die Hälfte der Lichtintensität zurückwerfen, die andere Hälfte jedoch durchtreten lassen. Die Wirkungsweise des Interferometers ist verblüffend einfach, so verblüffend einfach, dass man sich auch hier wieder einmal fragt, warum eigentlich nicht früher jemand die Idee hatte, so etwas aufzubauen, denn rein technisch wäre das wohl sicherlich schon fünfzig Jahre früher, wenn nicht sogar noch früher, möglich gewesen. Aber lassen wir das!

Ein von links einfallender Lichtstrahl wird am ersten halbreflektierenden Spiegel zum Teil reflektiert, zum Teil tritt er durch – eben so, dass genau die Hälfte des Lichts den oberen Weg nimmt und die andere Hälfte den unteren Weg (Abbildung 17). Jeder dieser beiden Lichtstrahlen trifft nun auf einen vollständig reflektierenden Spiegel und wird dort zurückgeworfen. Die beiden Strahlen treffen sich schließlich beim zweiten halbreflektierenden Spiegel, und hier geschieht die eigentliche Superposition, die Überlagerung der beiden Wellen. Jeder der beiden Strahlen wird nun in zwei Wellen geteilt,

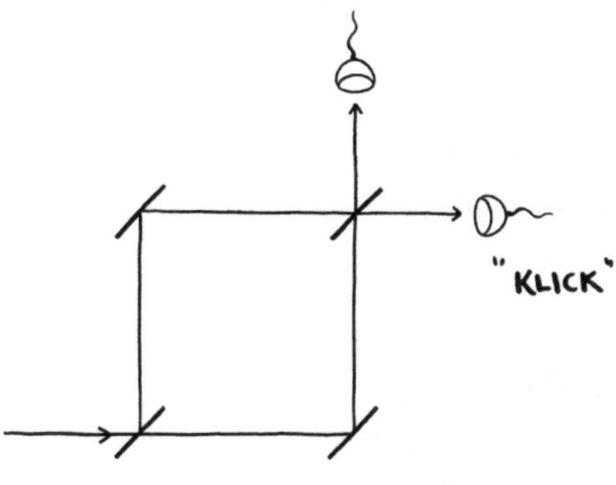

17 Das Mach-Zehnder-Interferometer. Eine einfallende Welle wird in zwei Teilwellen geteilt, die verschiedene Wege zurücklegen und dann wieder zusammengebracht werden.

vom Strahl, der den oberen Weg genommen hat, wird die Hälfte wieder nach oben reflektiert, die andere Hälfte tritt nach rechts durch. Vom Strahl, der den unteren Weg genommen hat, tritt die Hälfte nach oben durch, die andere Hälfte wird nach rechts reflektiert. Jeder der beiden Strahlen, die das Interferometer hinter dem zweiten halbreflektierenden Spiegel verlassen, ist also eine Überlagerung von gleichen Wellen-Anteilen, von denen je einer über den oberen Weg bzw. über den unteren Weg gekommen sind. Werden diese beiden Strahlen also jeweils die Hälfte des Lichts tragen, das von links gekommen ist?

Wir haben in unserer Erörterung bisher noch nicht die Interferenz berücksichtigt. Es besteht ja jeder dieser beiden Strahlen nach dem letzten Spiegel aus zwei Teilwellen, die verschiedene Wege genommen haben, und es kommt nun darauf an, ob diese Teilwellen einander verstärken oder ob sie sich gegenseitig auslöschen. Um diese Frage zu beantworten, müssten wir genau wissen, was mit den Wellen an den Spiegeln geschieht. Die Ausbreitung der Wellen im freien Raum zwischen den Spiegeln ist ja im Gegensatz dazu ein sehr einfacher Vorgang, und falls das Interferometer wohljustiert ist, wie man sagt – damit meint man, dass alle Strahlwege im Interferometer gleich lang sind –, dann legen die beiden Wellen, die obere und die untere, innerhalb des Interferometers die gleiche Wegstrecke zurück. Sie unterliegen also bei der Ausbreitung im freien Raum dem gleichen Einfluss. Ebenso können wir den Einfluss der beiden totalreflektierenden Spiegel vergessen, denn auch dies ist ein Einfluss, den beide Wellen gleich erleiden. Jedoch ist es bei den halbreflektierenden Spiegeln etwas subtiler. Wir wollen dies jetzt genauer diskutieren, da dies für das Verständnis des Interferometers ganz wichtig ist.

Betrachten wir also, wie die vom letzten Spiegel austretenden Strahlen zustande kommen (Abbildung 18). Im rechten Teil der Abbildung sehen wir, wie der Strahl zustande kommt, der den letzten Spiegel nach rechts verlässt. Wir haben hier zur besseren Verständlichkeit die beiden Teilstrahlen gegeneinander versetzt gezeichnet; in Wirklichkeit liegen sie natürlich exakt aufeinander. Der wesentliche Punkt ist, dass die Teilwelle, die im Interferometer den unteren Weg nimmt, beim ersten halbreflektierten Spiegel durchtritt und am zweiten reflektiert wird (die Wirkung des totalreflektierenden dritten Spiegels können wir ja außer Acht lassen, wie schon oben beschrieben) und dass die Teilwelle, die den oberen Weg nimmt, am ersten Spiegel reflektiert wird und durch den zweiten halbreflektierenden Spiegel durchtritt. Beide Wellen erfahren also dasselbe Schicksal, nur in umgekehrter Reihenfolge. Entlang jedes der beiden Wege wird der Strahl einmal an einem halbreflektierenden Spiegel reflektiert, einmal tritt er durch. Da jedoch die Reihenfolge, in der dies geschieht, egal ist, müssen die

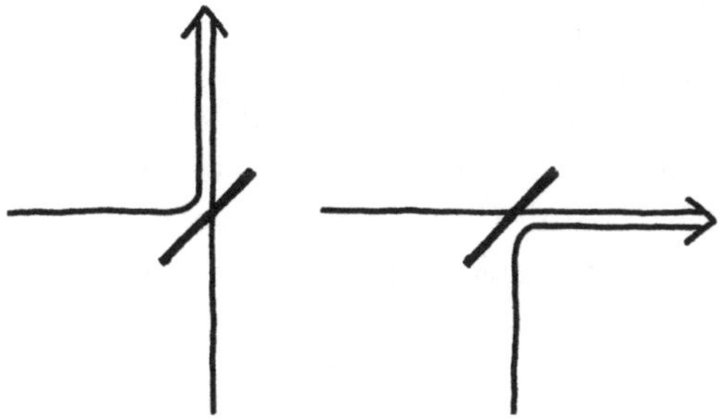

18 Darstellung der Superposition im Mach-Zehnder-Interferometer. Sowohl der nach oben als auch der nach rechts austretende Strahl sind Überlagerungen von Teilwellen, die die beiden Wege durch das Interferometer genommen haben.

beiden Teilwellen, die hinten herauskommen und den nach rechts austretenden Strahl ausmachen, genau gleich sein. Dort, wo die eine Welle einen Berg hat, muss auch die andere einen Berg haben, dort, wo die eine Welle ein Tal hat, muss auch die andere Welle ein Tal haben. Die beiden Wellen verstärken einander durch konstruktive Interferenz, und zwar verstärken sie einander gerade so, dass die Welle, die nach rechts tritt, die volle Intensität der von links ursprünglich einfallenden Welle hat. Alles Licht, das von links kommt, tritt also nach rechts aus.

Betrachten wir nun die Teilwellen, die zu dem nach oben austretenden Strahl beitragen. Hier sehen wir, dass die Situationen grundsätzlich verschieden sind. Die Teilwelle, die im Interferometer den unteren Weg genommen hat, tritt zweimal durch einen halbreflektierenden Spiegel durch. Die Teilwelle, die den oberen Weg genommen hat, wird zweimal reflektiert. Es gibt also keinerlei Grund, warum die beiden Teilwellen am Ende gleich sein sollten. In der Tat zeigt eine genaue Berechnung, dass die beiden Teilwellen gerade so zueinander verschoben sind, dass dort, wo die eine Welle einen Berg hat, die andere ihr Tal hat, und dort, wo die eine ihr Tal hat, hat die andere wiederum ihren Berg. Wenn wir diese beiden Wellen zusammenaddieren, löschen sie sich gegenseitig aus. Es kommt also kein Licht nach oben heraus. Dies ist destruktive Interferenz. Wir hätten dieses Resultat auch direkt aus dem vorherigen ableiten können, einfach aus der Tatsache, dass wir dort das Resultat erhielten, dass alles Licht, das von links in das Interferometer eintritt, nach rechts herauskommt. Nachdem Licht ja nicht durch Zauberei irgendwo entstehen kann, kann kein Licht nach oben austreten. Dies kann allerdings nur sein, wenn die beiden Teilwellen einander auslöschen.

Ehe wir in die Diskussion dieses Interferometers als Quanteninstrument eintreten, möchten wir vielleicht doch ganz kurz seine Funktionsweise als Inertialsensor in Flugzeugen diskutieren. Worauf es hier ankommt, ist, dass ein solches Interferometer geeignet ist, festzustellen, ob sich ein Flugzeug dreht oder nicht. Die Idee ist ganz einfach. Stellen wir uns vor, dass das Interferometer um eine Achse gedreht wird, die senkrecht auf die Papierebene in der Abbildung steht. Nehmen wir an, die Drehung erfolge im Uhrzeigersinn. Was wird dann passieren? Während der Zeit, die eine Lichtwelle braucht, um den Weg durch das Interferometer zurückzulegen, wird sich dieses ein wenig weitergedreht haben. Für sehr kleine Drehwinkel bedeutet dies, dass der Austrittsspiegel einfach ein klein wenig, sagen wir, nach unten verrückt ist gegenüber der Position, die er hätte, wenn sich das Interferometer nicht drehen würde. Dies bedeutet aber nun, dass der obere und der untere Weg durch das Interferometer nicht genau gleich lang sind. Die obere Welle wird etwas später eintreffen als die untere. Daraus folgt, dass die beiden Teilwellen des rechten Strahls nicht mehr exakt aufeinander liegen. Sie werden nicht mehr vollständig konstruktiv interferieren. Genauso sind die beiden Teilstrahlen, die nach oben austreten, nicht mehr exakt so verschoben, dass «Tal» genau auf «Berg» trifft. Das bedeutet, dass die Intensität des Lichts, das nach rechts austritt, etwas geringer sein wird als ohne Drehung, und die Intensität des anderen Strahls wird nicht null sein, sondern eine messbare kleine Menge von Licht betragen. Diese Menge von Licht kann man nun genau messen und daraus rückschließen, wie schnell sich das Interferometer dreht. Und damit kann man die Änderung der Orientierung des Flugzeugs bestimmen.

Im tatsächlichen Einsatz in Flugzeugen versucht man natürlich, noch möglichst kleine Drehungen möglichst genau festzustellen. Dies bedeutet, dass man anstatt eines solchen Mach-Zehnder-Interferometers eine Anordnung erstellt, bei der das Licht zwar genau wie beim Mach-Zehnder-Interferometer in zwei Wege geteilt wird, aber jeder dieser zwei Wege nicht nur ein halbes Mal herumgeht, sondern viele Male um einen geschlossenen Kreis – allerdings in einander entgegengesetzter Richtung. Dies wird dadurch erreicht, dass man die Lichtstrahlen sich nicht im Freien zwischen Spiegeln ausbreiten lässt, sondern innerhalb von Glasfasern. In solchen Glasfasern kann Licht um Ecken geleitet werden. Solche Glasfasern kann man auch wie Draht aufwickeln. Im Prinzip ist es jedoch der gleiche Vorgang. Ein Lichtstrahl wird in zwei Teilwellen geteilt. Die eine geht viele Male rechts herum, die andere geht viele Male links herum, und nachher bringt man sie zusammen zur Interferenz. Dies ist die Funktionsweise eines *Lasergyroskops*. Laser deshalb, weil das Licht durch Laser erzeugt wird, und «Gyroskop» nennt man jede Vorrichtung, mit der man eine Drehung feststellen kann. In einem Gyroskop in einem Flugzeug hat man dann drei Interferometer, also drei Glasfaserspulen, die zueinander senkrecht stehen, sodass man Drehungen um alle drei Raumrichtungen feststellen kann. Auf diese Weise kann sich der Pilot eines Flugzeuges jederzeit über die Drehungen seines Flugzeuges orientieren, auch wenn es keinerlei Kommunikation nach außen gibt, wenn er also wegen Nebels nichts sieht und keinerlei Funkverbindung besteht.

Wir sind aber nicht primär an den technischen Anwendungen des Mach-Zehnder-Interferometers interessiert, sondern wir wollen seine Funktionsweise im Rahmen der Quantenphysik analysieren. Als ersten Schritt nehmen wir erneut an, dass wir einen intensiven Lichtstrahl haben, der auf das Interferometer einfällt. Nun stellen wir uns aber in Gedanken vor, dass dieser Lichtstrahl aus sehr vielen Photonen, also aus sehr vielen Teilchen, besteht. Dabei ist ein Punkt besonders interessant. Ganz egal, wie wir uns das Verhalten dieser Teilchen auf dem Weg vom Eingang zum Ausgang des Interferometers vorstellen, es wird am Ende so sein, dass kein einziges Teilchen im Strahl nach oben austreten wird (Abbildung 17). Wir haben ja gerade gesehen, dass in diesem Strahl bei einem wohljustierten Interferometer keinerlei Licht ist. Alle Photonen werden also nach rechts herauskommen. Das heißt, jedes Teilchen, ganz egal, was es zwischendurch macht, «weiß», dass es nicht im oberen Strahl nach dem Interferometer auftreten darf.

Nun könnte man argumentieren, und solche Vorstellungen hat es gegeben und gibt es immer noch, dass dies letztlich eine Konsequenz der Tatsache ist, dass wir sehr viele Teilchen verwenden. Die Hälfte davon nimmt den oberen Weg im Interferometer, die andere

Hälfte den unteren, und irgendwie, wenn sie zusammenkommen, tauschen sie Information über die Wege aus und beschließen gemeinsam, nur den Ausgang nach rechts zu nehmen. Solche Gedankenansätze, obwohl im Prinzip sicherlich denkbar, sind leicht zu widerlegen. Die Quantentheorie sagt ja voraus, dass auch für jedes einzelne Photon gelten muss, dass es nur den rechten Ausgangsstrahl nehmen darf. Diese Vorhersage lässt sich nun leicht experimentell überprüfen. Man wiederholt dieses Interferometer-Experiment einfach mit besonders geringer Intensität.

Man kann leicht eine Intensität erreichen, bei der immer nur ein einzelnes Photon im Interferometer ist. Stellen wir im Ausgangsstrahl nun wieder Detektoren auf, mit denen wir die Anwesenheit eines Photons ermitteln können. Wie oben erwähnt, wird ein solcher Detektor «Klick» machen, also einen elektrischen Impuls auslösen, den wir leicht registrieren können, wenn er von einem Photon getroffen wird. Diesen elektrischen Impuls kann man natürlich sehr leicht in einem Lautsprecher hörbar machen, dann hört man tatsächlich einen «Klick» für jedes Photon. Wir werden dann experimentell feststellen, dass der Detektor im oberen Ausgangsstrahl nie ein Photon registrieren wird. Der Detektor im rechten Strahl wird genau diejenige Zahl registrieren, die wir aus unserer Kenntnis des einfallenden Strahls und unter Berücksichtigung von Verlusten erwarten. Einige Photonen werden natürlich verlorengehen, dies sind aber in praktischen Experimenten höchstens ein Prozent aller Photonen. Außerdem sind Detektoren aus technischen Gründen nicht absolut perfekt. Es wird nicht jedes Photon zu einem «Klick» führen, sondern je nach Bauart der Detektoren zwischen einigen wenigen Prozent bis zu maximal etwa neunzig Prozent bei den heute allerbesten. Wenn man all dies aber berücksichtigt, kann man festhalten, dass alle Photonen das Interferometer im Strahl nach rechts verlassen. Wie gesagt, diese Vorhersage ist experimentell wunderschön bestätigt, nicht nur für Photonen, auch für massivere Teilchen. Vor kurzem haben wir auch ein – allerdings etwas anders konstruiertes – Interferometer für unsere Fußballmoleküle erfolgreich getestet. Dieses Interferometer arbeitet auch mit Intensitäten, die so gering sind, dass sich immer nur ein einzelnes Fußballmolekül im Interferometer befindet.

Der zentrale Punkt, auf den es uns jetzt ankommt, ist das Verhalten der einzelnen Teilchen, der einzelnen Photonen, wenn wir der Einfachheit halber bei Licht bleiben wollen. Wir hatten ja für den Fall von intensiven Lichtstrahlen mit dem Bild der elektromagnetischen Welle argumentiert und damit begründet, warum im oberen Ausgangsstrahl kein Licht auftritt. Dies war ganz einfach die destruktive Interferenz der beiden Teilwellen, die über beide Wege gekommen sind – also über jeden der beiden Wege kam eine elektromagnetische Welle, und diese beiden Wellen löschen einander im oberen Ausgangsstrahl gegenseitig aus. Dies bedeutet, dass wir auch im Falle der einzelnen Photonen die Tatsache, dass kein Photon im oberen Ausgangsstrahl auftrifft, als destruktive Interferenz zu erklären haben. Welche Art von Wellen sind das aber? Sind die Photonen nun Teilchen, wie uns der Klick im Detektor überzeugen möchte, oder sind sie Wellen, die sich entlang verschiedener Wege ausbreiten können?

Auch hierbei ergibt sich ja wieder dieselbe Frage wie beim Doppelspalt: Falls wir uns die Photonen als Teilchen denken, scheint es auch vernünftig zu sein anzunehmen, dass ein Teilchen nur einen der beiden Wege durch das Interferometer nimmt. Woher weiß es dann am Ausgang, dass es das Interferometer nur nach rechts verlassen darf und nicht nach oben? Denn die Tatsache, dass der obere Ausgangsstrahl keine Photonen trägt, tritt nur dann auf, wenn beide Wege offen sind. Davon können wir uns sehr leicht überzeugen, indem wir in einem echten Experiment ein Blatt Papier in einen der beiden Strahlen innerhalb des Interferometers, etwa den oberen, halten. Wir beobachten dann, dass beide Ausgangsstrahlen Licht tragen, und wenn wir Photonen zählen, stellen wir fest, dass in jedem dieser Ausgangsstrahlen genau ein Viertel der ursprünglichen Photonen auftritt. Der obere und der rechte Ausgangsstrahl sind also gleich hell. Ihre Intensität insgesamt ist die Hälfte der ursprünglichen Intensität. Dies ist gut zu begreifen, denn durch das Blatt Papier in einem Strahl im Interferometer haben wir ja die Hälfte des Lichts blockiert, weshalb nur die andere Hälfte zum letzten Strahlteiler gelangt. An ihm wird wieder die Hälfte davon nach rechts reflektiert, die andere Hälfte tritt nach oben durch. Wir haben nun keinerlei Interferenz mehr, weil der zweite Strahlweg blockiert ist und über diesen keine Welle kommen kann. Auch dieses

Bild gilt sowohl im Rahmen der klassischen Physik, wo es anhand der elektromagnetischen Welle leicht verstanden werden kann, als auch für den Fall der Photonen im Quantenbild.

Ein ganz wichtiger Schluss, den wir also ziehen können, ist der, dass auch hier wie im Doppelspalt jedes einzelne Photon «weiß», ob beide Strahlwege offen sind oder nicht, denn wenn beide Strahlwege offen sind, wird kein einziges Photon im unteren Ausgangsstrahl gezählt. Wie beschreibt nun die Quantenphysik dieses Phänomen? Welche Art von Wellen haben wir hier vor uns?

Die Frage nach der Natur der Quantenwellen hatte schon sehr früh eingesetzt. Bereits Albert Einstein bezeichnete für den Fall der Photonen die Wellen als *Gespensterwellen*. Warum man diese seltsame Bezeichnung verstehen kann, sieht man an der Abbildung 19. Hier nehmen wir an, dass eine ganz winzig kleine Lichtquelle Lichtwellen aussendet. Diese werden sich natürlich von der Lichtquelle aus kugelförmig im Raum ausbreiten. Die Intensität des ausgesandten Lichts kann aber so schwach sein, dass nur gelegentlich ein Photon ausgesandt wird. Das heißt, wenn wir irgendwo einen Detektor aufstellen, wird dieser ganz selten ein Photon registrieren. Während also die Welle über den ganzen Raum ausgebreitet ist, wird das Photon dann an einer einzelnen Stelle gemessen. Was geschieht dann mit der restlichen Welle? Welchen Sinn hat sie? Wird sie sich weiter ausbreiten, ohne dass ein Photon existiert? Wie oben schon erwähnt, haben wir ja im Fall der Quantenphysik Wahrscheinlichkeitswellen zu nehmen. Wird ein Photon von der Quelle ausgesandt, so entspricht dies einer kugelförmigen Wahrscheinlich-

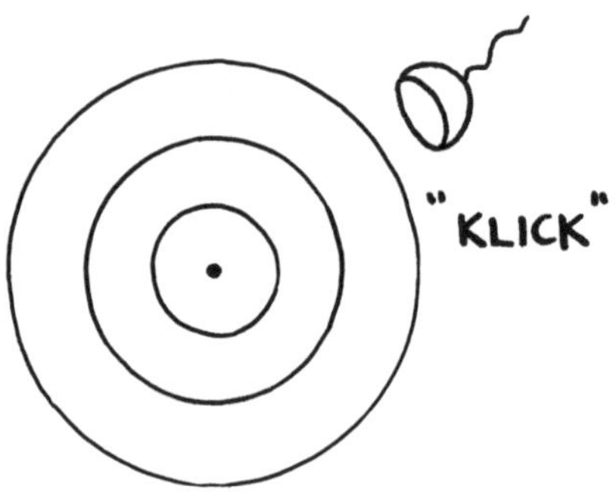

19 Eine sehr kleine Quelle sendet Licht aus, das sich kugelförmig im Raum ausbreitet. Der Detektor registriert einzelne Photonen.

keitswelle, deren Intensität an einem bestimmten Ort die Wahrscheinlichkeit dafür angibt, das Teilchen dort zu finden. Mit zunehmender Entfernung von der Quelle wird diese Kugel immer größer, und damit muss ihre Intensität an jeder Stelle kleiner werden. Die über die gesamte Kugel berechnete Wahrscheinlichkeit muss ja 1 betragen, denn das Teilchen muss ja irgendwo auf der Kugel zu finden sein. Es kann ja nicht verschwinden. Was geschieht nun, wenn wir das Teilchen an einer bestimmten Stelle nachweisen, wenn also der Detektor «Klick» macht? Wenn das Teilchen an einer bestimmten Stelle nachgewiesen ist, kann es ja nicht auch noch auf einer anderen Stelle auftreten. Dies bedeutet, dass ab dem Moment, wenn der Detektor «Klick» macht, die Wahrscheinlichkeit überall sonst sofort null werden muss.

Albert Einstein hat bereits darauf hingewiesen, dass ein Problem auftritt, wenn die Anordnung sehr groß wird. Dann breitet sich die Kugelwelle über einen großen Raum aus, und in dem Moment, wo wir das Photon an irgendeiner Stelle nachweisen, wird die Kugelwelle an allen anderen Orten plötzlich weg sein, und dies ohne Zeitverzögerung, sozusagen urplötzlich überall verschwunden sein. Es ist klar, dass dieser Aspekt von Einstein sehr stark kritisiert werden musste, hatte er doch im Rahmen seiner Relativitätstheorie herausgefunden, dass sich nichts schneller als mit Lichtgeschwindigkeit ausbreiten kann. Hier scheint es sich aber so zu verhalten, als ob sich die Information «Das Photon ist detektiert worden» tatsächlich beliebig schnell ausbreiten kann, denn die Welle bricht ja sofort im ganzen Raum zusammen. Wir sehen also, dass so ein naives realistisches Bild einer Welle, die sich tatsächlich ausbreitet, zu echten konzeptiven Schwierigkeiten führt.

Die einzige Möglichkeit, dieses Problem zu vemeiden, ist, die Wahrscheinlichkeitswelle nicht als eine realistische Welle zu sehen, die sich tatsächlich im Raum ausbreitet. Sie ist ja nur ein Werkzeug, um die Wahrscheinlichkeit zu berechnen, mit der das Photon an einer bestimmten Stelle nachgewiesen wird. Es ist also am besten, die Wahrscheinlichkeitswelle nur als ein Hilfsmittel für unser Denken zu betrachten, damit wir uns eben in irgendeiner Form Bilder machen können. Genaugenommen können wir nur von Beobachtungsergebnissen sprechen – wie etwa dem «Klick» in einem Detektor – und von ihren Wahrscheinlichkeiten.

Auch für den Fall von massiven Teilchen sprechen wir von einer Wahrscheinlichkeitswelle, der De-Broglie-Welle, die wir oben bereits diskutiert haben. Erwin Schrödinger folgend, bezeichnet man, wie schon erwähnt, die Welle in diesem Fall mit dem griechischen Symbol Ψ und spricht von der Wellenfunktion. Erwin Schrödinger hatte im Jahre 1926 eine mathematische Gleichung aufgestellt, eben besagte Schrödingergleichung. Diese Gleichung ist wohl eine der wichtigsten in der Physik überhaupt. Mit ihr kann man sich das Verhalten von Wellenfunktionen ausrechnen, wenn man alle notwendigen experimentellen Größen kennt. Im Falle der Wellen von materiellen Teilchen spricht man von Materiewellen. Diese Materiewellen sind außerordentlich wichtig für viele Bereiche der Physik und der Chemie. Man kann damit etwa das Verhalten von Atomen verstehen und die Chemie erklären, man erreicht damit eine Beschreibung des Verhaltens von Halbleitern, die in heutigen Transistoren und anderen Schaltelementen und damit in allen Computern, Handys, Rundfunk- und Fernsehgeräten etc. von zentraler Bedeutung sind. Materiewellen sind von so umfangreicher Bedeutung, dass es wohl nicht übertrieben ist zu behaupten, dass ohne die Schrödingergleichung ein Großteil der Wirtschaft moderner Industriestaaten nicht denkbar wäre.

Analysieren wir also jetzt unser Mach-Zehnder-Interferometer mit Hilfe der Schrödingerschen Wellenfunktion, und nehmen wir an, dass es sich um ein, sagen wir, Interferometer für Fußballmoleküle handelt. Nach dem ersten Strahlteiler haben wir die gleiche Wahrscheinlichkeit von 50 %, das Fulleren im oberen oder unteren Weg zu finden. Die Wellenfunktion Ψ muss also in diesem Fall aus zwei Teilen bestehen. Dies schreibt der Physiker in der Form

$$\Psi = \Psi\ \textit{(oberer Weg)} + \Psi\ \textit{(unterer Weg)}$$

Dies ist genau das, was wir unter Superposition verstehen. Die Intensität der Wahrscheinlichkeitswelle Ψ gibt die Wahrscheinlichkeit an, das Teilchen an einem bestimmten Ort zu finden. In unserem Fall muss die Wahrscheinlichkeit, das Teilchen im oberen Weg zu finden, gleich sein der Wahrscheinlichkeit, das Teilchen im unteren Weg zu finden, das heißt, jede von beiden muss 50 % betragen. In Zahlen, die Wahrscheinlichkeit ist ½, da der Wahrscheinlichkeit 1 der Prozentanteil 100 % entspricht. Die beiden

Anteile Ψ *(oberer Weg)* und Ψ *(unterer Weg)* müssen also gleich groß sein. Stellen wir nun je einen Detektor in den oberen Weg und einen in den unteren Weg, so wird jeder der beiden mit einer Wahrscheinlichkeit von 50 % das Fulleren nachweisen, also «Klick» machen. Heißt das nun also automatisch, dass das Fulleren bereits in dem entsprechenden Teilweg war, ehe wir es nachgewiesen haben? Diese Annahme würde zwar naheliegen, aber es gibt keinen Grund dafür, sie für richtig zu halten. Wenn wir uns strikt auf die Wahrscheinlichkeitsinterpretation beschränken, so können wir lediglich sagen, dass es eine bestimmte Wahrscheinlichkeit, eben 50 %, dafür gibt, dass ein Detektor, wenn er in den oberen Weg gebracht wird, «Klick» macht, und eine bestimmte Wahrscheinlichkeit, auch 50 %, dafür, dass ein Detektor im unteren Weg «Klick» macht. Sonst sind keinerlei Aussagen möglich. Jede weitere Geschichte, die wir uns zusammenreimen, etwa die, dass Teilchen bis zu dem Punkt, wo wir sie detektiert haben, einen bestimmten Weg zurückgelegt haben, ist Phantasie. Würden wir annehmen, dass das Teilchen dann, wenn wir es in einem der beiden Strahlen messen, schon vorher den entsprechenden Weg in dem Strahl zum Detektor zurückgelegt hat, kämen wir ja auch in Konflikt mit der Tatsache, dass bis zu dieser Messung die Wellenfunktion eine Superposition, eine Überlagerung der beiden Teilwellen, jede für einen der beiden Wege, ist.

Was ist nun die Natur dieser Wahrscheinlichkeitswellen im Mach-Zehnder-Interferometer? Genauso wie vorher im Fall der Kugelwellen hat die Wahrscheinlichkeitswelle ausschließlich den Zweck, uns zu sagen, wie groß die Wahrscheinlichkeit ist, das Teilchen an einem bestimmten Ort zu finden. In dem Moment, wo wir es, zum Beispiel im oberen Weg, nachweisen, sinkt die Wahrscheinlichkeit, das Teilchen im unteren Weg zu finden, auf null. Denn wir haben ja nur ein Teilchen, das nur einmal nachgewiesen werden kann. Ein naives Bild, in dem sich die Wahrscheinlichkeitswellen entlang der Wege im Interferometer ausbreiten, würde auch hier aufgrund des Nachweises des Teilchens in einem der Wege zu der Annahme führen, dass die Wellenfunktion überall sonst zusammenbricht. Dies nennt man auch den Kollaps der Wellenfunktion. Das Ganze ist nicht nur ein unschönes Bild, sondern auch durch keinerlei Notwendigkeit begründet, genausowenig wie es notwendig ist anzunehmen, dass das Teilchen, das nachgewiesen wird, irgendwo einen bestimmten Weg genommen hat, ehe wir es nachgewiesen haben. Die Annahme, dass sich diese Wahrscheinlichkeitswellen tatsächlich im Raum ausbreiten, ist also nicht notwendig – denn alles, wozu sie dienen, ist das Berechnen von Wahrscheinlichkeiten. Es ist daher viel einfacher und klarer, die Wellenfunktion Ψ nicht als etwas Realistisches zu betrachten, das in Raum und Zeit existiert, sondern lediglich als ein mathematisches Hilfsmittel, mit Hilfe dessen man Wahrscheinlichkeiten berechnen kann. Zugespitzt formuliert, wenn wir über ein bestimmtes Experiment nachdenken, befindet sich Ψ nicht da draußen in der Welt, sondern nur in unserem Kopf.

Die Wahrscheinlichkeitswellen oder Wahrscheinlichkeitsfunktionen können genauso miteinander interferieren, wie dies wirkliche Wellen können. Aber hier sind das eben nur mehr gedankliche Konstruktionen. Die Interferenz der Wellenfunktionen hinter dem zweiten halbreflektierenden Spiegel bewirkt also nun, dass die Wahrscheinlichkeit, das Teilchen im rechten Ausgangsstrahl zu finden, 1 ist, dass wir das Teilchen also mit hundertprozentiger Sicherheit in diesem Strahl finden werden, und die Wahrscheinlichkeit, das Teilchen im oberen Ausgangsstrahl zu finden, eben null ist. Hier wird Interferenz eben nicht mehr, wie vorher, als Interferenz wirklicher Wellen erklärt, die sich im Raum ausbreiten, was ja im Falle von starken Lichtstrahlen noch erlaubt ist, sondern als Interferenz von rein abstrakten Wahrscheinlichkeitswellen.

In genau demselben Sinn beschreibt im Falle unseres Beispiels einer sehr kleinen Quelle (Abbildung 19), die ein einzelnes Teilchen aussendet, die kugelförmige Wellenfunktion wiederum nur die Wahrscheinlichkeit, ein Teilchen an einem bestimmten Ort zu finden. Es gibt keinerlei Notwendigkeit für die Annahme, dass sich die Wellenfunktion tatsächlich im Raum ausbreitet. Es reicht, sie sich als mentale Konstruktion vorzustellen. Klarerweise hat in dem Moment, in dem wir das Teilchen an einem Ort nachgewiesen haben, die Kugelwelle überhaupt keinen Sinn mehr, denn die Wahrscheinlichkeit, es woanders zu finden, ist dann ja null. Wir haben ja nur ein Teilchen. Dieser Kollaps der Wellenfunktion ist aber dann nicht etwas, was im wirklichen Raum stattfindet. Sondern er ist eine ganz simple Denknotwendigkeit, da ja die Wellenfunktion nichts anderes ist als unser Hilfsmittel zur Berechnung von Wahrscheinlichkeiten. Und die Wahrscheinlichkeiten ändern sich eben, wenn wir eine Beobachtung durchführen, wenn wir ein Messresultat und damit Information erhalten.

Wir haben nun damit eine wirklich minimalistische Interpretation gefunden. Wir sprechen nun nicht mehr von Wellen, die sich im Raum ausbreiten, auch nicht mehr von Teilchen, die einen bestimmten Weg verfolgen. Wir können ausschließlich von den einzelnen Phänomenen reden, die tatsächlich beobachtet werden. Ein solches Phänomen ist zum Beispiel die Tatsache, dass wir ein Teilchen am Eingang des Interferometers beobachten. Ein anderes Phänomen ist der Nachweis des Teilchens auf einem bestimmten Weg, entweder im Interferometer oder dahinter. Um diese Phänomene miteinander zu verbinden, benötigen wir die Wellenfunktion. Wir haben aber keinerlei vernünftige Möglichkeit, uns ein konkretes Bild davon zu machen, was zwischen den verschiedenen Ereignissen tatsächlich geschieht. Dies wäre eine rein mentale Konstruktion mit keinerlei zusätzlicher Erklärungskraft. Das heißt, damit könnten wir keinerlei Phänomene zusätzlich erklären, die wir nicht ohnehin mit Hilfe der Wahrscheinlichkeitsinterpretation bereits erklären können.

Zugegebenermaßen hätte es natürlich einen gewissen Beruhigungswert, wenn man zumindest einige anschauliche Bilder weiter verwenden könnte. Wenn man also weiter davon ausgehen könnte, dass Teilchen einen bestimmten Weg in Raum und Zeit verfolgen, dass es Wellen gibt, die sich tatsächlich ausbreiten und «da draußen» miteinander interferieren und so weiter. Aber abgesehen von dem Beruhigungswert, den solche Vorstellungen hätten, haben sie ansonsten keinerlei Bedeutung. Im Gegenteil – solche Vorstellungen führen zu klaren konzeptionellen Problemen. Woher soll ein Teilchen, das einen Weg durch das Interferometer verfolgt, wissen, ob der andere Weg blockiert ist oder nicht? Oder das Problem, dass eine sich im Raum ausbreitende Wahrscheinlichkeitswelle instantan, das heißt ohne Zeitverzögerung, überall zusammenbrechen müsste, sobald das Teilchen an einem Ort nachgewiesen wurde.

7. Die Entschärfung der Superbombe

Wie wir eben gesehen haben, konkretisieren sich im Mach-Zehnder-Interferometer, wenn es mit einzelnen Teilchen betrieben wird, genau die Fragestellungen, die wir bislang diskutiert haben. Dies kommt auch in einem hochinteressanten Rätsel zum Ausdruck, das zwei israelische Physiker, Avshalom Elitzur und Lev Vaidman, erfunden haben und dessen Lösung nur mit Hilfe der Quantenphysik möglich ist.

Nehmen wir an, es hieße, jemand habe im Laboratorium eine Box mit einer Bombe versteckt, die extrem empfindlich sei. Sie sei zudem so konstruiert, dass sie auf alle Fälle explodiert, wenn sie von irgendetwas getroffen wird. Diese Superbombe ist sogar so empfindlich, dass sie auch dann hochgeht, wenn sie nur von einem einzigen Lichtquant, einem einzigen Photon, getroffen werden sollte. Die Herausforderung besteht nun darin festzustellen, ob sich diese Bombe in der Box befindet oder nicht. Nun, die einfachste Methode, würde man sagen, wäre, ganz vorsichtig in die Box hineinzuschauen. Um darin überhaupt etwas erkennen zu können, müssten wir jedoch ein wenig hineinleuchten – wenn auch nur ganz wenig, ganz vorsichtig, nur mit einem einzelnen Photon. Wir wissen aber, da die Bombe so extrem empfindlich ist, würde sie genau dadurch sofort hochgehen. Es scheint also, als ob es keinerlei Möglichkeit gäbe, die Anwesenheit der Bombe festzustellen, ohne ihre Explosion auszulösen. Hier kommt nun die Quantenphysik zu Hilfe.

Elitzur und Vaidman schlagen ganz einfach vor, die Bombe in einem der beiden Strahlengänge eines Mach-Zehnder-Interferometers anzubringen (Abbildung 20). Wir nehmen nun an, dass wir nur ein einziges Photon durch dieses Mach-Zehnder-Interferometer schicken. In jedem der beiden Ausgangsstrahlen befindet sich je ein Detektor. Den oberen Detektor in der Abbildung nennen wir den Bombendetektor, den anderen den Interferenzdetektor. Nehmen wir zuerst einmal an, dass keine Bombe da ist. Dann wissen wir aus den Überlegungen, die wir oben bereits angestellt haben, dass das einzelne Photon, das wir beim Eingang in das Interferometer hineinschicken, nur eine Möglichkeit hat: nämlich dass es im Interferenzdetektor registriert wird. Die Wahrscheinlichkeit, dieses Photon im Bombendetektor zu finden, ist null, da sich die den

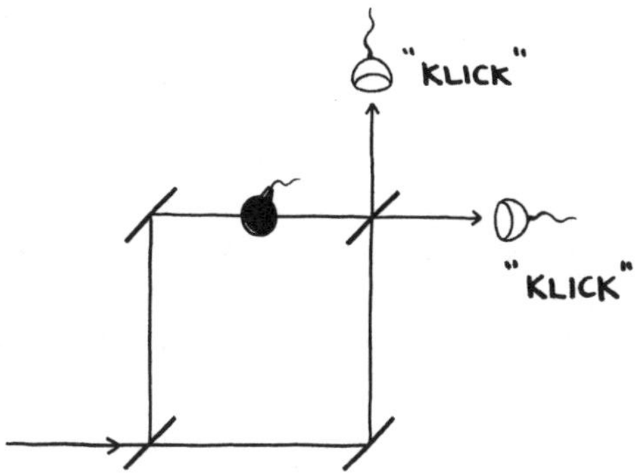

20 Nachweis der Superbombe in einem Teilstrahl eines Mach-Zehnder-Interferometers. Der obere Detektor ist der Bombendetektor, der andere der Interferenzdetektor.

beiden Teilwegen entsprechenden Teilwellen dort gegenseitig auslöschen. Das wäre dann die destruktive Interferenz.

Jetzt nehmen wir an, dass die Bombe in einem der beiden Strahlengänge ist. Nun senden wir wieder ein einzelnes Photon auf den Weg. Am ersten Strahlteiler nimmt das Photon mit 50%iger Chance den Weg, der zur Bombe führt, und mit 50%iger Chance den Weg an der Bombe vorbei. Nimmt es den ersten Weg, wird die Bombe hochgehen, was in der Hälfte aller Fälle – also mit 50% Wahrscheinlichkeit – passieren wird. Jedoch in der anderen Hälfte der Fälle geschieht dies nicht. Das Photon trifft auf den zweiten Strahlteiler, und hier hat es wieder eine 50:50-Chance zum Interferenz- oder zum Bombendetektor zu kommen. Falls es zum Interferenzdetektor kommt und dort nachgewiesen wird, haben wir nichts gewonnen, in diesem Fall haben wir keine Information bezogen. Das Photon tritt ja dort auch auf, wenn keine Bombe im Strahl ist. Feuert in diesem Fall also der Interferenzdetektor, ist es am einfachsten, wir starten das Experiment neu und schicken das nächste Photon durch.

Jedoch gibt es auch noch die zweite Möglichkeit am zweiten Strahlteiler, nämlich dass das Photon den Weg zum Bombendetektor nimmt und dort nachgewiesen wird. Dieser Detektor kann, wenn die Bombe nicht da ist, niemals ein Photon nachweisen. Detektieren wir also das Photon in diesem Bombendetektor, was in 25 % der Fälle auftritt, so haben wir eindeutig nachgewiesen, dass unsere Superbombe vorhanden ist, ohne dass sie explodiert. Genau genommen haben wir nur nachgewiesen, dass sich ein Hindernis in einem der beiden Strahlen befindet. Wir nehmen jedoch an, dass das Experiment so sorgfältig durchgeführt wird, dass alle anderen Hindernisse außer der Bombe beseitigt sind und ausgeschlossen werden können.

Der Genauigkeit halber müssen wir feststellen, dass natürlich der Zustand des Photons im Interferometer eine Überlagerung beider Möglichkeiten ist. Erst durch die «Messung», dadurch dass die Bombe hochgeht, oder durch die «Nicht-Messung», dadurch dass die Bombe nicht hochgeht, aber das Teilchen in einem der beiden Detektoren festgestellt wird, dürfen wir überhaupt die Sprache verwenden, die wir verwendet haben, nämlich dass das Photon am ersten Teilstrahl einen bestimmten Weg nimmt. Dies ist genauso ein Beispiel dafür, mit welcher Vorsicht Bilder verwendet werden müssen, wie wir es schon gelegentlich diskutiert haben. Das Bild, dass das Photon einen bestimmten Weg nimmt, ist eben nur in diesem einen Experiment mit den konkreten experimentellen Resultaten sinnvoll und zum Beispiel dann nicht mehr sinnvoll, wenn wir uns eine Situation vorstellen, wo keine Bombe in einem Teilstrahl ist. Dann benötigen wir ja beide Teilwellen, um die Interferenz am Ausgang des Interferometers richtig zu beschreiben.

Dieses Experiment ist eine hochinteressante gleichzeitige Anwendung sowohl der Wellen- als auch der Teilchennatur unserer Photonen. Um die Tatsache erklären zu können, dass der Bombendetektor nie feuert, wenn keine Bombe vorhanden ist, benötigen wir die Wellennatur, eben die destruktive Interferenz der beiden Teilwellen. Auf der anderen Seite benötigen wir die Teilchennatur beziehungsweise die Tatsache, dass nur ein einziges Teilchen vorhanden ist und daher nur ein einziges Mal einen Detektor oder die Bombe auslösen kann. Registriert der Bombendetektor das Teilchen, kann es ja nicht auch noch die Bombe zur Explosion bringen, denn dann hätten wir ja zwei Teilchen nachgewiesen: eines, das die Bombe auslöst, und das andere, das zum «Klick» im Bombendetektor führt. Elitzur und Vaidman hatten das Bombenproblem 1993 als Gedankenexperiment vorgeschlagen, es wurde dann ein paar Jahre später, 1995, von meiner Gruppe, damals noch an der Universität Innsbruck, durchgeführt. Natürlich wurde beim Experiment keine echte Bombe verwendet. An ihre Stelle trat ein weiterer Detektor, dessen Ansprechen, also sein «Klick», das Explodieren der virtuellen Bombe anzeigen würde. Mit unserem Experiment konnte jedenfalls die Vorhersage von Elitzur und Vaidman voll bestätigt werden.

Natürlich ist die ganze Sache etwas unökonomisch, da ja in 50 % der Fälle die Bombe hochgeht. Interessanterweise ist es aber möglich, wie wir damals ebenfalls zeigen konnten, dass durch eine etwas kompliziertere Anordnung mit mehreren Spiegeln erreicht werden kann, dass die Bombe praktisch nie hochgeht bzw. fast jedes Mal nachgewiesen werden kann.

Bis heute ist dieses Experiment eine interessante Demonstration fundamentaler Quantenphänomene geblieben, seine praktische Anwendung steht allerdings noch aus. Es liegt jedoch auf der Hand, dass man im Prinzip mit dieser Methode Untersuchungen von extrem empfindlichen Objekten wie zum Beispiel von sehr empfindlichen, lebenden Zellen durchführen könnte. Man könnte in diesem Sinne sozusagen eine Röntgenuntersuchung vornehmen, ohne dass der Untersuchte irgendeiner Form von Röntgenstrahlen ausgesetzt wäre. Ob dies tatsächlich einmal zu einer praktischen Anwendung kommen wird, ist vollkommen offen. Die Methode ist jedoch so einfach, dass es sehr verwunderlich wäre, sollte sie nicht eines Tages technisch realisiert werden.

8. Licht aus der Vergangenheit

Bei dem Einsteinschen Gedankenexperiment zum Doppelspalt war es offenbar die Wahl des Experimentators, welche Eigenschaft der Eintrittsspalt hat, die entschied, ob Weg oder Interferenzbild beobachtet wird. Die Entscheidung trifft der Experimentator jedesmal neu, ehe ein Photon in den Apparat geschickt wird. Das heißt, jedes Mal, ehe ein Teilchen durch den Apparat durchgeschickt wird, wird festgelegt, welche von den beiden komplementären Größen im Apparat realisiert wird. Bringt er den Eintrittsspalt zur Ruhe, können wir den Weg bestimmen; bringt er den Eintrittsspalt an einen bestimmten Ort, sehen wir das Interferenzbild. Dies bedeutet, dass es eben der Einfluss des Beobachters ist, der durch seine Auswahl des geeigneten Apparates und durch die Bestimmung seiner Eigenschaften den Zustand des Systems festlegt und damit festlegt, welche von zwei (oder mehr) komplementären Eigenschaften

Wirklichkeit werden kann. So weit, so gut. Wir fragen uns nun jedoch, ob die Entscheidung «Weg» oder «Interferenz» auch zu einem späteren Zeitpunkt erfolgen kann. Hier gibt es nun sehr interessante Vorschläge von John Archibald Wheeler, die man im Englischen als *Delayed-Choice-Experimente* bezeichnet, im Deutschen könnte man dies etwa mit «verzögerte Entscheidung» übersetzen, aber da dies etwas holprig klingt, bleiben wir lieber beim englischen Ausdruck.

Der einfachste Fall eines solchen Delayed-Choice-Experimentes kann mit Hilfe des Mach-Zehnder-Interferometers erläutert werden (Abbildung 21). Wir haben hier wieder unseren halbreflektie-

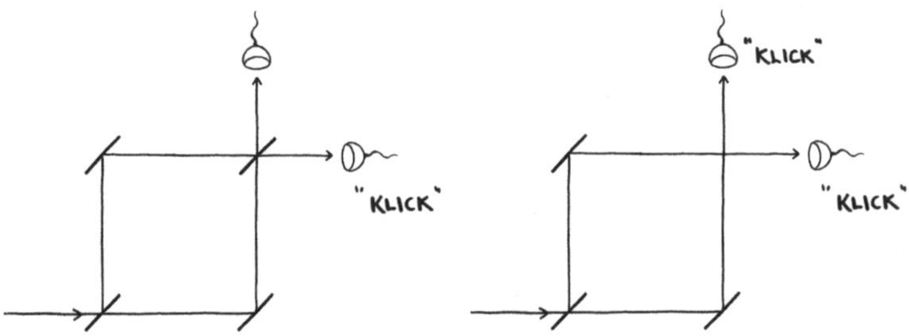

21 Beispiel eines Delayed-Choice-Experiments. Wir können uns im allerletzten Moment entscheiden, zu einem Zeitpunkt, nachdem das Photon seine Reise fast schon beendet hat, ob wir den zweiten halbversilberten Spiegel einsetzen (links) oder nicht (rechts).

renden Spiegel, der eine einfallende Welle in zwei Teilwellen zerteilt, ferner unsere totalreflektierenden Spiegel, welche die beiden Teilwellen wieder zurückwerfen. Nun haben wir eine Wahl. Wir können uns entscheiden, an der Stelle, an der sich die beiden Strahlen überkreuzen, wieder einen halbreflektierenden Spiegel einzusetzen oder nicht. Es ist klar, dass wir dann, wenn wir keinen halbreflektierenden Spiegel einsetzen (rechtes Bild), einfach mit Hilfe der zwei Detektoren nachweisen können, welchen Weg das Photon genommen hat, je nachdem, welcher der beiden Detektoren anspricht. In diesem Fall – und nur in diesem – dürfen wir also vom Weg sprechen, den das Photon genommen *hat*. Dass einer der beiden Detektoren im rechten Bild der Abbildung 21 «Klick» macht, bedeutet ja, dass es zu einem Kollaps der Wellenfunktion kommt. Von den beiden Teilwellen in der Überlagerung bleibt nur einer übrig. Das Wesentliche ist nun, dass dies eine Argumentation ist, die auch für die Vergangenheit gilt. Für die Konstruktion aller denkbaren Messresultate ist es völlig gleichgültig, ob wir annehmen, dass der Kollaps der Wellenfunktion erst in dem Moment stattfindet, wo der Detektor «Klick» macht, oder bereits früher stattgefunden hat, aber eben in der Weise, dass genau die Teilwelle übrig bleibt, die zum später beobachteten «Klick» führt.

Andererseits haben wir ja gelernt für den Fall, wo wir den halbreflektierenden Spiegel einsetzen (linkes Bild), dass dann jeder der beiden Ausgangsstrahlen dahinter eine Superposition von Teilwellen darstellt, die entlang beider Wege gekommen sind. Ist das Arrangement der Spiegel perfekt, was wir hier annehmen wollen, so haben wir gesehen, dass das Photon in unserer Abbildung nur im rechten Ausgangsstrahl herauskommen kann und nicht im oberen, denn im oberen Strahl löschen die beiden Teilwellen einander vollständig aus. Die Tatsache, dass wir, wenn der halbversilberte Spiegel eingesetzt wird, alle Photonen nur im rechten Detektor registrieren und nicht im oberen, ist die Signatur der Interferenz. Wir haben also jetzt die Wahl zwischen den beiden komplementären Größen «Weginformation» und «Interferenz» auf einen Zeitpunkt verschoben, nachdem das Teilchen seine Reise durch den Interferenzaufbau bereits abgeschlossen hat. Und erst im allerletzten Moment entscheiden wir, was von beiden Wirklichkeit ist.

Wheeler formuliert dies etwas zugespitzter, indem er meint, in dem Fall, in dem wir den Weg bestimmen, hat das Teilchen einen der beiden Wege genommen, im anderen Fall offenbar beide Wege, denn nur beide Wege gemeinsam können zur Interferenz führen. Wheeler hat das so ausgedrückt: «... das Photon ... nimmt nur einen Weg, aber es nimmt beide Wege, es nimmt beide Wege, aber es nimmt nur einen Weg. Was für ein Unsinn! Wie offenkundig ist es, dass die Quantentheorie widersprüchlich ist!» Nach Niels Bohr ist sie jedoch gar nicht widersprüchlich. Es ist eben der gesamte experimentelle Aufbau, den wir bei der Analyse der Eigenschaften eines Systems heranziehen müssen, und der experimentelle Aufbau ist eben qualitativ verschieden, je nachdem, ob der letzte halbreflektierende Spiegel eingesetzt wird oder nicht. Wird er eingesetzt, haben wir offenbar keine Information über den Weg, den das Teilchen genommen hat. Das Interessante an der Quantenphysik ist eben gerade, dass dieses Nicht-Wissen zu etwas qualitativ Neuem führt, nämlich zur Interferenz beider Möglichkeiten. Man sollte also korrekterweise nicht behaupten, das Teilchen habe beide Wege genommen, sondern: Wir wissen nicht – und niemand kann das wissen –, welchen Weg das Teilchen in diesem Fall genommen hat.

Betrachten wir das Ganze nochmals genauer: Der quantenmechanische Zustand des Photons ist eine Überlagerung von zwei Teilzuständen, die der Ausbreitung des Photons entlang des einen Wegs und der Ausbreitung entlang des anderen Wegs entsprechen. Befindet sich der zweite halbreflektierende Spiegel im Interferometer, so bringen wir diese Teilwellen in den beiden Ausgangsstrahlen zur Überlagerung. Die Wahrscheinlichkeit dafür, das Teilchen in dem einen oder anderen Detektor zu finden, ist dann eine direkte Konsequenz von konstruktiver oder destruktiver Interferenz. Lassen wir den zweiten halbreflektierenden Spiegel weg, so liefert die Quantenmechanik lediglich die Vorhersage, dass jeder der beiden Detektoren das Photon mit der gleichen Wahrscheinlichkeit von 50 % nachweist, aber sie gibt keinerlei Auskunft darüber, welcher. Hier kommt wieder der reine, nicht weiter reduzierbare Zufall ins Spiel. Erst in dem Moment, in dem einer der Detektoren gefeuert hat, können wir darüber Auskunft geben, welchen Weg das Photon genommen hat. Vorher ist dies vollkommen unbestimmt.

Dagegen kann in dem Fall, wo der halbreflektierende Spiegel eingesetzt wird, über den Weg des Photons überhaupt nichts gesagt werden kann. Es kann weder gesagt werden, es habe den einen Weg genommen, noch den anderen, noch beide Wege gemeinsam. Jede dieser Aussagen entbehrt jedweder Grundlage. Wir haben es hier also mit einer *fundamentalen Unbestimmtheit* zu tun, einem fundamentalen, prinzipiellen Nicht-Wissen unsererseits. Dafür wissen wir dann etwas anderes mit Sicherheit, nämlich welcher der beiden Detektoren am Ausgang das Photon nachweisen wird.

John Archibald Wheeler hat die Frage der Delayed-Choice-Experimente noch weiter zugespitzt, indem er das Experiment auf kosmische Größe ausgedehnt hat, natürlich vorläufig nur als Gedankenexperiment. Er hat nach einem Mach-Zehnder-Interferometer gesucht, das im Prinzip so groß ist wie unser Universum.

Hier kommt nun eine hochinteressante Beobachtung zu Hilfe. Zu den astronomischen Erscheinungen, die am weitesten von uns entfernt sind, gehören sogenannte Quasare. Der Name *Quasar* kommt von *Quasi Stellar Object* und weist schon in seinem Namen darauf hin, dass wir nicht genau wissen, worum es sich hier handelt. Eines ist jedoch klar, nämlich dass alle diese Quasare viele Milliarden Lichtjahre von uns entfernt sind. Sie gehören zu den entferntesten Objekten, die wir beobachten können. Dies bedeutet andererseits, dass sie auch Objekte sind, die zu einem sehr frühen Universum gehören. Zu einem Universum vor vielen Milliarden Jahren, denn so lange benötigte ja das Licht, bis es uns erreicht hat.

Das Interessante ist nun, dass es Quasare gibt, die wir gleich zwei- oder gar mehrfach am Himmel sehen, ganz knapp nebeneinander. Das wäre so, als sähen wir helle Sterne nicht nur einfach, sondern doppelt. Der Grund dafür ist ein höchst interessanter. Licht breitet sich zwar im allgemeinen geradlinig aus, jedoch kann es im Weltraum durch die Wirkung von Schwerkraft abgelenkt werden. Im Falle der Quasare heißt dies, dass es zu einer Ablenkung der Lichtstrahlen kommt, wenn das Licht auf dem Weg vom Quasar zu uns an sehr massiven Milchstraßen, an massiven Galaxien, vorbeifliegen muss, die das Licht ablenken können. Diese Ablenkung kann in verschiedene Richtungen erfolgen, je nachdem, an welcher Seite der Lichtstrahl an der Galaxie vorbeigeht. Gelegentlich stellen wir auf der Erde dann fest, dass uns das Licht des Quasars offenbar aus zwei oder manchmal sogar mehr verschiedenen Richtungen erreicht. Man bezeichnet diese Ablenkung auch als *Gravitationslinseneffekt*. Dieser Effekt war im Prinzip schon von Einstein theoretisch erwartet worden, ehe er im Jahre 1979 erstmals auch tatsächlich beobachtet werden konnte. Man muss hierbei natürlich nachweisen, dass die zwei Quasare, die wir am Himmel sehen, tatsächlich ein und dasselbe Objekt sind. Dies geschieht dadurch, dass man genau das Spektrum der Quasare misst. Das Spektrum ist nichts anderes als die genaue Verteilung der Wellenlängen in dem Licht, das uns erreicht. Abhängig von der Zusammensetzung des Objekts, seiner Struktur, seiner Temperatur und anderen Parametern, gibt es Wellenlängen des Lichts, die häufig auftreten, und solche, die seltener auftreten. Man spricht dann von Linien im Spektrum, und die Intensität dieser Linien ist charakteristisch für jeden

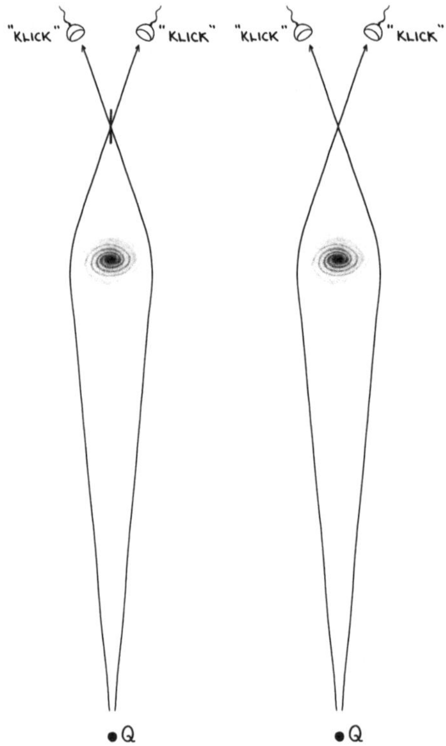

22 Delayed-Choice-Experiment nach John Archibald Wheeler. Ein Quasar sendet Licht aus, das durch eine Galaxie so abgelenkt werden kann, dass Licht aus zwei Teilwellen zu uns kommt. Je nachdem, ob dann ein Strahlteiler eingesetzt wird (links) oder nicht (rechts), bestimmen die beiden Detektoren den Weg, den das Photon genommen hat, oder die Interferenz der Wellen beider Wege.

einzelnen Quasar. Sehen wir also zwei Quasare, die genau dasselbe Spektrum besitzen und noch dazu am Himmel knapp nebeneinander liegen, haben wir eindeutig nachgewiesen, dass beide demselben astronomischen Objekt zuzuordnen sind.

Nachdem das erste solche Objekt im Jahre 1979 nachgewiesen wurde, wissen wir heute bereits von etwa 50 Fällen dieser Mehrfachbilder desselben Quasars am Himmel. Der radikale Vorschlag von John Archibald Wheeler ist nun der, das Licht, das entlang der beiden Wege vom Quasar zu uns kommt, wieder zu vereinen und zur Superposition zu bringen (siehe Abbildung 22). Wir hätten es dann mit dem gigantischsten Interferometer zu tun, das überhaupt denkbar ist.

Die Experimentatorin würde auch hier im allerletzten Moment entscheiden können, ob sie messen will, welchen Weg das Licht gegangen ist, oder ob sie die Superposition beider Teilwellen sehen möchte. Und dies immerhin im nachhinein für ein Phänomen, das bereits vor Milliarden von Jahren seinen Anfang genommen hat. Eine Experimentatorin kann also heute entscheiden, ob das Licht einen wohldefinierten Weg genommen hat oder nicht. Wenn wir den halbreflektierenden Spiegel nicht einsetzen, so wird das Licht einen der beiden Detektoren auslösen, und dies wird uns sagen, ob das Licht rechts oder links an der Galaxie vorbeigegangen ist. Auf der anderen Seite können wir, wenn der halbreflektierende Spiegel eingesetzt ist, von einer Welle sprechen, die beide Wege genommen hat. In einem gewissen Sinn wird somit die Entscheidung darüber, ob das Photon einen wohldefinierten Weg genommen hat oder nicht, zu einem Zeitpunkt gefällt, als es diese Reise bereits längst hinter sich gebracht hat.

Die korrekte Weise, über diese Sachverhalte zu sprechen, ist wieder die von Niels Bohr gezeigte. Wir dürfen eben nicht über den Weg eines Teilchens reden, ehe wir das Experiment durchgeführt haben. Sich vorzustellen, dass das einzelne Photon rechts oder links an der Galaxie vorbeigegangen ist, ehe das gesamte Experiment beendet ist, ehe das Photon also nachgewiesen wurde, ist absolut unzulässig. Es macht eben keinen Sinn, über Dinge zu sprechen, für die keine unmittelbare Evidenz vorhanden ist. Niels Bohr hat dies zum Ausdruck gebracht, indem er sagte: «Kein Phänomen ist ein Phänomen, außer es ist ein beobachtetes Phänomen.» Also, ohne die Beobachtung gibt es keine Phänomene.

Die Welt als Information V

> *«Am Anfang war das Wort.»*
> Johannes 1.1

Wir haben nun eine Reihe von Experimenten besprochen, die uns verschiedene Grunderscheinungen der Quantenmechanik nähergebracht haben. Zu den neuen Grundprinzipien unserer Welt gehören der irreduzible *Zufall*, die *Superposition* (Überlagerung) und die quantenphysikalische *Verschränkung*. Wir haben auch gesehen, dass es zu Schwierigkeiten führt, wenn man versucht, die quantenphysikalischen Aussagen mit unserem sogenannten gesunden Menschenverstand in Einklang zu bringen. Wir wollen uns nun genau dieser Frage zuwenden. Es geht um die Überwindung der Position, die von Richard Feynman so schön formuliert wurde: «Ich denke, ich kann sicher sagen, dass heute niemand die Quantenphysik versteht.»

Wir brauchen also einerseits eine Grundidee, ein Urprinzip, auf dem wir unsere Theorie aufbauen. Auf der anderen Seite erhebt sich dann gleich die interessante Zusatzfrage, die eigentlich letztlich *die* zentrale Frage ist – jene nach der Bedeutung der Entdeckungen der Quantenphysik für unser Weltbild. Anders herum gesagt: Weil unsere Alltags-Weltanschauung, besagter «gesunder Menschenverstand», mit den Aussagen der Quantenphysik so seine liebe Not hat, könnte es ja sein, dass vielleicht auch an unserem Menschenverstand etwas faul ist – vielleicht müssen wir an unserer Weltsicht etwas ändern. Wenden wir uns also zuerst der ersten Frage zu. Wie kann ein Urprinzip aussehen, das möglichst einfach ist und auf dem die Quantenphysik aufgebaut werden kann? Die Beantwortung dieser Frage wird uns automatisch neue Möglichkeiten für die Beantwortung der zweiten Frage eröffnen.

1. Muss es so kompliziert sein?

Ehe wir diese erste Frage mit einem Vorschlag beantworten, welches das Grundprinzip für die Quantenphysik sein kann, wollen wir uns kurz die Rolle der Grundprinzipien für die Physik ansehen. Es hat sich im Laufe der Entwicklung der Physik immer mehr herausgestellt, dass es auf einige wenige, erstaunlich einfache und vernünftige Grundideen ankommt, auf die dann ein ganzes physikalisches Theoriegebäude aufgebaut werden kann. Diese Grundaussagen sind so fundamental, dass sie immer und überall gelten müssen. Ihre Widerlegung würde andererseits den Zusammenbruch eines ganzen Gedankengebäudes bedeuten.

Nehmen wir das Beispiel der Relativitätstheorie von Albert Einstein. Genau genommen gibt es hier zwei Relativitätstheorien. Die Spezielle Relativitätstheorie, die Einstein zuerst aufgestellt hat, und zwar im Jahr 1905 – übrigens in demselben Jahr, in dem er mit der Erklärung des photoelektrischen Effekts mittels der Quantenhypothese an die Öffentlichkeit trat. Die zweite ist die Allgemeine Relativitätstheorie, die er etwa zehn Jahre später schuf. Die Spezielle Relativitätstheorie führt zu den bekanntlich so eigenartigen Vorhersagen, die mittlerweile übrigens mehrfach hervorragend bestätigt sind, dass bewegte Uhren langsamer gehen als Uhren in Ruhe. Und sie hat auch zu der berühmtesten Gleichung der Physik, $E = mc^2$, geführt.

Die Spezielle Relativitätstheorie kann auf ein einziges Grundprinzip zurückgeführt werden, nämlich dass die Naturgesetze in allen nicht beschleunigten Systemen, den sogenannten *Inertialsystemen*, gleich sind. An einem klaren Beispiel illustriert: Wir alle machen die Erfahrung, dass wir in einem Eisenbahnzug oder in einem schnell fliegenden Flugzeug nicht feststellen können, wie schnell wir uns bewegen, ohne dass wir hinaussehen. Egal, ob der Zug steht oder fährt, ein Gegenstand fällt im Zug genauso senkrecht wie daheim auf den Boden. Ebenso können wir im Flugzeug genauso unseren Lieblingsfilm sehen wie zu Hause. Es ändert sich an den physikalischen Abläufen, die dahinterstecken, offenbar überhaupt nichts. Wir haben hier ein sehr verständliches und einsichtiges Prinzip, auf dem aufbauend Albert Einstein seine Spezielle Relativitätstheorie schuf. Es sei bemerkt, dass oft als zusätzliche Grundregel angegeben wird, dass die

Lichtgeschwindigkeit unabhängig von der Geschwindigkeit einer Quelle ist, aus der das Licht ausgesandt wird. Also Licht, das von unserem Flugzeug nach vorne abgestrahlt wird, ist genauso schnell wie Licht, das nach hinten abgestrahlt wird. Es bekommt die Geschwindigkeit des Flugzeuges nicht auch noch zusätzlich mit. Dieses Gesetz kann jedoch auch als Konsequenz des ersten gesehen werden, da die Lichtgeschwindigkeit eine Funktion von einfachen Naturkonstanten ist.

Albert Einstein hat aber gleichzeitig etwas anderes dabei aufgegeben, etwas, das vorher häufig von den Physikern angenommen worden war, ohne dass es dafür einen Grund gäbe. Es ist dies im wesentlichen die Annahme einer universellen Zeit, nämlich die Annahme, dass die Zeit am Boden genauso abläuft wie im Jumbo-Jet, der mit einer hohen Geschwindigkeit fliegt. Albert Einstein sah, dass es für diese Annahme keinen absolut zwingenden Grund gibt. Seine Überlegung war im Prinzip einfach die, dass dann, wenn alle Zeitabläufe, auch die der Uhren, in einem Jumbo-Jet zum Beispiel langsamer wären als am Boden, man dies in keiner Weise bemerken würde. Nur beim Vergleich der beiden bemerkt man einen Unterschied. Dennoch gibt es keinerlei logischen Grund, warum ein solcher Unterschied darin, wie schnell die Zeit an verschiedenen Orten abläuft, nicht doch bestehen könnte.

Die Vorhersage der Speziellen Relativitätstheorie, dass bewegte Uhren, etwa in Jumbo-Jets, langsamer gehen, wurde mittlerweile tatsächlich experimentell bewiesen. Der Unterschied ist natürlich so klein, dass er nur mit hochpräzisen Atomuhren festgestellt werden kann. Einem Transatlantikflieger kann man keine Hoffnung machen, durch möglichst viele Flüge sein Leben verlängern zu können. Ebenso gehen Uhren bei großer Schwerkraft anders. Interessant ist aber doch, dass auch diese Tatsache, dass bewegte Uhren langsamer gehen, heute ihre technische Anwendung gefunden hat. Im Rahmen des GPS-Systems senden Satelliten ständig hochpräzise Signale aus, die mit einer Zeitinformation kodiert sind. Aus dieser Information kann man dann mit einem Empfänger auf der Erde die genaue Position, den genauen Ort, bestimmen, an dem man sich befindet. Würden auf den Satelliten nicht automatisch die Fehler berücksichtigt werden, die sowohl infolge der Speziellen Relativitätstheorie als auch der Allgemeinen Relativitätstheorie auftreten, würden wir immer zu falschen Ortsbestimmungen kommen, und das ganze System würde nicht funktionieren.

Im Rahmen der Speziellen Relativitätstheorie gilt das erwähnte Grundprinzip nur für nicht beschleunigte Systeme, im Beispiel des Zuges dann, wenn dieser eben mit gleichmäßiger Geschwindigkeit dahinfährt. Fährt er nach einer Station los, beschleunigt er also, bremst er oder fährt er um eine Kurve, so spüren wir dies tatsächlich innerhalb des Zugs, ohne hinausschauen zu müssen. Die Allgemeine Relativitätstheorie geht einen Schritt weiter und bezieht Beschleunigungen mit ein. Das Grundprinzip hier ist, dass die physikalischen Gesetze in allen beschleunigten Systemen gleich sein müssen. Als ein einfaches Beispiel nehmen wir an, Sie befinden sich in einer kleinen Kabine. Ohne hinauszusehen, können Sie nun nicht feststellen, ob die Kraft, die Sie nach unten drückt, die Schwerkraft ist, weil sich die Kabine auf dem Erdboden befindet, oder ob die Kabine im Weltraum ist und gerade beschleunigt wird. Jeder von uns kennt das Gefühl der zusätzlichen Schein-Schwerkraft in einem Lift, der gerade losfährt. Da wir nicht unterscheiden können, woher die Kraft kommt, die wir spüren, ob sie die der Schwerkraft ist oder durch Beschleunigung verursacht wird, müssen also alle physikalischen Abläufe gleich sein.

An diesen beiden Urprinzipien, dem für die Spezielle und dem für die Allgemeine Relativitätstheorie, erkennen wir ein interessantes Charakteristikum. Letztlich kommt es darauf an, was durch Beobachtung ausgesagt oder – in diesem Fall – nicht ausgesagt werden kann. Man kann eben nicht, auch nicht durch noch so clevere Experimente, ohne hinauszusehen entscheiden, wie schnell der Zug ist, mit dem man fährt; und man kann ebenso wenig entscheiden, welcher Natur die Beschleunigung ist, der man ausgesetzt ist. Diesen Grundprinzipien ist auch noch gemein, dass sie sehr einfach, sozusagen vernünftig sind. Wobei natürlich das, was uns vernünftig erscheint, unter Umständen auch einem Vorurteil unterliegen kann. Begeben wir uns also nun auf die Suche nach einer solchen Grundidee für den Fall der Quantenphysik. Dies müssen wir allerdings unterscheiden von einer Axiomatisierung der Quantenphysik, wie es sie tatsächlich schon gibt. Hier gibt man eine Reihe von Axiomen an, also Grundannahmen, die oft sehr formaler Natur sind.

Dazu gehört im Fall der Quantenphysik zum Beispiel das Axiom, dass die quantenmechanischen Zustände in einem sehr abstrakten Raum, dem sogenannten Hilbert-Raum, definiert sind. Auch nimmt die Superposition als Superpositionsprinzip bei einer solchen Axiomatisierung eine zentrale Stellung ein. Diese Axiome sind geeignet, die mathematische Struktur der Quantenphysik auf eine solide Grundlage zu setzen. Sie sind jedoch alles andere als intuitiv klar und unmittelbar einsichtig. Letztlich ist dies jedoch nicht, was wir suchen. Es geht uns vielmehr um eine Grundaussage, die einfach ist, uns vernünftig erscheint und nach Möglichkeit direkt an das Beobachtbare anknüpft.

Es könnte natürlich auch durchaus sein, dass wir eines Tages mit der Situation konfrontiert werden, kein Grundprinzip mehr finden zu können. Vielleicht ist die Welt eben zu kompliziert für unseren menschlichen Geist, um so ein Prinzip in allen Fällen aufzufinden. Es ist ja an sich ohnehin erstaunlich, dass es uns überhaupt möglich ist, Grundprinzipien zu entdecken. Warum ist die Welt überhaupt mit einfachen Grundprinzipien begreifbar und nicht einfach so kompliziert, dass wir nur unsere «geistigen Hände» in den Schoß legen können? Diese Ansicht, dass die Welt für uns viel zu kompliziert sei, war übrigens immer weit verbreitet und gilt auch heute noch für viele Menschen. Aber vielleicht kann schon die Entwicklung monotheistischer Religionen als ein Ansatz der Suche nach einfachen Grundprinzipien verstanden werden. Es ist vielleicht kein Wunder, dass die modernen Naturwissenschaften in Europa entstanden sind, in einer Kultur, wo Gott als ein einziger und einmaliger Gott, nämlich der der christlich-jüdischen Tradition, verstanden wurde.

2. Das Spiel der zwanzig Fragen

Wir haben ja schon gesehen, dass die Auswahl des experimentellen Apparates bestimmt, welche physikalische Größe beobachtet werden kann, und dass dies nicht unbedingt voraussetzt, dass diese physikalische Größe vor der Beobachtung bereits existiert hat. Der Physiker John Archibald Wheeler hat in diesem Zusammenhang ein wunderschönes Gedankenspiel vorgeschlagen, das diese Idee etwas veranschaulichen soll.

Ein in vielen Ländern sehr beliebtes Spiel ist das der zwanzig Fragen. Ein Spieler wird hinausgeschickt, und die übrigen Mitspieler einigen sich dann auf einen Begriff, den dieser Mitspieler erraten muss. Alles, was er dabei machen darf, ist, Fragen zu stellen, die mit ja oder nein beantwortet werden können. Nach maximal zwanzig Fragen muss er den Begriff erraten haben. Die Fragen werden reihum von den im Raum zurückgebliebenen Mitspielern beantwortet. Das Spiel kann zum Beispiel so ablaufen: «Ist es lebend? – Ja.– Kann es fliegen? – Nein. – Schwimmt es? – Ja. – Ist es ein Fisch? – Nein. – Ist es ein Säugetier? – Nein. – Ist es grün? – Ja. – Ist es ein Krokodil? – Ja.» Damit ist das Spiel beendet. Hier ging es also darum, einen Begriff zu finden, der bereits vereinbart war, bevor die Fragen gestellt werden. Es geht also im Spiel darum, etwas schon Existierendes herauszufinden.

Man kann sich nun vorstellen, solche Spiele bereits einen ganzen Abend gespielt zu haben. Schließlich vereinbaren die im Raum zurückgebliebenen Spieler etwas ganz Neues, was vorher noch nie geschah. Das merkt der zurückkehrende Spieler, sobald er wieder in den Raum kommt. Alle schmunzeln und schauen ihn mit erwartungsvollen Mienen an. Schon bei der ersten Frage «Ist es lebend?» schauen alle Mitspieler den, der antworten muss, aufmerksam an. Als er antwortet «Ja», gibt es ein großes Grinsen im ganzen Saal. Bei der nächsten Frage wird noch mehr geschmunzelt und immer mehr und mehr. Gleichzeitig dauert die Beantwortung der Fragen aber immer länger, je mehr Fragen schon beantwortet worden sind. Bis schließlich nach den zwanzig Fragen alles in großes Gelächter ausbricht.

Was war geschehen? Im Gegensatz zu den bisherigen Spielen hatten die Mitspieler vereinbart, keinen Begriff festzulegen. Das heißt, die wichtigste Regel war dann, dass nachfolgende Antworten der vorhergehenden Antwort nicht widersprechen durften. Jeder musste also bei seiner Antwort wenigstens ein Beispiel für einen Begriff im Kopf haben, das mit allen bisherigen Antworten im Einklang ist. So ist, auf die Folge der Antworten allmählich aufbauend, schließlich ein Begriff entstanden, der sicher am Anfang nicht für alle gleich war, aber doch immer mehr eingeengt wurde. Auf diese Weise wurde durch fortgesetzte Beobachtung, nämlich durch fortgesetzte Fragestellung, in den Köpfen der Mitspieler etwas Neues konstruiert, das dann schließlich genauso wirklich war – oder nicht wirklich – wie das beim ersten Spiel vereinbarte Krokodil.

Wheeler hat dieses Beispiel nicht von ungefähr erfunden. Er hat schon vor einiger Zeit begonnen, darüber nachzudenken, welche Rolle die Information in der Physik, aber insbesondere in der Quantenphysik, spielen könnte. Er meinte einmal: «Morgen werden wir gelernt haben, wie man die ganze Physik in der Sprache der Information verstehen und sie in dieser Sprache ausdrücken kann.»

3. Information und Wirklichkeit

«Es ist falsch zu denken, es wäre Aufgabe der Physik herauszufinden, wie die Natur beschaffen ist. Aufgabe der Physik ist vielmehr, herauszufinden, was wir über die Natur sagen können.»
Niels Bohr

Unser ganzes Leben lang sammeln wir Information und reagieren auf diese Information in einer entsprechenden Weise. Dieses Sammeln von Information kann entweder passiv erfolgen, indem wir einfach die Eindrücke auf uns einströmen lassen, oder es kann ein aktiver Vorgang sein, indem wir konkrete Fragen an die Natur stellen. Aber auch die passiv auf uns einströmenden Eindrücke werden von uns offenbar als Antworten auf Fragen, die wir allerdings nicht oder höchstens implizit gestellt haben, verarbeitet. Der Eindruck, dass dieser Baum vor meinem Fenster grün ist, ist eben die Antwort auf eine Frage, nämlich die nach seiner Farbe. Im Laufe unserer Evolution haben wir offenbar immer komplexere Mechanismen der Informationsverarbeitung entwickelt. So ist das menschliche Gehirn wahrscheinlich das komplexeste System im Universum, sehen wir einmal von eventuellen kosmischen Nachbarn ab, die vielleicht noch kompliziertere Methoden der Informationsverarbeitung besitzen. Jedes Lebewesen muss also offenbar ständig Information sammeln und aufgrund dieser Information Entscheidungen treffen und sein Verhalten entsprechend einstellen.

Zur Wirklichkeit, was immer das sein möge, haben wir also nur indirekten Zugang. Sie ist stets etwas – ein Bild, eine Vorstellung, ein Gedanke –, das wir aufgrund unserer Vorstellungen und Erfahrungen konstruieren. Das Ganze ist etwa so wie bei einem einfachen japanischen Haus. Wir haben ein Grundgerüst aus Latten und Stangen. Das sind unsere elementaren Beobachtungen. Und zwischen diesen Latten und Stangen spannen wir aus Papier die Wände. Die Wirklichkeit, die Realität des Hauses, besteht dann hauptsächlich aus diesen dünnen Papierwänden, dabei wird es aber tatsächlich von den stabilen Latten und Stangen getragen. Genauso, wie das Papierhaus zwischen den Stangen aufgespannt wird, ist unsere Wirklichkeit zwischen den Stützen, die durch die Beobachtungsergebnisse geliefert werden, aufgespannt. Das eigentliche Substantielle sind die Beobachtungsergebnisse. Was bedeuten aber Beobachtungsergebnisse letztlich? Nichts anderes als Information, die in Form von Antworten auf Fragen formuliert werden kann.

Für den Fall der Quantenphysik haben wir schon gesehen, dass wir über unsere Apparate letztlich nur Fragen an die Natur stellen und dass diese Fragen dann von der Natur in irgendeiner Form beantwortet werden – wenn wir Glück haben. Am einfachsten war dies im Fall des Mach-Zehnder-Interferometers. Entweder wollen wir wissen, welchen Weg das Teilchen genommen hat, dann lassen wir den letzten Strahlteiler weg, und – je nachdem, welcher Detektor anspricht – wir bekommen eine bestimmte Antwort auf diese Frage. Oder wir möchten die Interferenz sehen. Dann bringen wir den Strahlteiler exakt an seinen Platz. Bei Interferenz wird nur einer der beiden Detektoren «Klick» machen, der andere wegen der destruktiven Interferenz dagegen nicht. Im ersten Fall machen wir uns dann ein Bild in der Weise, dass wir von dem Weg sprechen, den das Teilchen genommen hat. Im anderen Fall machen wir uns ein Bild, indem wir von einer Welle sprechen, die beide Wege genommen hat. In Wirklichkeit sind auch das beides nur Bilder. Letztlich können wir nur über einzelne Ereignisse sprechen, über «Klicks» in Detektoren.

Im elementarsten Fall haben wir einfache Alternativen vor uns, ganz im Sinne der Uralternative, des «Ur», von Carl Friedrich von Weizsäcker. Hat ein bestimmter Detektor geklickt oder nicht? Oder, bei zwei Detektoren, hat Detektor A den «Klick» gemacht oder Detektor B? Alles andere ist mentale Konstruktion. Der Weg, den das Teilchen nimmt, welch Schicksal auch immer es sonst noch erlitten haben mag, oder ob sich eine Welle ausgebreitet hat, all dies sind Bilder, die wir uns aus den Handlungen, die wir vornehmen, aus den Eigenschaften des Apparats, den wir aufbauen, und schließlich aus den Detektorklicks, die wir beobachten, konstruieren. Wir haben außerdem gesehen, dass es zu Widersprüchen führen kann, wenn wir annehmen, dass das, was wir in unserem Experiment beobachten, bereits vor der Beobachtung in der Form existiert hat, wie wir es sehen. Etwa vom Weg eines Teilchens durch das Interferometer zu sprechen, hat erst Sinn, wenn wir diesen Weg tatsächlich messen. Ohne Beobachtung, ohne Messung, können wir keinem System irgendwelche Eigenschaften zuordnen. Und es ist ja noch radikaler. Von Eigenschaften, die wir einem System in einem bestimmten Beobachtungskontext zuordnen, darf nicht ohne weiteres angenommen werden, dass sie auch in einem anderen Beobachtungszusammenhang, in einer anderen Beobachtung, existieren.

Wenn wir uns also nun wieder der Frage des Grundprinzips zuwenden, so müssen wir offenbar dem Wissen um das Beobachtungsergebnis, also der *Information*, eine sehr zentrale Rolle zubilligen. Heißt dies deshalb, dass alles nur Information ist? Heißt dies gar, dass es vielleicht keine Wirklichkeit gibt? So einfach können wir es uns nun auch wieder nicht machen. Denn nur weil Wirklichkeit nicht direkt zugänglich ist, heißt das noch lange nicht, dass sie nicht existiert. Umgekehrt können wir ihre Existenz aber auch nicht beweisen, obwohl man einiges doch zumindest als Hinweis auf die Existenz einer von uns unabhängigen Wirklichkeit auffassen kann. Hierzu ist zuerst zu erwähnen, dass wir offenbar alle in derselben Situation übereinstimmen können, dieselben Beobachtungen zu machen. Auch andere Beobachter kommen zum selben Schluss, welcher Detektor «Klick» gemacht hat, wie wir selbst. Das heißt, das Individuum, die individuelle Beobachtung, ist offenbar nicht wichtig.

Eine rein logisch zwar mögliche, aber von niemandem wirklich durchgehaltene Position wäre hier die des *Solipsismus*, wenn man also annimmt, dass der eigene Geist, das eigene Bewusstsein, einzigartig in der Welt ist und alles nur in diesem Bewusstsein existiert. Dies ist natürlich eine Position, die logisch nicht widerlegt werden kann. Was am stärksten gegen sie spricht, ist die Lebens- und Verhaltenspraxis jedes einzelnen. Insbesondere verhalten sich auch individuelle Physiker nicht so, als ob sie Solipsisten wären – auch wenn manche manchmal behaupten, sie seien welche.

Der zweite Hinweis darauf, dass es eine Wirklichkeit gibt, die unabhängig von uns ist, ist wohl der Zufall in quantenmechanischen Einzelprozessen. Insbesondere die Tatsache, dass dieser Zufall objektiv ist, nicht durch eine tiefere Ursache erklärbar und daher unserem Einfluss in jeder Weise entzogen, deutet darauf hin, dass es etwas außerhalb von uns selbst gibt. Aber, wie schon erwähnt, ein logisch schlüssiger und zwingender Beweis kann hier nicht geführt werden.

Unser Grunddilemma ist offenbar, dass wir zwischen *Information* und *Wirklichkeit* nicht in einer operationellen, nachvollziehbaren Weise unterscheiden können. Diese Situation erinnert an den Ausgangspunkt der beiden Grundprinzipien der beiden Relativitätstheorien. Im Fall der Speziellen Relativitätstheorie war es unmöglich zu unterscheiden, ob sich unser Flugzeug in Ruhe befindet oder ob es sich mit einer hohen Geschwindigkeit gleichmäßig dahinbewegt. In der Allgemeinen Relativitätstheorie war es uns unmöglich zu entscheiden, ob wir deshalb unser Gewicht spüren, weil wir uns in einem Raum auf der Erde befinden oder weil sich der Raum, in dem wir sind, gleichmäßig beschleunigt. Die Konsequenz davon war, dass die Naturgesetze so beschaffen sein müssen, dass diese Unterschiede grundsätzlich keine Konsequenz haben, dass sie nicht zu beobachtbaren Unterschieden führen können.

Analog dazu formulieren wir also jetzt die Forderung:

«Naturgesetze dürfen keinen Unterschied machen zwischen Wirklichkeit und Information.»

Es ist offenbar sinnlos, über eine Wirklichkeit zu sprechen, über die man keine Information besitzen kann. Es wird das, was man wissen kann, offenbar der Ausgangspunkt für das, was Wirklichkeit sein kann. In der üblichen, bisher herrschenden Alltags-Weltansicht ist es genau umgekehrt. Wir alle gehen davon aus, dass die Welt mit ihren Eigenschaften «da draußen» eben genau so existiert, wie sie unabhängig von uns existiert. Wir spazieren durch diese Welt, sehen dies, hören das, fühlen jenes und sammeln auf diese Weise Information über die Welt. Im Sinn der klassischen Physik und auch in unserem Alltagsweltbild ist die Wirklichkeit zuerst, die Information über diese Wirklichkeit hingegen eben etwas Abgeleitetes, etwas Sekundäres. Aber vielleicht ist es auch umgekehrt. Alles, was wir haben, ist die Information, sind unsere Sinneseindrücke, sind Antworten auf Fragen, die wir stellen. Die Wirklichkeit kommt danach. Sie ist daraus abgeleitet, abhängig von der Information, die wir erhalten.

Wir können unsere Grundidee also noch radikaler formulieren, da es offenbar keinen Unterschied zwischen Wirklichkeit und Information geben kann, können wir auch sagen:

«Information ist der Urstoff des Universums.»

Überlegen wir uns nun, was dies für große und für kleine Systeme bedeutet – insbesondere, und dies ist ja unser Ziel, wollen wir untersuchen, ob wir damit in unserem Verständnis der Quantenphänomene weiterkommen können.

Nehmen wir uns zuerst ein großes System her, vielleicht ganz einfach diesen Teppich, der neben mir hier am Boden liegt. Ich kann sehr viele Fragen stellen, um diesen Teppich mit seinen Antworten zu charakterisieren. Aus welchem Material ist er? Welche Farbe hat er? Woher kommt er? Wurde er maschinell oder per Hand hergestellt? Wie alt ist er? Stellt er einen Wertgegenstand dar, oder ist er ein wertloses Gebrauchsstück und so weiter und so weiter. Wir sehen schon, dass wir, um einen Gegenstand des Alltagslebens, einen makroskopischen, also großen, mit bloßem Auge wahrnehmbaren Gegenstand zu charakterisieren, Antworten auf sehr viele Fragen geben müssen. Genaugenommen ist die Anzahl dieser Fragen, die wir zu einer vollständigen Charakterisierung eines jeden klassischen Gegenstandes benötigen, unvorstellbar groß, denn bei einer vollständigen Charakterisierung würden wir ja auch angeben müssen, wie jede einzelne Faser in dem Teppich beschaffen ist, wie groß/dick sie ist, wie sie räumlich orientiert ist, welche Farbe sie hat und so weiter. Wir müssten sogar noch weiter gehen und für jedes einzelne Atom in der Faser genau angeben, aus welchem Element es besteht und wo sich dieses Atom relativ zu den anderen Atomen im Teppich befindet. Dies ist ein schier unerreichbares Unterfangen. Wir können ein klassisches System nie vollständig charakterisieren, und wir sollten eigentlich umgekehrt argumentieren. Das klassische System ist letztlich unser Konstrukt aufgrund der Eindrücke, die wir haben. Wenn wir wüssten, es handelt sich um ein Textil, das eine bestimmte Beschaffenheit hat, üblicherweise am

Boden liegt und so weiter, dann handelt es sich um einen Teppich. Wissen wir seine näheren Eigenschaften, dann erinnern wir uns sogar, dass das der Teppich ist, den wir vor circa 20 Jahren von Tante Amalie geschenkt bekommen haben.

Nun machen wir gedanklich einen langsamen Übergang. Wir stellen uns immer kleinere und kleinere Objekte vor, immer kleinere Systeme. Was wird dann aus der Unmenge an Information, die wir benötigten, um das System vollständig zu charakterisieren? Es ist sicherlich vernünftig anzunehmen, dass die Menge an Information, die wir benötigen, um ein System zu charakterisieren, umso kleiner wird, je kleiner das System ist. Dies müsste wohl nicht unbedingt so sein, und es gibt zwar keinen zwingenden Grund dafür, jedoch ist dies eine offenkundig vernünftige Annahme. Wir brauchen uns ja nur vorzustellen, dass wir unseren Teppich in zwei Teile schneiden, und dann werden wir wohl mit größter Wahrscheinlichkeit für jede der beiden Hälften mit ungefähr der Hälfte der vorigen Menge an Information auskommen. Schneiden wir jede dieser Hälften wieder in die Hälfte, so brauchen wir wieder nur mehr ein Viertel der Information und so weiter und so weiter und so weiter. Gibt es dafür eine Grenze? Können wir mit dieser Unterteilung der Information beliebig weit gehen?

Auf den ersten Blick sieht es so aus, als ob dies möglich wäre, als ob man tatsächlich immer kleiner und kleiner werden könnte und dabei nie an eine untere Grenze stößt. Dies ist jedoch nicht der Fall. Dazu müssten wir uns kurz überlegen, was «Information» bedeutet. Wie wir schon gesagt haben, ist Information letztlich nichts anderes als Antworten auf Fragen, die wir stellen. Das klingt vorläufig noch sehr allgemein und nicht genau quantitativ spezifiziert, wir wollen dies aber nun etwas genauer festlegen. Wir schränken uns dabei ein auf Fragen, die nur mit «Ja» oder «Nein» beantwortet werden können, so wie in unserem Spiel der zwanzig Fragen. Dies bedeutet keineswegs eine Einschränkung der Möglichkeiten, denn jede komplizierte Frage lässt sich auf mehrere solcher Ja-Nein-Fragen zurückführen. Einfacher geht es jedoch nicht. Das heißt, wie schon erwähnt, das elementarste, grundlegendste Element an Information ist eine einfache Alternative: Ja-Nein. In der Informationswissenschaft bezeichnet man dies als 1 Bit an Information. Das Bit an Information kann zwei Werte haben, 0 oder 1, wobei man üblicherweise 0 mit «Nein» gleichsetzt und 1 mit «Ja». Eine andere Interpretationsart eines Bits wäre die, dass wir von logischen Aussagen ausgehen, zum Beispiel von der Aussage «Der Teppich hat einen roten Querstreifen.» Diese Aussage ist entweder wahr oder falsch. Man bezeichnet «wahr» und «falsch» als den Wahrheitswert einer solchen Aussage und assoziiert 1 mit «wahr» und 0 mit «falsch».

Mathematisch lässt sich dies so darstellen, dass zwei Zahlen, «0» und «1», genügen, um den Wahrheitswert einer Aussage mathematisch auszudrücken. Anstatt jedes Mal «wahr» zu schreiben, schreiben wir lediglich «1», und anstatt «falsch» genügt es, «0» zu verwenden. Man bezeichnet eine solche Darstellung, in der nur «0» oder «1» vorkommt, als *binäre Darstellung*.

Wir sehen also, das Bit hat eine umfassende Bedeutung zur Charakterisierung der Richtigkeit von Aussagen, die ja Antworten auf Fragen darstellen. Natürlich gilt dies auch zur Darstellung von Zahlen. Jede beliebige Zahl lässt sich als Folge von Nullen und Einsen darstellen. Es ist ja auch allgemein bekannt, und wir sprachen schon davon, dass in allen modernen Computern sämtliche Information, die der Computer verarbeitet, sei es nun Sprache oder Zahlen, ebenfalls in Bitfolgen dargestellt wird.

Zurück zu unserer ursprünglichen Überlegung: Wir starten mit einem System, das durch sehr viele Aussagen charakterisiert wird, das also sehr vielen Bits an Information entspricht. Im Falle eines makroskopischen, klassischen Systems wird die Anzahl der Bits, die wir benötigen, zumindest der Zahl der Atome entsprechen, aus denen das System besteht, wird also eine astronomisch große, nie vollständig erreichbare Zahl sein. Nun beginnen wir wieder unsere Teilung des Systems in die Hälfte und wieder die Hälfte und wieder die Hälfte und benötigen dabei immer weniger Bits, um ein einzelnes dieser Teilsysteme zu charakterisieren. Letztlich erreichen wir eine einfache, klare, unvermeidliche Grenze, nämlich dann, wenn wir bei einem System angelangt sind, das so klein ist, dass es nur noch durch ein einzelnes Bit charakterisiert werden kann, wenn es also nur noch den Wahrheitswert für eine einzige Aussage trägt, wenn es nur mehr eine definitive Antwort auf eine Frage liefern kann. Ist dies erreicht, so haben wir das kleinstmögliche System, das wir als elementarstes System bezeichnen wollen. So weit, so gut. Aber hat das irgendwelche Konsequenzen?

Gehen wir dazu wieder in Gedanken in unsere Welt der Quanten. Die Quanten sind ebenfalls elementarste Bausteine, ursprünglich gedacht als elementarste Bausteine der physikalischen Welt, elementarste Bausteine der Gegenstände, die wir vor uns haben. Es liegt nun nahe, hier eine direkte Identifizierung herzustellen. Das elementarste Quantensystem entspricht einem Bit an Information. Dass diese Identifizierung tatsächlich sinnvoll ist, sehen wir, wenn wir uns das Mach-Zehnder-Interferometer noch einmal, aber diesmal aus der neuen Sichtweise der Information, betrachten. Wir haben bereits gesehen, dass wir entweder den Weg durch das Interferometer kennen (also welcher von zwei Detektoren, jeder in einem der beiden Strahlwege, «Klick» machen wird), oder wir können, wenn wir die Interferenz zulassen, festlegen, welcher der beiden Detektoren hinter dem Interferometer «Klick» machen wird. Aber beides gleichzeitig geht nicht! Es handelt sich – laut Bohr – um zwei komplementäre Größen, also kann das System nur so beschaffen sein, dass es entweder die Antwort darauf trägt, welcher der beiden Detektoren im Interferometer «Klick» machen wird, oder es trägt die Antwort darauf, welcher der beiden Detektoren hinter dem Interferometer «Klick» machen wird. Ist die Antwort auf eine der beiden Fragen festgelegt, dann ist die Antwort auf die andere Frage vollkommen ungewiss. Wissen wir also mit Sicherheit, welchen Weg das Teilchen durch das Interferometer geht, ist absolut nicht festgelegt, welcher der beiden Detektoren hinter dem Interferometer das Teilchen registrieren wird.

Dies legt offenbar nahe, und das ist nun ein ganz entscheidender und zentraler Punkt, dass wir unser Teilchen im Mach-Zehnder-Interferometer als ein elementares System genau in dem eben dargelegten Sinne ansehen können. Es kann nur ein einziges Bit an Information tragen. Wir können uns aufgrund der Art und Weise, wie wir das Experiment aufbauen, wie wir damit das Teilchen präparieren, entscheiden, ob dieses Bit an Information dazu verwendet wird, den Weg im Interferometer festzulegen, oder dazu verwendet wird festzulegen, welcher Detektor hinter dem Interferometer das Teilchen registrieren wird.

Es gibt allerdings auch Zwischenmöglichkeiten. Wir können ein wenig den Weg festlegen, können also sagen, dass der obere Detektor häufiger registrieren wird als der untere. Und damit ist auch ein wenig festgelegt, welcher der Detektoren hinter dem Interferometer das Teilchen registrieren wird. In diesen Situationen scheint es auf den ersten Blick so zu sein, als ob die entsprechenden Aussagen teilweise falsch oder wahr sind. Es lässt sich jedoch zeigen, was wir aber hier im Detail nicht tun wollen, dass es in diesen Fällen immer möglich ist, neue Beobachtungsgrößen zu finden, die Kombinationen der beiden vorherigen sind und die in dieser Situation dann eine klare Ja-Nein-Antwort erlauben, also wieder einem Bit an Information entsprechen.

Eine weitere Bemerkung sei noch zur Vorsicht angebracht. Natürlich wird ein physikalisches Teilchen auch andere Eigenschaften tragen als nur die der Weginformation. Ein Elektron wird zum Beispiel einen Spin besitzen, ein Photon eine Polarisation. Wenn wir hier also von einem elementaren System gesprochen haben, das nur einem Bit an Information entspricht, so beschränken wir uns immer auf eine spezifische Fragestellung, in unserem Fall etwa ausschließlich auf die Betrachtung der Weginformation.

Unsere Grundannahme für die Quantenphysik ist also:

«Das elementarste System entspricht einem Bit an Information.»

Es erhebt sich daher nun die Frage, ob aus dieser einfachen Grundannahme irgendetwas Interessantes folgt. Wir werden gleich sehen, dass wir die drei wichtigsten Eigenschaften der Quantenphysik, die wir bereits vorgestellt haben – nämlich der *objektive Zufall*, die *Komplementarität* und die *quantenmechanische Verschränkung* –, genau auf diese Weise ihre ganz natürliche Begründung finden. Wir werden sehen, dass wir den Zufall im quantenmechanischen Einzelprozess nach wie vor nicht erklären können, aber doch immerhin ein Verständnis dafür bekommen, dass der Zufall nicht weiter erklärbar ist. Insbesondere werden wir nun verstehen, warum es also für das quantenmechanische Einzelereignis in der Regel keinen Grund dafür gibt, warum es so stattfindet, wie es stattfindet.

Betrachten wir wieder den Fall unseres Teilchens im Mach-Zehnder-Interferometer. Wissen wir zum Beispiel, welchen Weg das Teilchen im Interferometer nimmt, so ist das einzige Bit an Information, welches das System tragen kann, bereits aufgebraucht. Es wurde eben dazu verwendet, den Weg festzulegen. Da unser System aber nicht mehr als ein Bit an Information haben kann,

kann in keiner Weise mehr festgelegt sein, wie die Antwort auf die Frage lauten muss, welcher der beiden Detektoren hinter dem Interferometer «Klick» macht. Dies muss vollkommen zufällig sein, und es kann dafür auch keinen verborgenen Grund mehr geben, da eben einfach nicht genug Information vorhanden ist, um das System entsprechend zu charakterisieren. Es ist so, als besäße unser armes Quantenteilchen nur einen kleinen Zettel, auf dem es sich entweder aufschreiben kann, welchen Detektor es *im* Interferometer zum Feuern bringen soll oder welchen Detektor es *hinter* dem Interferometer zum Feuern bringen soll. Jedoch ist der Zettel leider nicht groß genug, um beides aufzuschreiben. Trifft also das in dieser Hinsicht bedauernswerte Teilchen auf eine Situation, für die es keine Instruktion mit sich trägt, muss es sich vollkommen zufällig verhalten. Man kann dies auch so sehen, dass die Natur offenbar nicht reich genug ist, um schon von vornherein Antworten auf alle Fragen festgelegt zu haben. Viele Fragen – und wenn man darüber nachdenkt, ist dies sogar die Mehrzahl der Fragen – müssen demgemäß offen sein.

Der zweite Punkt, den wir dann sofort verstehen können, betrifft die Komplementarität. Weil das System nur wenig Information tragen kann, können wir eben nur eine Eigenschaft festlegen. Es kann nur eine Eigenschaft wohldefiniert sein. Und wir können uns durch entsprechende Präparation unseres Systems aussuchen, welche Eigenschaft wohldefiniert ist. Wir können das Teilchen im Mach-Zehnder-Interferometer zum Beispiel so präparieren, dass wir keinerlei Information über den Weg haben. Dann können wir die Information darüber, was das Teilchen nachher macht, eindeutig festlegen. Oder wir können umgekehrt festlegen, welchen Weg es genommen hat, dann ist das Verhalten des Teilchens nachher völlig ungewiss. Wenn wir dem System Fragen stellen, die nicht einer wohldefinierten Eigenschaft entsprechen, so existiert diese Eigenschaft eben nicht, ehe wir die Frage stellen. Verschiedene Fragen stellen bedeutet ja, wie wir früher gezeigt haben, gewissermaßen eine Auswahl verschiedener klassischer Messapparate zu benutzen, somit entsprechen einander ausschließende komplementäre Fragen eben verschiedenen Messanordnungen. Dies ist ganz genau die Sichtweise Bohrs. Er hatte ja gesagt, dass komplementäre Messgrößen einander ausschließenden klassischen Apparaten entsprechen. Und wir sehen auch, dass wegen der Beschränkung der Informationsmenge, die ein elementares System tragen kann, nur für eine dieser experimentellen Fragen die Antwort festgelegt sein kann. Offenbar ist also die Tatsache, dass ein elementares System nur beschränkt viel Information tragen kann, ein Ausdruck der Komplementarität und damit ein Ausdruck dafür, dass, wie wir oben schon gesehen haben, komplementären Größen verschiedene einander ausschließende klassische Apparate entsprechen.

Schließlich erhalten wir auch eine einfache Erklärung der quantenmechanischen Verschränkung. Betrachten wir der Einfachheit halber nur zwei elementare Systeme, zum Beispiel zwei Photonen. Wir müssen in diesem Fall überlegen, wieviel Information mehrere elementare Systeme tragen können. Wir nehmen nun die natürlichste Möglichkeit, nämlich die, dass die Zahl der elementaren Systeme gleich der Zahl der Bits, die diesen Systemen entsprechen, ist. Also:

«N elementarste Systeme entsprechen N Bit an Information.»

In unserem Beispiel von den zwei Photonen, deren Polarisation wir zum Beispiel messen, haben wir dann zwei Bit an Information zur Verfügung. Die einfachste Möglichkeit, diese beiden Bits an Information zu verwenden, wäre die, dass wir für jedes einzelne dieser Systeme genau eine Eigenschaft festlegen, etwa die Polarisation jedes Photons für sich. Damit hätten wir im Prinzip genau die klassische Situation erreicht, dass jedes System wohldefinierte Eigenschaften trägt.

Wir könnten aber auch etwas viel Interessanteres tun: Wir können diese beiden Bits an Information dazu verwenden, lediglich festzulegen, wie sich die Messresultate der Polarisationen von beiden Photonen relativ zueinander verhalten, sollten sie gemessen werden. Eines der beiden Bits kann zum Beispiel der Wahrheitswert der folgenden Aussage sein. «Die beiden Polarisationen sind parallel zueinander, wenn sie entlang der z-Richtung gemessen werden.» Mit z-Richtung meinen wir eine willkürliche Richtung. Das zweite Bit kann den Wahrheitswert der Aussage darstellen: «Die beiden Polarisationen sind gleich, wenn sie entlang der x-Richtung gemessen werden.» Diese Richtung stehe orthogonal auf die z-Richtung. In diesem Fall gibt es dann vier verschiedene Kombinationen von «wahr» und «falsch»: wahr – wahr, wahr – falsch, falsch – wahr, falsch – falsch. Jeder dieser Kombinationen entspricht ein ganz bestimmter verschränkter Zustand. Dies entspricht tatsächlich dem, was wir in der Quantenphysik wissen. Es gibt vier verschiedene verschränkte Zustände für die Polarisation zweier Photonen, die man im übrigen nach John Bell auch als *Bellzustände* bezeichnet.

Eine direkte Konsequenz des eben Gesagten besteht darin, dass die Messresultate an den einzelnen Mitgliedern eines verschränkten Systems rein zufällig sind. Wir haben in unserem Beispiel unsere zwei Bits an Information ja bereits aufgebraucht, um zu definieren, wie sich die beiden Teilchen zueinander verhalten, sollten sie gemessen werden. Dies ist ganz eindeutig festgelegt. Erhalten wir für ein Teilchen eine bestimmte zufällige Polarisation, wissen wir definitiv, in welchen Zustand das andere Teilchen durch diese Messung projiziert wird. Dies gilt übrigens nicht nur für die beiden in unserem Beispiel gewählten Richtungen x und z, sondern allgemein für jede beliebige Richtung.

Wichtig ist uns hier jedoch, dass – weil eben die beiden Bits an Information bereits aufgebraucht wurden – das einzelne System keinerlei Information mehr tragen kann. Das Messresultat an einem einzelnen Mitglied eines verschränkten Systems muss daher vollkommen zufällig sein, und es gibt keinen verborgenen Grund, der das Messresultat erklären könnte. Wir haben also einen einfachen Grund dafür gefunden, dass es keine verborgenen Variablen geben kann. Auch hier ist also der Zufall eine Konsequenz der Beschränktheit der Information, die ein Quantensystem tragen kann oder in unserem Fall eben zwei Quantensysteme gemeinsam. Wie weit die beiden Beobachtungen, die beiden Messungen an den Systemen, voneinander entfernt sind, ist offenbar vollkommen irrelevant. Ganz allgemein ist die relative raum-zeitliche Anordnung der Messungen an verschränkten Systemen völlig egal. Es ist unerheblich, welche Messung zuerst und welche als zweite stattfindet und so weiter. Alleine die Gesamtinformation des Systems legt fest, wie sich die Messresultate aufeinander beziehen. Dadurch, dass das einzelne Resultat vollkommen zufällig ist – dies eben wegen der Beschränktheit der Menge der Information –, gibt es auch keinerlei Konflikt mit der Relativitätstheorie, da dadurch keinerlei Information übertragen werden kann.

4. Hinter dem Schleier – die Welt ist Möglichkeit

Wie hängt unsere Identifizierung von Information, als dem fundamentalen Konzept des Universums, damit zusammen, dass die Welt quantisiert erscheint? Diese Quantisierung war ja ursprünglich das von Max Planck und Albert Einstein eingeführte Konzept, dass Licht nur als Vielfaches einer bestimmten Energiemenge vorkommt. Zwischenstufen treten nicht auf. Die Welt erscheint sozusagen gestückelt und widerstrebt einer beliebig feinen Unterteilung. Deshalb argumentieren wir nun, dass, anstatt diese Quantisierung lediglich als experimentell bestätigte Tatsache hinnehmen zu müssen, sie eine einfache Konsequenz unserer Grundannahme ist.

Wenn also jedes System, das wir beobachten, nur der Repräsentant logischer Aussagen ist, gelangen wir zu einer sehr eigenartigen Situation: Wenn nur wenige Aussagen zur Verfügung stehen, können diese nur «eine Aussage» sein, «zwei Aussagen», «drei Aussagen» und so weiter, aber nie etwa «1,7 Aussagen». Wir wüssten ja nicht einmal, was es bedeutet, 1,7 Aussagen über etwas zu treffen. Ein einfaches Beispiel: Wenn ich sage, «Es schneit», und gleichzeitig sage, «Es ist kalt», sind das schon zwei Aussagen. Man könnte nun meinen, dass man dann zu teilweisen Aussagen kommt, wenn man meint zu sagen: Es ist ein bisschen kalt. Aber das ist auch eine klare Ja-Nein-Aussage und nicht nur etwa 70 % der Aussage «Es ist kalt».

Aus dem einfachen Grund, dass wir nur Fragen an die Natur stellen können und auf jede Frage entweder die Antwort «Ja» oder «Nein» erhalten, ist also eine feinere Unterteilung nicht möglich. Man kann nicht eineinhalb Fragen an die Natur stellen! Dies bedeutet, dass es so etwas wie eine gewisse Feinkörnigkeit in unserer Erfahrung der Welt geben muss. Es folgt also, dass für Systeme, die hinreichend wenig Information tragen, daraus automatisch eine Art Quantenstruktur folgt. Diese Art Feinkörnigkeit ist prinzipiell unvermeidbar. Sie ist nicht nur unvermeidbar, sondern sie ist ein notwendiger Bestandteil von allem, was gesagt werden kann. *Die Quantenphysik wäre dann eine Konsequenz der Tatsache, dass die Welt der Repräsentant unserer Aussagen ist* – dass solche Aussagen eben notwendigerweise «abgezählt» auftreten. Wenn wir also nach John A. Wheeler die Frage stellen: «Why the quantum?», oder die Frage «Warum ist die Welt quantisiert?», lautet darauf unsere einfache

Antwort: «Weil die Information über die Welt quantisiert ist.» Aussagen sind eben abzählbar, man kann sie genauso zählen, wie man in den theoretischen Konzepten der Quantenphysiker die Zahl der Quantenzustände zählen kann.

Es wird immer wieder diskutiert, ob andere Zivilisationen im Universum dieselbe Naturbeschreibung haben wie wir – und für mich wäre es äußerst unplausibel, wenn wir die einzigen intelligenten Lebewesen im Universum wären. Schon allein deshalb möchte ich Argumente dafür liefern, dass deren Naturbeschreibung – im Sinne der Quantenphysik – nicht sehr signifikant in ihrer Essenz von unserer eigenen Naturbeschreibung abweichen kann. Jedes Leben erfordert Überleben. Jedes Leben erfordert ständige Entscheidungen. Alle Entscheidungen können nur aufgrund von Information getroffen werden, die man besitzt. Diese Information ist letztlich ihrerseits nichts anderes als «Ja-Nein-Antworten» auf Fragen. Alles kann in logischen Aussagen, in Bits, formuliert werden. Dies ist mit sehr hoher Wahrscheinlichkeit eine universelle Eigenschaft für jedes System, das Information sammelt und sein Verhalten aufgrund dieser Information optimiert. Wir hatten gesehen, dass die Quantisierung der Welt eine Konsequenz der Quantisierung der Information ist. Die Quantisierung der Information ist letztlich also unvermeidlich, da alles in Ja-Nein-Entscheidungen dargestellt werden muss.

Aus diesem Grund ist es für mich offenkundig, dass auch andere Zivilisationen eine Art der Beschreibung, des Sprechens über die Welt haben müssen, die in ihrer Essenz unserer Quantenphysik äquivalent ist. Natürlich muss diese Naturbeschreibung mathematisch nicht mit der, die wir besitzen, identisch sein. Selbst wir besitzen ja verschiedene mathematische Formulierungen der Quantenphysik. Hierzu gibt es neben den von uns bereits erwähnten Formulierungen von Heisenberg und Schrödinger zum Beispiel auch noch eine sehr wichtige Formulierung durch Richard Feynman. Jedoch sind letztlich all diese Naturbeschreibungen äquivalent. Genauso nehme ich an, dass die quantenphysikalischen Naturbeschreibungen anderer Zivilisationen äquivalent der unsrigen sind. Ob irgendwelche Zivilisationen diese Beschreibung schon entdeckt haben, ist eine ganz andere Frage. Dies hängt natürlich vom Stand ihrer naturwissenschaftlich-technischen Entwicklung ab. Im Prinzip ist jedoch auch denkbar, dass eine andere Zivilisation sogar aus rein prinzipiellen Überlegungen zu denselben Grundaussagen der Quantenphysik kommt, wie eben «Komplementarität» oder «Zufall», wenn sie frühzeitig das Primat der Information realisiert und die entsprechenden Konsequenzen radikal genug durchdenkt.

Es ist auch interessant, hier festzuhalten, dass wir ganz bewusst nicht mehr danach fragen, was ein elementares System eigentlich ist. Sondern wir sprechen letztlich nur über Information. Ein elementareres System ist also für uns nichts anderes als das, worauf sich unsere Information bezieht. Es ist nichts anderes als der Repräsentant dieser Information, ein Konzept, das wir aufgrund der uns zur Verfügung stehenden Information bilden.

Dies ist nicht nur ein rein praktischer Standpunkt. Da wir ja nur mit Hilfe der Information etwas über die Welt aussagen können, ist es auch ein prinzipieller. Es ist ganz offenkundig sinnlos, nach der Natur der Dinge zu fragen, da eine solche Natur, selbst wenn sie existieren sollte, immer jenseits jeder Erfahrung ist. Man könnte meinen, dass man durch Fragen an die Welt näher an ihre Natur herankommen kann, jedoch ist dies immer mit dem Problem verbunden, dass der Sprung von dem, was gesagt werden kann, zu dem, was wir uns als Wirklichkeit vorstellen, immer etwas Willkürliches an sich hat, immer Annahmen von Eigenschaften, Größen, Systemen, Gegenständen etc. erfordert, die nicht direkt der Erfahrung zugänglich sind. Als Beispiel dafür könnten wir etwa wieder das Mach-Zehnder-Interferometer nehmen. Wenn wir das Teilchen an einem der beiden Wege innerhalb des Interferometers registrieren, so werden wir davon sprechen, dass das Teilchen eben den entsprechenden Weg genommen hat. Dies ist ja doch genaugenommen nur unsere Konstruktion; es ist nicht notwendig, dies tatsächlich anzunehmen. Wäre es nicht einfacher und weniger verführerisch, einfach nur von den Beobachtungsereignissen zu sprechen? In dem diskutierten Fall wissen wir etwa, dass ein Teilchen am Anfang vorhanden war und dass es später registriert wurde. Es ist für unser Naturverständnis nicht notwendig, auch anzunehmen, dass es tatsächlich einen Weg gegangen ist. Im Gegenteil, wir wissen ja, dass wir für den Fall, wo wir keinen Detektor im Interferometer aufstellen, auch nicht von einem Weg sprechen können. In diesem Fall wäre der Ansatz eines Wegs genauso sinnlos und überflüssig wie etwa die Annahme vieler Naturreligionen, dass man, um beispielsweise einen Blitz zu erklären, eine willkürliche Erklärung erfindet, nämlich die Existenz eines Blitzgottes, eine Existenz, die offenkundig richtig sein muss, denn wir sehen ja die Blitze, die dieser Blitzgott produziert.

In unserem Bild ist also Information, ist Wissen der Urstoff des Universums. Wir können nun die Frage stellen: Wessen Wissen? Wer muss die Information tragen? Führt dies nicht doch zu einem reinen Solipsismus, d. h. zu der Annahme, dass es nur ein einziges Bewusstsein in der Welt gibt, nämlich das eigene, und dass sich alles im Rahmen dieses Wissens, im Rahmen dieses Bewusstseins abspielt? Es wird ja auch häufig der Kopenhagener Interpretation vorgeworfen, sie sei eine rein subjektivistische Interpretation, bei ihr existiere die Welt nur im Bewusstsein des Beobachters. Um gegen diese Position zu argumentieren, kann man nur Vernunftgründe anführen. So wie viele andere philosophische Positionen lässt sie sich rein logisch nicht widerlegen. Es kann nicht daran gezweifelt werden, dass wir uns alle pragmatisch so verhalten, als ob es andere, bewusste Wesen gäbe – andere Menschen. Der Mensch «ist» mit anderen – oder er ist gar nicht; er führt eine in diesem Sinne immer schon «geteilte» Existenz.

Ein zentraler Punkt bzw. eine zentrale Frage bleibt: Wenn Information der Urstoff des Universums ist, warum ist diese Information nicht willkürlich? Warum haben nicht verschiedene Beobachter verschiedene Information? Wenn wir an eines unserer Experimente denken, stimmen wir ja alle darin überein, welcher Detektor «Klick» macht und welcher nicht. Dies könnte einerseits natürlich deshalb so sein, weil es nur ein Bewusstsein gibt, nämlich das eigene, und alle anderen nur Vorstellungen in diesem einen eigenen Bewusstsein sind. Andererseits kann es sein, dass diese Übereinstimmung zwischen verschiedenen Beobachtungen bedeutet, dass eine Welt existiert. Eine Welt, die so beschaffen ist, dass die Information, die wir besitzen – und wir besitzen nicht mehr –, offenbar in gewisser Weise auch unabhängig vom Beobachter besteht.

Aber in welcher Weise ist sie unabhängig vom Beobachter? Am stärksten sieht man das wahrscheinlich im quantenmechanischen Einzelprozess, dort, wo zum Beispiel rein zufällig ein Detektor das

Teilchen registriert und der andere nicht. Hierbei werden alle Beobachter darin übereinstimmen, welcher Detektor das ist. Diese Unbeeinflussbarkeit des Einzelereignisses und die Übereinstimmung aller Beobachter über das Ergebnis sind wahrscheinlich die stärksten Hinweise darauf, dass es eine von uns unabhängige Welt gibt.

Was sind aber nun diese Eigenschaften der Wirklichkeit? Gibt es überhaupt diese Eigenschaften der Wirklichkeit? Was können wir über diese Wirklichkeit je wissen? Was bedeuten diese Fragen, wo wir ja schon gesehen haben, dass Information eine fundamentale Rolle spielt? Dazu möchte ich einen radikalen Vorschlag machen:

«Wirklichkeit und Information sind dasselbe.»

Ich schlage also vor, die zwei Konzepte, die bisher anscheinend etwas völlig Verschiedenes beschrieben haben, als die zwei Seiten ein und derselben Medaille zu betrachten, im Grunde in ähnlicher Weise, wie wir von Einstein in der Relativitätstheorie gelernt hatten, dass Raum und Zeit zwei Seiten derselben Medaille sind.

Der Vorschlag ist also, wegen unseres Postulats, dass kein Naturgesetz und keine Naturbeschreibung einen Unterschied zwischen Wirklichkeit und Information machen dürfen, die beiden als dasselbe anzusehen. Daher sollten wir nun auch einen neuen Begriff prägen, der beides umschließt, die Wirklichkeit und die Information. Daran, dass es einen solchen Begriff nicht nur noch nicht gibt, sondern dass es uns offenbar auch schwerfällt einen solchen auch nur zu denken, erkennen wir schon, wie diffizil die damit verbundenen konzeptiven Probleme sind. Unsere frühere Aussage, dass Information der Urstoff des Universums sei, ist nun auch im Sinne dieses gemeinsamen Begriffs von Wirklichkeit und Information zu sehen.

Die Geschichte der Naturwissenschaften war ja immer wieder davon gekennzeichnet, dass es gelang, scheinbar unüberwindliche, große Gegensätze plötzlich aufzulösen, und Dinge, die miteinander nichts zu tun hatten, zusammenzuführen. Ein berühmtes Beispiel dafür ist Isaac Newton, dem es gelang, kosmische Phänomene und irdische Phänomene als ein und dasselbe darzustellen. Bis dahin galt es als selbstverständlich, dass für die Bewegungen der Himmelskörper andere Gesetze gelten müssen als etwa für die Regel, nach der ein Apfel auf der Erde auf den Boden fällt. Newton konnte zeigen, dass sich beides durch genau dieselben Naturgesetze beschreiben lässt.

Eine weitere derartige Vereinigungsgeschichte war etwa die von Elektrizität und Magnetismus im 19. Jahrhundert durch James C. Maxwell. Er konnte zeigen, dass Elektrizität und Magnetismus nur die zwei Seiten ein und derselben Medaille sind. Solche Vereinigungen kennzeichnen auch die biologischen Wissenschaften. Die wohl größte Vereinigung in der Geschichte der Biologie war die, als Charles Darwin zeigte, dass alle Lebewesen aufgrund derselben Prinzipien von Evolution und natürlicher Selektion entstanden sind, also aus ihrem Entstehungsprozess her schon eine große Verwandtschaft besitzen. Diese Beobachtung wurde ein Jahrhundert später definitiv gestützt durch die Entdeckung der DNA, also durch den Nachweis, dass alle Lebewesen einen gemeinsamen genetischen Code haben.

In derselben Weise ist es offenbar so, dass wir die Trennung zwischen Information und Wirklichkeit aufheben müssen. Es macht offenkundig keinen Sinn, über eine Wirklichkeit ohne die Information darüber zu sprechen. Und es ist sinnlos, von Information zu sprechen, ohne dass sich diese auf irgendetwas bezieht. Es wird daher nie möglich sein, durch unsere Fragen zum Kern der Dinge vorzustoßen. Vielmehr erhebt sich stattdessen begründeter Zweifel, ob überhaupt ein solcher Kern der Dinge, der unabhängig von Information ist, tatsächlich existiert. Da er im Prinzip nie nachgewiesen werden kann, erübrigt sich letztlich wohl auch die Annahme seiner Existenz.

Wenn die Leserin und der Leser auf den letzten Seiten vielleicht stellenweise das Gefühl hatten, sich auf unsicherem Terrain zu bewegen und einzelne Punkte nicht genau zu verstehen, so kann ich beruhigend mitteilen, dass es mir, dem Autor, ähnlich geht. Wir haben begonnen, in einen Bereich vorzudringen, in dem viele Dinge noch nicht so klar sind, wo einige wirklich wichtige Fragen noch einer Beantwortung harren. Zu diesen Fragen gehören eben die nach der Natur dieses Konzeptes, das Wirklichkeit und Information umfasst, nach dem Wesen des Wissens. Nicht zuletzt steht hinter allem die Frage nach unserer Rolle in der Welt. Diese Rolle geht offenbar in der Quantenphysik beträchtlich über die Rolle hinaus, die wir uns in der klassischen Physik zugestehen. Wie diese genau aussieht, wird auch von der Beantwortung der eben diskutierten Fragen abhängen. Es ist zu hoffen, dass es hier, sicher auch durch die Philosophie, zu neuen Einsichten und sogar Durchbrüchen kommt.

Als Albert Einstein die Dissertation von Louis de Broglie begutachtete, sprach er davon, dass de Broglie einen Zipfel des großen Schleiers gelüftet habe. Damit meinte er offenbar den großen Schleier, hinter dem sich die wirkliche Wirklichkeit verbirgt. Wir haben in unserer Analyse gesehen, dass diese «wirkliche Wirklichkeit», zumindest in der Quantenwelt, nie zugänglich sein wird. Es ist daher angebracht, einfach anzunehmen, dass sich hinter Einsteins Schleier nichts verbirgt als höchstens die «Ja-Nein-Antworten» im Spiel der zwanzig Fragen, der tausend Fragen oder der beliebig vielen Fragen, die wir alle in unseren individuellen Menschenleben stellen und, zum Teil vermeintlich, beantworten.

Ludwig Wittgenstein beginnt seinen berühmten *Tractatus Logico Philosophicus* mit dem Satz:

«1.1. Die Welt ist alles, was der Fall ist.»

Wir haben gesehen, dass dieser Blickpunkt zu beschränkt ist. In der Quantenmechanik können wir nicht nur Aussagen darüber treffen, was der Fall *ist*, sondern auch Aussagen darüber, was der Fall sein *kann*. Der quantenmechanische Zustand ist zwar eine Beschreibung des makroskopischen Apparats und der Beobachtungen an diesem Apparat, die notwendig sind, um Vorhersagen über die Zukunft zu machen. Jedoch sind diese Vorhersagen über die Zukunft Aussagen über alles, was der Fall sein *könnte*. Selbstverständlich sind diese Aussagen auch Teil der Welt.

Daher ist die Welt mehr, als was Wittgenstein meinte. *Die Welt ist alles, was der Fall ist, und auch alles, was der Fall sein kann.*

Register

Naturwissenschaften in C.H.Beck Wissen

Albrecht Beutelspacher
Geheimsprachen
Geschichte und Techniken
3., aktualisierte Auflage 2002
127 Seiten mit 11 Abbildungen
Beck'sche Reihe Band 2071

Hubert Goenner
Einsteins Relativitätstheorien
Raum – Zeit – Masse – Gravitation
3., aktualisierte Auflage 2002
109 Seiten mit 9 Abbildungen
Beck'sche Reihe Band 2069

Dieter B. Herrmann
Antimaterie
Auf der Suche nach der Gegenwelt
1999. 112 Seiten mit 20 Abbildungen
Beck'sche Reihe Band 2104

Gert-Ludwig Ingold
Quantentheorie
Grundlagen der modernen Physik
2., aktualisierte Auflage 2003
128 Seiten mit 28 Abbildungen und 1 Tabelle
Beck'sche Reihe Band 2186

Thomas Walther/Herbert Walther
Was ist Licht?
Von der klassischen Optik zur Quantenoptik
1999. 136 Seiten mit 40 Abbildungen und 10 Farbtafeln
Beck'sche Reihe Band 2122

Horst Weber
Laser
Eine revolutionäre Erfindung und ihre Anwendungen
1998. 136 Seiten mit 50 Abbildungen und 9 Tabellen
Beck'sche Reihe Band 2090